DEUTSCH-TASCHENBÜCHER, Nr. 1

PROF. SILVANUS P. THOMPSON

HÖHERE MATHEMATIK - UND DOCH VERSTÄNDLICH

Eine leichtverständliche Einführung

in die Differential- und Integralrechnung

Zehnte Auflage

Mit 69 Figuren

VERLAG HARRI DEUTSCH

ZÜRICH UND FRANKFURT AM MAIN

1972

Unter Verwendung der ersten deutschen Übersetzung von
PROF. DR.-ING. KLAUS CLUSIUS,

nach der dritten englischen Auflage erweitert und verbessert von
MARGA DIETZ und PETER WALKLING

Mit einem Vorwort von PROF. DR. A. EUCKEN †

ISBN 3 87144 017 5

Lizenzausgabe in deutscher Sprache für den
Verlag Harri Deutsch, Zürich, mit Genehmigung des Verlages
Macmillan & Co., Ltd., London
Titel der Originalausgabe: Calculus Made Easy
Gestaltung: I. B. C.
Herstellung: Graphischer Betrieb Heinz Saamer, Frankfurt/M.
Printed in Germany

Aus dem Vorwort zur ersten deutschen Ausgabe

Der freundlichen Aufforderung der Verlagsbuchhandlung, der deutschen Ausgabe des Thompsonschen Büchleins „Calculus made easy" einige einleitende Worte voranzuschicken, komme ich um so lieber nach, als gerade das von mir vertretene Fach, die physikalische Chemie, noch immer stark gegen eine unzulängliche Vorbildung der Studierenden in Mathematik zu kämpfen hat und daher jeder erfolgversprechende Bundesgenosse in diesem Kampfe mit Freude zu begrüßen ist.

Indessen reicht die Bedeutung des Büchleins weit über das Interessengebiet der physikalischen Chemie hinaus. Mehr und mehr wächst ja die Zahl derjenigen Wissenszweige, für die die mathematischen Rechenmethoden, insbesondere die Differential- und Integralrechnung, Bedeutung gewonnen haben. In erster Linie sind es zahlreiche Teilgebiete der Naturwissenschaft, von der Physik an bis zu den biologischen Wissenschaften, die des mathematischen Rechnens bedürfen; aber auch die Vertreter der Wirtschaftslehre beginnen zu erkennen, daß die Mathematik für sie ein wertvolles Hilfsmittel darstellt. Dabei ist, wie es scheint, die Anwendung mathematischer Rechenverfahren im Auslande, namentlich in den angelsächsischen Ländern, bereits weiter verbreitet als in Deutschland, so daß die Gefahr einer gewissen Rückständigkeit des fraglichen Wissensgebietes bei uns, wenigstens in einzelnen Fällen, nicht zu verkennen ist.

Der Einbürgerung und Anerkennung des mathematischen Rechnens als Hilfswissenschaft stehen nun einige Hemmnisse entgegen, deren Überwindung immerhin auf gewisse prinzipielle Schwierigkeiten stößt. Das Haupthemmnis findet wohl den treffendsten Ausdruck in dem Titel einer vor zwei Jahren erschienenen Broschüre Felix Auerbachs: „Die Furcht vor der Mathematik und ihre Überwindung" (Gustav Fischer, Jena 1924). In ihr wird in

IV

treffender und geistvoller Weise dargelegt, daß in vielen Fällen offenbar in der Tat ein Vorurteil, eine Art Furcht, die Schuld daran trägt, weshalb sich zahlreiche Vertreter, namentlich der Naturwissenschaften und der Wirtschafts‚ lehre, von einer Beschäftigung mit der Mathematik fernhalten; dabei vertritt Auerbach allerdings einen Standpunkt, der den tatsächlichen Verhältnissen wohl nicht völlig gerecht wird, und der jedenfalls eine Überwindung der Furcht nicht gerade erleichtert: Man muß offenbar unterscheiden einerseits zwischen **reiner Mathematik**, einer der Philosophie nahe verwandten, dem menschlichen Geist neue Gebiete erschließenden und daher relativ abstrakten Disziplin, die in erster Linie um ihrer selbst willen existiert, und andererseits der **für die Mehrzahl der praktischen Anwendungen erforderlichen Mathematik**, die im großen ganzen sich in ihrer Art nicht allzuweit vom elementaren Rechnen entfernt, wenn sie auch einiger Grundbegriffe bedarf, die letzterem fremd sind. Im Gegensatz zu der Auffassung Auerbachs und noch zahlreicher anderer Fachgenossen, die unter allen Umständen ein tieferes Eindringen in die höhere reine Mathematik fordern, vertritt das vorliegende Büchlein mit erfreulicher Offenheit den Standpunkt, daß als **Hilfswissenschaft anderer Fächer** jedenfalls **für den Anfänger** zunächst **nur die praktische Mathematik**, d. h. das mathematische Rechnen, in Frage kommt. Dieser Gedanke, offenbar das wirksamste Bekämpfungsmittel des Haupthemmnisses, der Furcht, ist maßgebend für die gesamte Anlage des Buches: Immer wieder wird in ihm betont, daß das für die meisten Anwendungen tatsächlich Erforderliche sich unmittelbar an die Regeln des elementaren Rechnens anschließt, und daß nur eine gewisse Erweiterung schon geläufiger Begriffe, nicht aber das Eindringen in eine völlig neue, abstrakte Ideenwelt erforderlich ist.

Zwar existieren in Deutschland bereits einige Bücher, die, wenn auch vielleicht weniger ausgesprochen, ein ähnliches Ziel verfolgen, doch ist nur bei den wenigsten die Darstellung so anschaulich und plastisch wie bei dem

Thompsonschen „Calculus made easy", so daß seine Übertragung ins Deutsche mit Dank zu begrüßen ist und zweifellos in vielen Kreisen freundlich aufgenommen wird.

Januar 1926   Arnold Eucken

Vorwort zur neunten deutschen Auflage

Mit dem Erscheinen der 3. von F. G. W. Brown bearbeiteten englischen Ausgabe schien es nötig, auch die deutsche Auflage einer Durchsicht zu unterziehen. Dabei haben wir neben den sich zwangsläufig ergebenden sachlichen Korrekturen und Ergänzungen auch einzelne Passagen neu übersetzt, um den unkonventionellen Ton des Originals auch dem deutschen Leser zu erhalten. Das mag mathematische Ästheten verletzen; dennoch glauben wir nicht, die Mathematik durch etwas burschikose Formulierungen in ihren Grundfesten zu erschüttern. Schlimm wäre es, wenn man das könnte! Und unsere Professoren, bei denen wir noch vor ganz kurzer Zeit im Kolleg über die hier behandelte Materie gesessen haben, bitten wir um Nachsicht, daß wir uns zur Übersetzung bzw. Revision dieses Buches bereitgefunden haben. Sie seien auf die Verteidigungsrede des Autors hingewiesen, der wir uns anschließen.

Sachlich ist zu bemerken: die bei der Integration nützlichen hyperbolischen Funktionen sinh, cosh, tanh (diese Schreibweise sollte sich endlich auch in Deutschland durchsetzen!) werden nicht mehr übergangen. Ihnen mußten einige schwerfällige Integrationsmethoden weichen. Weiterhin wurden die nützlichen Integrale $\int e^{pt} \sin kt \, dt$ und $\int e^{pt} \cos kt \, dt$ eingeführt, dadurch konnte auf früher übliche Methoden „zur Auffindung von Lösungen" verzichtet werden. Natürlich wurden auch einige Beispiele ausgetauscht oder neu hinzugefügt. Dem Vorsatz des Bearbeiters der englischen Ausgabe, an der Idee des Buches von Thompson nichts zu ändern, sondern es nur ein wenig aufzupolieren, fühlten auch wir uns verpflichtet,

Unserem Auftraggeber, Herrn Deutsch, danken wir, daß er uns gewähren ließ.

Möge das Buch dem Leser so viel Spaß machen wie uns!

Frankfurt a.M. Marga Dietz
Im Juni 1962 Peter Walkling

INHALTSVERZEICHNIS

Prolog

I. Beseitigung der anfänglichen Furcht	1
II. Verschiedener Kleinheitsgrad	2
III. Der Funktionsbegriff	7
IV. Ein paar ganz einfache Fälle	14
V. Was wird aus Konstanten?	21
VI. Summe, Differenz, Produkt und Quotient	29
VII. Mehrfache Differentiation	43
VIII. Einige physikalische Betrachtungen	46
IX. Zwei wertvolle Kunstgriffe	58
X. Die geometrische Bedeutung des Differentialquotienten	67
XI. Maxima und Minima	82
XII. Über Kurvenkrümmung	99
XIII. Partialbruchzerlegung	106
XIV. Die Zinseszinsen und das Gesetz vom organischen Wachstum	120
XV. Der Differentialquotient der Sinus- und Kosinusfunktion	148
XVI. Partielle Differentiation	158
XVII. Integration	164
XVIII. Integration als Umkehrung der Differentiation	171
XIX. Berechnung von Flächeninhalten durch Integration	183
XX. Erste Hilfe beim Integrieren	201
XXI. Das Lösen von Differential-Gleichungen	207
XXII. Noch einmal etwas über Kurvenkrümmung	221
XXIII. Die Bogenlänge eines Kurvenstückes	234
Epilog und Apologie	249
Lösungen der Aufgaben	251
Formeltabelle	267

Prolog

Wenn man bedenkt, was für Leute schon mit der höheren Mathematik fertiggeworden sind, kann man sich nur wundern, daß sich immer noch welche finden, die glauben, es sei schwierig oder langwierig, sich die gleichen Kniffe zu eigen zu machen.

Manche dieser Tricks sind wirklich einfach, andere höchst kompliziert. Jene Leute – es sind nicht die dümmsten – die Bücher über höhere Mathematik verfassen, machen sich selten die Mühe zu zeigen, wie einfach ihre Geheimwissenschaft zum Teil ist. Im Gegenteil! Sie scheinen den Leser ihre unerhörte Klugheit fühlen lassen zu wollen, indem sie alles möglichst kompliziert darstellen.

Selbst von bemerkenswert geringer Intelligenz, mußte ich mir die schwierigen Kniffe selber mühevoll beibringen. Nun soll ich meinen Leidensgenossen die weniger schwierigen zeigen. Wenn sie die begriffen haben, begreifen sie auch den Rest. Was ein Schelm kann, bringt auch der andere zu gutem Ende.

Als Symbole gebräuchliche griechische Buchstaben:

Groß	Klein	Sprich:
A	α	Alpha
B	β	Beta
Γ	γ	Gamma
Δ	δ	Delta
E	ε	Epsilon
H	η	Eta
Θ	ϑ	Theta
K	$\varkappa$	Kappa
Λ	λ	Lambda
M	μ	Mü
N	ν	Nü
Ξ	ξ	Xi
Π	π	Pi
P	ϱ	Rho
Σ	σ	Sigma
Φ	φ	Phi
Ω	ω	Omega

I
Beseitigung der anfänglichen Furcht

Die anfängliche Furcht, die zumeist jeden Menschen, der seine fünf Sinne beieinander hat, abschreckt, überhaupt nur einen Versuch zur Erlernung der uns hier beschäftigenden Rechnungsart zu machen, kann ein für allemal beseitigt werden, wenn wir uns die Bedeutung — im gewöhnlichen Sinne des Wortes — der beiden beim Rechnen hauptsächlich benutzten Zeichen vor Augen halten.

Diese schrecklichen Zeichen sind:

1. *d*, das heißt lediglich „ein kleines Stückchen von".

Also bedeutet dx ein kleines Stückchen von x; oder du bedeutet ein kleines Stückchen von u. Gewöhnlich meinen die Mathematiker, es sei gebildeter, „ein Element von" anstatt „ein kleines Stückchen von" zu sagen. Nun, das steht ganz in unserem Belieben. Wir werden jedoch bald merken, daß diese kleinen Stückchen (oder Elemente) immer als unbegrenzt klein betrachtet werden müssen.

2. $\int$, das heißt — wenn wir so wollen — „die Summe von" und ist nichts anderes als ein langgezogenes *S*.

Also bedeutet $\int dx$ die Summe von all den kleinen Stückchen von x; oder $\int dt$ die Summe von all den kleinen Stückchen von t. Gewöhnlich nennen die Mathematiker dieses Zeichen „das Integral von". Jeder wird nun folgendes einsehen: Betrachtet man x als aus einer Anzahl von kleinen Stückchen bestehend, von denen ein jedes dx heißt, so werden wir — wenn wir alle diese Stückchen zusammenfügen — die Summe von all diesen dx bekommen (die genau ebenso groß ist wie die Gesamtheit von x). Das Wort „Integral" bedeutet einfach „die Gesamtheit". Wenn wir an die Zeitdauer einer Stunde denken, so können wir sie uns in 3600 kleine Stückchen geteilt denken, die Sekunden heißen. Die Gesamtheit dieser 3600 kleinen Stückchen macht zusammengezählt eben eine Stunde aus.

So oft wir einen Ausdruck sehen, vor dem dieses fürchterliche Zeichen steht, werden wir also künftig wissen, daß es nur zu dem Zwecke hingesetzt ist, uns aufmerksam zu machen, daß wir zur Durchführung der Rechnung (wenn wir das überhaupt können) alle diese kleinen Stückchen zusammenfügen müssen, die durch die folgenden Zeichen angedeutet sind.

Das ist alles!

II

Verschiedener Kleinheitsgrad

Wir werden feststellen, daß wir es bei unseren Rechenverfahren mit kleinen Mengen veränderlichen Kleinheitsgrades zu tun haben.

Ferner werden wir uns auch darüber klarwerden müssen, unter welchen Umständen eine kleine Menge als so winzig angesehen werden darf, daß wir sie gar nicht weiter zu beachten brauchen. Dabei kommt alles auf die relative Kleinheit an.

Bevor wir überhaupt Regeln aufstellen, wollen wir an einige ganz alltägliche Beispiele denken. Eine Stunde hat 60 Minuten, der Tag 24 Stunden und die Woche 7 Tage. Der Tag hat also 1440 Minuten und die Woche 10 080 Minuten.

Eine Minute ist offensichtlich eine recht geringfügige Zeitspanne im Vergleich zu einer ganzen Woche. Unsere Vorfahren hielten sie in der Tat für klein gegenüber einer Stunde und nannten sie „eine Minute", indem sie damit einen minutiösen Bruchteil — nämlich den sechzigsten — einer Stunde meinten. Als sie eine noch weitergehende Unterteilung der Zeit brauchten, spalteten sie jede Minute in 60 noch kleinere Teile, die sie zu Zeiten des berühmten Tycho Brahe „sekundäre Minuten" nannten, d. h. Teile einer Kleinheit zweiter Ordnung, die wir heute „Sekunden" nennen. Doch weiß kaum noch jemand, weshalb sie eigentlich so heißen.

II. Verschiedener Kleinheitsgrad

Wenn nun im Vergleich zu einem ganzen Tag eine Minute schon klein ist, wie viel weniger ist dann erst eine Sekunde!

Weiter — wir denken an einen Pfennig und einen Zehnmarkschein. Ein Pfennig ist gerade der tausendste Teil eines Zehnmarkscheins; ob man einen mehr oder weniger hat, spielt im Vergleich zu einem Zehnmarkschein wirklich gar keine Rolle: man darf ihn ohne weiteres als eine **k l e i n e** Menge Geld ansehen. Vergleichen wir jedoch einen Pfennig noch mit einem Scheck über 10 000 Mark! Im Verhältnis zu dieser großen Summe hat ein Pfennig keine größere Bedeutung, als etwa der tausendste Teil eines Pfennigs gegenüber einem Zehnmarkschein hat. Selbst ein Hundertmarkschein ist für den Reichtum eines Millionärs eine Bagatelle.

Stellen wir jetzt eine zahlenmäßige Beziehung auf, die das Verhältnis angibt, das wir für irgendeinen Zweck als relativ klein ansehen, so können wir leicht noch andere Beziehungen mit einem höheren Kleinheitsgrad finden. Wird z. B. hinsichtlich der Zeit $\frac{1}{60}$ als **k l e i n e r** Bruchteil angesprochen, so kann $\frac{1}{60}$ von $\frac{1}{60}$ (ein **k l e i n e r** Bruchteil eines **k l e i n e n** Bruchteils) also als ein Teil einer Kleinheit[1] **z w e i t e r   O r d n u n g** angesehen werden.

Oder — wenn wir in bestimmter Absicht ein Hundertstel (d. h. $\frac{1}{100}$) als einen **k l e i n e n** Bruchteil festsetzen, dann ist ein Hundertstel von einem Hundertstel (d. h. $\frac{1}{10\,000}$) ein kleiner Bruchteil einer Kleinheit zweiter Ordnung; und $\frac{1}{1\,000\,000}$ würde einen kleinen Bruchteil einer Kleinheit dritter Ordnung bedeuten und dem Hundertstel von einem Hundertstel eines Hundertstels gleichkommen.

Endlich nehmen wir noch an, daß wir für äußerst genaue Ansprüche $\frac{1}{1\,000\,000}$ als „klein" ansehen. So muß für eine

---

[1] Die Mathematiker sprechen von einer „Größe" zweiter Ordnung, wenn sie in Wirklichkeit eine **K l e i n h e i t** zweiter Ordnung meinen. Für Anfänger ist diese Bezeichnungsweise verwirrend.

erstklassige Uhr, die im Jahre nicht mehr als eine halbe Minute vor- oder nachgehen soll, die Zeit mit einer Genauigkeit von 1 zu 1 051 200 festgestellt werden. Wenn wir jetzt für einen derartigen Zweck $\frac{1}{1\,000\,000}$ (oder Millionstel) als eine kleine Menge ansehen, so kann $\frac{1}{1\,000\,000}$ von $\frac{1}{1\,000\,000}$, also $\frac{1}{1\,000\,000\,000\,000}$ (oder Billionstel), als ein kleiner Teil einer Kleinheit zweiter Ordnung bezeichnet werden und darf bei einem Vergleich unberücksichtigt bleiben.

Wir finden also, daß, je kleiner eine Menge selbst ist, um so eher die entsprechende kleine Menge zweiter Ordnung vernachlässigt werden darf. Daher wissen wir, daß wir kleine Mengen 2. oder 3. oder höherer Ordnung immer vernachlässigen dürfen, wenn nur die Anfangsmenge genügend klein ist.

Doch muß hier daran erinnert werden, daß kleine Mengen wichtig werden, wenn sie bei unseren Ausdrücken als Faktoren auftreten, falls der andere multiplizierende Faktor selbst groß ist. Auch ein Pfennig erhält schon Bedeutung, wenn man ihn nur verhundertfacht.

Bei unseren Rechnungen schreiben wir nun dx für ein kleines Stückchen von x. Diese geheimnisvollen Zeichen wie dx oder du oder dy heißen das Differential von x oder von u oder von y, allgemein: „Differentiale". (Wir lesen sie de-icks oder de-uh oder de-ypsilon). Ist nun dx ein kleines Stückchen von x und selbst schon recht klein, so folgt daraus dennoch nicht, daß solche „Größen" wie z. B. $x \cdot dx$ oder $x^2 dx$ oder $a^x dx$ vernachlässigt werden dürfen. Aber $dx \cdot dx$ dürfte man außer acht lassen, da es ja eine kleine Größe zweiter Ordnung darstellt.

Ein ganz einfaches Beispiel mag noch zur Erläuterung dienen.

Denken wir uns x als eine Größe, die um einen kleinen Wert wachsen kann, so daß $x + dx$ herauskommt, wobei dx die als Zuwachs angefügte kleine Menge darstellt. Das Quadrat hiervon ist $x^2 + 2\,x \cdot dx + (dx)^2$. Den zweiten Summanden darf man nicht vernachlässigen, denn er stellt ja noch eine Größe erster Ordnung dar; der dritte Ausdruck ist dagegen eine Größe zweiter Ordnung, denn er ist nur ein Stückchen eines Stückchens von x. Nehmen wir etwa dx — um ein Zahlenbeispiel zu haben — als $\frac{1}{60}$ von x an, so würde der zweite Ausdruck $\frac{2}{60}$ von x^2, der dritte dagegen $\frac{1}{3600}$ von x^2 ausmachen. Dieser letzte Ausdruck ist augenscheinlich bei weitem unbedeutender als der zweite. Gehen wir aber noch weiter und setzen wir dx nur als $\frac{1}{1000}$ von x an, so wird der zweite Ausdruck zu $\frac{2}{1000}$ von x^2, während der dritte gar erst $\frac{1}{1\,000\,000}$ von x^2 beträgt.

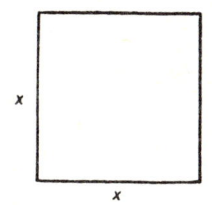

Fig. 1.

Geometrisch kann man sich das folgendermaßen klarmachen: Wir zeichnen ein Quadrat (Fig. 1), dessen Seite wir zu x annehmen. Jetzt lassen wir das Quadrat sich vergrößern, indem wir ein Stückchen dx zu der Größe zweier Seiten hinzufügen. Das erweiterte Quadrat besteht dann aus dem ursprünglichen Quadrat x^2, den beiden Rechtecken oben und auf der rechten Seite, von denen jedes den Flächeninhalt $x \cdot dx$ hat (oder zusammen $2x \cdot dx$) und dem kleinen Quadrat in der rechten oberen Ecke, das $(dx)^2$ groß ist. In Fig. 2 stellt dx immerhin einen ziemlich großen Bruchteil von x dar — ungefähr $\frac{1}{5}$.

Nehmen wir aber an, wir hätten dx nur $\frac{1}{100}$ von x groß, also von der Dicke eines feinen Federstriches, gewählt, so würde das kleine Eckquadrat nur noch $\frac{1}{10\,000}$ der Fläche von x^2 betragen und praktisch nicht zu sehen sein; $(dx)^2$ ist also offensichtlich nur dann zu vernachlässigen, wenn wir den Zuwachs dx selbst schon klein genug wählen; in Fig. 3 sind diese Verhältnisse angedeutet.

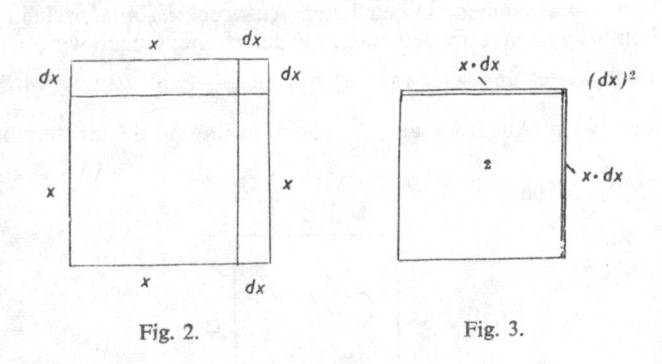

Fig. 2.   Fig. 3.

Wir wollen noch ein weiteres Beispiel betrachten:

Herr Billig sagt eines schönen Tages zu seinem Sekretär: „Nächste Woche will ich Ihnen einen kleinen Teil meiner einlaufenden Gelder schenken." Der Sekretär sagt aber seinerseits zu seinem Jungen: „Du sollst einen kleinen Teil von dem, was ich erhalten werde, bekommen." Dieser Teil soll in jedem Falle $\frac{1}{100}$ vom Ganzen betragen. Erhält nun Herr Billig in der nächsten Woche 10 000 Mark, so würden auf den Sekretär 100 Mark und auf den Jungen 1 Mark entfallen. 100 Mark würden nur eine kleine Summe im Vergleich mit 10 000 Mark darstellen; 1 Mark ist aber eine **ganz kleine Summe** und in der Tat von völlig untergeordneter Bedeutung. Wie würde aber die Verteilung ausfallen, wenn der Bruchteil anstatt auf $\frac{1}{100}$ auf $\frac{1}{1000}$ festgesetzt werden würde? Dann hätte Herr Billig wieder seine 10 000 Mark, der Sekretär dagegen nur 10 Mark und der Junge gerade 1 Pfennig bekommen!

Der witzige Dean Swift[1]) schreibt einmal:

„Gelehrte sahen mit erstaunten Augen,
Daß kleine Flöhe an den — Flöhen saugen,
Die wieder quält noch kleinere Kreatur —
So geht ins Ungemeßne die Natur!"

Ein Ochse mag von einem Floh gepeinigt werden — von einer kleinen Kreatur einer Größe erster Ordnung. Aber die Flöhe eines Flohs werden ihn wahrscheinlich nicht stören, da sie von einer Kleinheit zweiter Ordnung sind. Selbst ein ganzes Schock von Flohflöhen wird den Ochsen nicht jucken.

III

Der Funktionsbegriff

Bei allen Rechnungen handelt es sich für uns um Größen, die v e r ä n d e r l i c h sind und um das Verhältnis solcher Größen zueinander. Wir teilen alle Größen in zwei Klassen ein: in die K o n s t a n t e n und die V a r i a b l e n. Alle Größen, deren Wert wir als unveränderlich ansehen — die eben K o n s t a n t e n heißen — bezeichnen wir allgemein algebraisch durch Buchstaben vom Anfang des Alphabets, also durch a, b oder c; alle die dagegen, welche wir als veränderlich oder (wie die Mathematiker sagen) als „variabel" betrachten, benennen wir mit Buchstaben vom Ende des Alphabets, also mit x, y, z, u, v, w und manchmal auch mit t.

Wir haben es indessen gewöhnlich mit mehr als einer Variablen auf einmal zu tun und müssen außerdem noch auf die Beziehungen achten, die unsere Variablen miteinander verknüpfen: Wir denken etwa an ein Geschoß — wie hängt seine größte Höhe von der Zeit ab, die es braucht, um diese Höhe zu erreichen? Oder wir sollen ein Rechteck mit vorgegebenem Flächeninhalt betrachten und untersuchen,

---

[1]) Aus dem Gedicht: Eine Rhapsodie (S. 20), gedruckt 1733 — gewöhnlich falsch zitiert.

wie es schmaler wird, wenn seine Länge zunimmt. Oder wir überlegen uns, in welcher Weise eine Änderung der Neigung einer angelehnten Stange die Höhe beeinflußt, bis zu der sie reicht.

Setzen wir nun den Fall, wir hätten zwei solche Variable, bei denen die eine von der anderen abhängt. Eine Änderung der einen wird also noch eine Änderung der anderen mit sich bringen, denn diese ist ja abhängig. Die eine der beiden Variablen wollen wir x nennen, und die andere, von ihr abhängige, mag y heißen.

Stellen wir uns jetzt vor, daß x variiert wird (das heißt also, daß wir es selbst etwa ändern oder daß wir es uns geändert denken), indem wir einfach ein kleines Stückchen hinzufügen, das wir dx nennen; der Wert von x wird so auf $x+dx$ anwachsen. Dann wird sich, weil x sich geändert hat, y ebenfalls ändern und zu $y+dy$ werden. Hierbei mag das Stückchen dy in einigen Fällen positiv, in anderen dagegen negativ sein; außerdem wird es nicht (bis auf ganz seltene Ausnahmen) dieselbe Größe wie das Stückchen dx besitzen.

Zwei Beispiele: (1) In einem rechtwinkligen Dreieck (Fig. 4) soll y die Höhe und x die Grundlinie bedeuten, während der andere Basiswinkel 30° beträgt. Nun darf sich das Dreieck vergrößern, wobei jedoch seine Winkel ungeändert bleiben sollen; es wird dann, wenn die Grundlinie wächst und zu $x+dx$ wird, die Höhe zu $y+dy$ werden. Eine Zunahme von x bringt also auch eine Zunahme von y mit sich. Das kleine Dreieck, dessen Höhe dy und dessen Grundlinie dx beträgt, ist dem ursprünglichen Dreieck ähnlich. Es ist deshalb klar, daß in diesem Falle der Wert des Bruches $\frac{dy}{dx}$ derselbe ist wie der des Bruches $\frac{y}{x}$. Für einen Winkel von 30° ergibt sich

$$\frac{dy}{dx} = \frac{1}{1{,}73}.$$

(2) In Fig. 5 soll x den waagerechten Abstand des unteren Endes einer festen Stange AB bedeuten, die an eine Wand gelehnt ist. y mag dann die Höhe der Wand angeben,

III. Der Funktionsbegriff

bis zu der die Stange eben reicht. Sicherlich ist jetzt y von x abhängig. Wie wir nämlich ohne weiteres sehen, kommt das obere Ende B etwas tiefer, wenn wir den Fußpunkt A ein wenig von der Wand entfernen. Diesen Sachverhalt wollen wir in unsere Formelsprache übertragen. Wir lassen x zu $x+dx$ werden; dann wird y zu $y-dy$; das bedeutet also: einem positiven Zuwachs von x entspricht ein negativer Zuwachs von y.

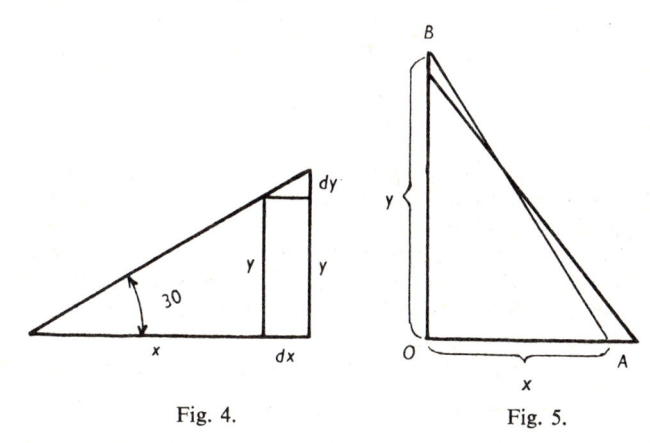

Fig. 4. Fig. 5.

Ja — wie groß ist aber diese Abnahme? Nehmen wir der Einfachheit halber einmal den Stab als so lang an, daß sein unteres Ende A 19 cm von der Wand entfernt ist, während sein oberes Ende 1,80 Meter über dem Boden liegt. Jetzt ist die Frage, um wieviel das obere Ende der Stange tiefer kommt, wenn wir ihr unteres Ende um 1 cm von der Wand weiter fortrücken. Drücken wir alle Maße in Zentimetern aus, so ist $x = 19$ und $y = 180$ cm. Der Zuwachs von x, den wir dx nennen, beträgt gerade 1 cm, oder $x + dx = 20$ cm.

Um wieviel wird y kleiner? Die neue Höhe berechnet sich zu $y - dy$. Wenn wir diese Höhe mittels des pythagoreischen Lehrsatzes bestimmen, so können wir die Größe dy ermitteln. Die Länge der Stange ist

$$\sqrt{(180)^2 + (19)^2} = 181 \text{ cm}.$$

III. Der Funktionsbegriff

Die neue Höhe $y-dy$ wird dann augenscheinlich folgendermaßen gefunden:

$$(y-dy)^2 = (181)^2 - (20)^2 = 32\,761 - 400 = 32\,361$$

$$y - dy = \sqrt{32\,361} = 179{,}89 \text{ cm.}$$

Nun ist aber $y = 180$, also $dy = 180 - 179{,}89 = 0{,}11$ cm.

Wir finden demnach, daß eine Zunahme dx von 1 cm eine Abnahme dy von 0,11 cm mit sich bringt.

Das Verhältnis von dy zu dx selbst bestimmt sich zu

$$\frac{dy}{dx} = -\frac{0{,}11}{1}.$$

Aus diesen Beispielen kann man leicht ersehen, daß (mit Ausnahme eines Sonderfalls) dy eine von dx verschiedene Größe darstellt.

In der ganzen höheren Mathematik verfolgt uns auf Schritt und Tritt dieser eigenartige — einem Bruch ähnliche — Ausdruck, nämlich das Verhältnis von dy zu dx, wenn beide unendlich klein werden.

Ausdrücklich wollen wir uns hier merken, daß man dieses Verhältnis $\frac{dy}{dx}$ nur dann auffinden kann, wenn y und x zueinander in gewisser Beziehung stehen, so daß für irgendeine Änderung von x auch notwendigerweise eine solche von y erfolgt. So wurde etwa bei dem ersten Beispiel, das wir gerade angeführt haben, die Grundlinie x des Dreiecks verlängert und damit die Höhe y des Dreiecks ebenfalls geändert; in dem 2. Beispiel rutschte das Ende der Stange zuerst langsam, dann immer schneller an der Wand hinunter, wenn man den Abstand des unteren Stangenendes von der Wand langsam vergrößerte. In diesen Fällen ist die Beziehung zwischen x und y festgelegt und kann mathematisch zum Ausdruck gebracht werden, da $\frac{y}{x} = \text{tg } 30°$ und $x^2 + y^2 = l^2$ ist (wobei l die Länge der Stange bedeutet) und dem Werte $\frac{dy}{dx}$ die für jeden Fall errechnete Bedeutung zukommt.

III. Der Funktionsbegriff

Gibt x wie vorher den Abstand des unteren Endes der Stange von der Wand und y nicht die Höhe an, bis zu der die Stange reicht, sondern vielleicht die Länge der Wand oder die Anzahl ihrer Ziegel oder etwa die Anzahl Jahre, die seit ihrer Erbauung verflossen sind, so würde eine Änderung von x natürlich keine Änderung von y nach sich ziehen; in diesem Falle hat der Ausdruck $\frac{dy}{dx}$ keinen Sinn, und man kann unmöglich einen Zahlenwert für ihn angeben. Wenn wir Differentiale benutzen, z. B. dx, dy, dz usw., so setzen wir voraus, daß zwischen x, y, z usw. irgendeine Abhängigkeit besteht, die wir eine „Funktion" von x, y, z, nennen. Die beiden oben als Beispiele gebrauchten Ausdrücke $\frac{y}{x} = \text{tg } 30°$ und $x^2 + y^2 = l^2$ sind also Funktionen von x und y. Solche Ausdrücke enthalten implizit (d. h. nicht ohne weiteres ersichtlich) die Möglichkeit, x in Werten von y oder umgekehrt y in Werten von x darzustellen; aus diesem Grunde heißen sie **implizite Funktionen** von x und y; sie können beide auf die Form gebracht werden

$$y = x \cdot \text{tg } 30° \quad \text{oder} \quad x = \frac{y}{\text{tg } 30°}$$

und $\quad y = \sqrt{l^2 - x^2} \quad \text{oder} \quad x = \sqrt{l^2 - y^2}.$

Die letzten Gleichungen drücken explizit (d. h. ohne weiteres ersichtlich) den Wert von y in Werten von x oder den Wert von x in Werten von y aus und heißen daher ganz zu Recht **explizite Funktionen** von x oder y. So ist z. B. die Gleichung $x^2 + 3 = 2y - 7$ eine implizite Funktion von x und y; man kann sie auch schreiben $y = \frac{x^2 + 10}{2}$ (explizite Funktion von x) oder $x = \sqrt{2y - 10}$ (explizite Funktion von y). Wir sehen also, daß eine explizite Funktion von x, y, z usw. einfach einen Wert darstellt, der sich ändert, wenn sich x, y, z usw. ändern; dabei können sich die Variablen einzeln oder zugleich ändern. Deswegen heißt auch der Wert für die explizite Funktion die „**abhängige Variable**", da sie von dem Wert der anderen variablen Größen der Funktion abhängt. Diese anderen Variablen heißen „u n a b h ä n g i g e V a r i a b l e", denn ihre Größe ist nicht durch den von der Funktion vorgeschriebenen Wert bestimmt. Ist z. B. $u = x^2 \cdot \sin \vartheta$, so sind x und ϑ unabhängige Variable und u ist die abhängige Variable.

Manchmal ist die genaue Beziehung zwischen mehreren Größen x, y, z weder bekannt noch überhaupt aufstellbar; man weiß dann nur, daß es irgendeine Beziehung zwischen diesen Veränderlichen gibt, so daß sich keine allein — also weder x noch y noch z — ändern kann, ohne nicht auch die anderen Größen zu beeinflussen. Die Existenz einer Funktion von x, y, z ist dann durch die Bezeichnung $F(x, y, z)$ (implizite Funktion) oder durch $x = F(y, z)$, $y = F(x, z)$ oder $z = F(x, y)$ (explizite Funktion) angedeutet. Bisweilen gebraucht man den Buchstaben f oder φ an Stelle von F, so daß $y = F(x)$, $y = f(x)$ und $y = \varphi(x)$ immer dieselbe Tatsache ausdrücken: daß nämlich der Wert von y von dem Wert von x in irgendeiner nicht näher festgesetzten Weise abhängt.

Wir nennen den Bruch $\frac{dy}{dx}$ den „D i f f e r e n t i a l q u o t i e n t e n von y nach x". Eine hochtrabende wissenschaftliche Bezeichnung für eine ganz einfache Angelegenheit! Davon aber keineswegs eingeschüchtert, pfeifen wir auf solchen zungenbrecherischen Wahnwitz und betrachten uns lieber das einfache Gebilde, nämlich den Bruch $\frac{dy}{dx}$, einmal aus der Nähe.

In der gewöhnlichen Algebra, wie wir sie auf der Schule lernten, wurden wir immer hinter einer Unbekannten, die wir x oder y nannten, hergehetzt; manchmal sollten wir auch zwei Unbekannten gleichzeitig nachstellen. Jetzt pirschen wir auf neuen Wegen, aber nicht, um x oder y zu fangen. Vielmehr wollen wir das merkwürdige Untier $\frac{dy}{dx}$ erlegen. Das schaffen wir durchs „Differenzieren". Wir erinnern uns noch einmal, daß der gesuchte Wert der Bruch ist, für den dy und dx selbst unendlich klein sind.

Der wahre Wert von $\frac{dy}{dx}$ ist ein Wert, dem man sich immer mehr nähert, wenn dx und dy kleiner und kleiner werden.

Jetzt wollen wir uns darum kümmern, wie man ihn finden kann.

Anmerkung zu III

Wie liest man Differentiale?

Wir wollen nicht in den Pennäler-Irrtum verfallen und denken, daß dx etwa d mal x bedeutet, d ist kein Faktor — dieses Zeichen heißt vielmehr ein „Element von" oder „ein Stückchen von" (nämlich dem, was folgt). Deshalb liest man dx: „de-icks".

Für den Fall, daß der Leser niemanden hat, der ihm sagt, wie man einen Differentialquotienten ausspricht, mag dies hier noch kurz erläutert sein. Der Differentialquotient $\frac{dy}{dx}$ wird „de-ypsilon nach de-icks" gelesen.

So lautet also $\frac{du}{dt}$ „de-uh nach de-te".

Später werden wir noch zweite Differentialquotienten kennenlernen. Sie heißen z. B. $\frac{d^2y}{dx^2}$, man liest sie „de-zwei-ypsilon nach de-icks-quadrat"; sie bedeuten weiter nichts, als daß y nach x nicht nur einmal, sondern zweimal differenziert worden ist. Eine andere Möglichkeit, um anzudeuten, daß eine Funktion differenziert worden ist, besteht darin, daß man dem Funktionszeichen einen kleinen Strich anfügt. Ist z. B. $y = F(x)$, — y ist dann eine nicht näher bezeichnete Funktion von x (siehe S. 12) —, so dürfen wir $F'(x)$ an Stelle von $\frac{d(F(x))}{dx}$ schreiben. In ganz ähnlicher Weise bedeutet $F''(x)$, daß die ursprüngliche Funktion $F(x)$ zweimal nach x differenziert worden ist.

IV

Ein paar ganz einfache Fälle

Nun wollen wir uns einmal ansehen, wie man grundsätzlich einen einfachen algebraischen Ausdruck differenzieren kann.

1. Fall: Wir fangen mit der einfachen Gleichung $y = x^2$ an. Dabei denken wir daran, daß wir uns hier im wesentlichen mit veränderlichen „Größen" befassen, die die Mathematiker Variable nennen. Sind nun y und x^2 einander gleich, so muß notwendigerweise x^2 wachsen, wenn x größer wird; wächst jedoch x^2, so wird y ebenfalls größer. Vor allem müssen wir daher die Beziehung zwischen dem Wachstum von y und dem von x auffinden. Mit anderen Worten: Unsere Aufgabe ist die Bestimmung des Verhältnisses von dy und dx, oder kurz die Bestimmung des Wertes $\frac{dy}{dx}$.

Lassen wir x um ein kleines Stückchen größer werden, so erhalten wir $x + dx$; in ganz entsprechender Weise wird y um ein kleines Stückchen größer werden und dann $y + dy$ betragen. Dann wird — ganz selbstverständlich — immer das vergrößerte y dem Quadrat des vergrößerten x gleichzusetzen sein. Wir schreiben dieses Ergebnis hin und finden:

$$y + dy = (x + dx)^2.$$

Führen wir die Rechnung aus, so ist

$$y + dy = x^2 + 2x\, dx + (dx)^2.$$

Was bedeutet hier $(dx)^2$? Wir erinnern uns, daß mit dx ein Stückchen — ein ganz kleines Stückchen — von x gemeint ist. Dann heißt ja $(dx)^2$ nichts weiter als ein kleines Stückchen eines kleinen Stückchens von x; es ist also, wie oben auseinandergesetzt (S. 3), eine kleine Menge zweiter Ordnung. Sie mag hinfort als gänzlich unbedeutend im Vergleich mit den anderen Größen von uns nicht weiter beachtet werden. Lassen wir sie also fort, so haben wir:

$$y + dy = x^2 + 2x \cdot dx.$$

Nun war $y = x^2$; ziehen wir diesen Wert von der Gleichung ab, so verbleibt

$$dy = 2x \cdot dx.$$

Dividieren wir jetzt noch durch dx, so finden wir endlich

$$\frac{dy}{dx} = 2x.$$

D i e s e n Wert[1]) wollten wir ja gerade aufsuchen! Das Verhältnis des Zuwachses von y zu dem Zuwachs von x ist in unserem Falle somit $2x$.

Ein Zahlenbeispiel: Wir setzen $x = 100$, so daß y den Wert 10 000 erhält. Dann lassen wir x wachsen, bis es zu 101 wird (d. h. wir nehmen dx zu 1 an). Das vergrößerte y wird dann $101 \cdot 101 = 10\,201$ betragen. Geben wir aber zu, daß wir kleine Größen zweiter Ordnung unberücksichtigt lassen dürfen, so können wir die 1 im Verhältnis zu der großen Zahl 10 000 unbeachtet lassen, und den vergrößerten Wert von y auf 10 200 abrunden. y ist von 10 000 auf 10 200 gewachsen; das hinzugefügte Stück dy macht also 200 aus.

$\frac{dy}{dx} = \frac{200}{1} = 200$. In Übereinstimmung mit der algebraischen Rechnung von vorher finden wir $\frac{dy}{dx} = 2x$. Und so ist es auch; für $x = 100$ ist $2x = 200$.

---

[1]) **A n m e r k u n g.** Dieser scheinbare Bruch $\frac{dy}{dx}$ ist das Ergebnis der Differentiation von y nach x. Differenzieren heißt, den Differentialquotienten finden. Angenommen, wir hätten eine andere Funktion von x, z. B. etwa $u = 7x^2 + 3$, die wir nach x differenzieren sollen, so müßten wir das Verhältnis $\frac{du}{dx}$ ausfindig machen, oder $\frac{d(7x^2 + 3)}{dx}$ was dasselbe ist. Tritt uns in einem anderen Falle die Zeit als unabhängige Variable (s. S. 11 u. 12) entgegen, wie z. B. in dem Ausdruck $y = b + \frac{1}{2} at^2$, so müssen wir nach t differenzieren und den Wert von $\frac{dy}{dt}$, also von $\frac{d(b + \frac{1}{2} at^2)}{dt}$ aufsuchen.

Aber — vernachlässigen wir nicht auf diese Weise eine ganze Einheit?

Schön, wir wollen unsere Rechnung wiederholen, aber dx noch etwas kleiner machen.

Es sei also $dx = \frac{1}{10}$. Dann ist $x + dx = 100{,}1$ und $(x+dx)^2 = 100{,}1 \cdot 100{,}1 = 10\,020{,}01$.

Jetzt beträgt die letzte 1 nur den millionsten Teil von 10 000 und kann wirklich vernachlässigt werden; wir dürfen also mit gutem Gewissen die Zahl 10 020 ohne die kleine Dezimale benutzen. Und dann ist $dy = 20$; und

$$\frac{dy}{dx} = \frac{20}{0{,}1} = 200,$$

was wieder $2x$ ist.

2. Fall: Versuchen wir $y = x^3$ in derselben Weise zu differenzieren.

Wir lassen y zu $y + dy$ werden und entsprechend x zu $x + dx$ anwachsen. Dann haben wir:

$$y + dy = (x + dx)^3$$
$$= x^3 + 3x^2 dx + 3x(dx)^2 + (dx)^3.$$

Wir wissen, daß wir kleine Größen zweiter und dritter Ordnung nicht zu berücksichtigen brauchen; werden nämlich dx und dy beide unbegrenzt klein, so werden $(dx)^2$ und $(dx)^3$ erst recht unbegrenzt klein. Indem wir sie also als verschwindend ansehen, haben wir:

$$y + dy = x^3 + 3x^2 dx.$$

Ferner war $y = x^3$; und nach Abzug dieses Wertes ergibt sich:

$$dy = 3x^2 dx$$

und

$$\frac{dy}{dx} = 3x^2.$$

3. Fall: Wir wollen $y = x^4$ differenzieren und verfahren in derselben Weise wie vorher. x und y lassen wir zu gleicher

IV. Ein paar ganz einfache Fälle

Zeit wachsen und bekommen:

$$y+dy = (x+dx)^4$$

oder ausgerechnet

$$y+dy = x^4+4x^3dx+6x^2(dx)^2+4x(dx)^3+(dx)^4.$$

Nun können wir wieder alle Ausdrücke, die höhere Potenzen von dx enthalten, außer acht lassen und finden

$$y+dy = x^4+4\,x^3dx$$

Ziehen wir jetzt den ursprünglichen Wert $y=x^4$ ab, so verbleibt

$$dy = 4x^3dx$$
$$\frac{dy}{dx} = 4x^3.$$

Alle diese Fälle sind ganz leicht. Wir wollen uns jetzt einmal die Ergebnisse ansehen, ob sich nicht vielleicht eine allgemeine Gesetzmäßigkeit herausfinden läßt. Wir schreiben sie einfach in zwei Reihen hin; die Werte von y in die eine und die entsprechenden Werte für $\frac{dy}{dx}$, die wir gefunden haben, in die andere Spalte, etwa so:

y	$\frac{dy}{dx}$
x^2	$2x$
x^3	$3x^2$
x^4	$4x^3$

Jetzt sehen wir uns diese Ergebnisse an. Die Differentiation erniedrigt offensichtlich den Exponenten von x immer um 1 (so z. B. im letzten Falle von x^4 auf x^3), während zugleich eine Zahl als multiplizierender Faktor auftritt (die gleiche Zahl, welche ursprünglich als Exponent vorhanden war). Wenn wir das erst einmal wissen, so können wir uns leicht zusammenreimen, wie die Sache weitergeht. Wir werden erwarten, daß der Differetialquotient von x^5 wahrscheinlich 5 x^4, und der von x^6 wohl 6 x^5 lauten wird. Wenn sich

IV. Ein paar ganz einfache Fälle

etwa noch Zweifel erheben, so können wir ja noch eine Rechnung durchführen, um zu sehen, ob sich unsere Prophezeiung erfüllt. Es sei also $y = x^5$.
Dann ist:

$$y + dy = (x + dx)^5$$
$$= x^5 + 5x^4 dx + 10x^3(dx)^2 + 10x^2(dx)^3$$
$$+ 5x(dx)^4 + (dx)^5.$$

Indem wieder alle Ausdrücke wegfallen, in denen kleine Größen höherer Ordnung vorkommen, haben wir

$$y + dy = x^5 + 5x^4 dx,$$

und nach Abzug von $y = x^5$ bleibt

$$dy = 5x^4 dx,$$

und hieraus folgt $\frac{dy}{dx} = 5x^4$, wie wir vermutet haben.

Folgen wir jetzt logisch unserer Beobachtung, so können wir schließen, daß für irgendeine höhere Potenz — sagen wir n — in der gleichen Weise verfahren werden kann.

Es sei

$$y = x^n,$$

wir würden dann erwarten, daß

$$\frac{dy}{dx} = nx^{(n-1)} \qquad \text{wird.}$$

Ist z. B. $n = 8$, so ist also $y = x^8$; der Differentialquotient würde dann $8x^7$ heißen. Das Gesetz, nach dem die Differentiation von x^n den Wert $n \cdot x^{n-1}$ zum Ergebnis hat, gilt in der Tat für alle Fälle, in denen n eine ganze positive Zahl ist.

Das sieht man sofort, wenn man $(x + dx)^n$ nach dem Binomischen Lehrsatz entwickelt.

Es verbleibt freilich noch die Frage, ob es für die Fälle gilt, wo n negativ oder ein Bruch ist.

1. n ist negativ.

Sei $y = x^{-2}$.

IV. Ein paar ganz einfache Fälle

Wir gehen wie beim letzten Beispiel vor:

$$y + dy = (x + dx)^{-2}$$
$$= x^{-2}\left(1 + \frac{dx}{x}\right)^{-2}$$

Diesen Ausdruck entwickeln wir nach dem Binomischen Lehrsatz und erhalten:

$$y + dy = x^{-2}\left[1 - 2\frac{dx}{x} + \frac{2(2+1)}{1,2}\left(\frac{dx}{x}\right)^2 - \ldots\right]$$
$$= x^{-2} - 2x^{-3}dx + 3x^{-4}(dx)^2 - 4x^{-5}(dx)^3 + \ldots$$

Vernachlässigen wir jetzt die kleinen „Größen" höherer Ordnung, so finden wir

$$y + dy = x^{-2} - 2x^3 dx$$

Ziehen wir $y = x^{-2}$ ab, so ergibt sich

$$dy = -2x^{-3} dx$$
$$\frac{dy}{dx} = -2x^{-3}$$

Und das entspricht noch der oben besprochenen Formel.

2. n ist ein Bruch.

$$\text{Sei } y = x^{\frac{1}{2}}.$$

Dann ist wieder

$$y + dy = (x + dx)^{\frac{1}{2}}$$
$$= x^{\frac{1}{2}}\left(1 + \frac{dx}{x}\right)^{\frac{1}{2}} = \sqrt{x}\left(1 + \frac{dx}{x}\right)^{\frac{1}{2}}$$
$$= \sqrt{x} + \frac{1}{2}\frac{dx}{\sqrt{x}} - \frac{1}{8}\frac{(dx)^2}{x\sqrt{x}} + \text{ weitere Glieder höherer}$$

Potenzen von dx.

Zieht man wieder $y = x^{\frac{1}{2}}$ ab und vernachlässigt die

IV. Ein paar ganz einfache Fälle

höheren Potenzen von dx, so bleibt

$$dy = \frac{1}{2}\frac{dx}{\sqrt{x}} = \frac{1}{2}x^{-\frac{1}{2}}dx$$

$$\frac{dy}{dx} = \frac{1}{2}x^{-\frac{1}{2}}$$

Das entspricht wieder der allgemeinen Regel.

Zusammenfassung: Was haben wir bis jetzt erreicht? Wir haben folgende Regel gewonnen: „Um x^n zu differenzieren, multipliziere man es mit seinem Exponenten und vermindere diesen um eins"; man erhält so $n \cdot x^{n-1}$ als Ergebnis.

Übungen I

(Lösungen siehe S. 251)

Differenziere folgende Ausdrücke:

(1) $y = x^{13}$.   (2) $y = x^{-\frac{3}{2}}$.

(3) $y = x^{2a}$.   (4) $u = t^{2,4}$.

(5) $z = \sqrt[3]{u}$.   (6) $y = \sqrt[3]{x^{-5}}$.

(7) $u = \sqrt[5]{\frac{1}{x^8}}$.   (8) $y = 2x^a$.

(9) $y = \sqrt[q]{x^3}$.   (10) $y = \sqrt[n]{\frac{1}{x^m}}$.

Jetzt können wir die Potenzen von x differenzieren. Schwer?

V

Was wird aus Konstanten?

In unseren Gleichungen haben wir x als veränderlich angesehen und den Schluß gezogen, daß bei einer Zunahme von x auch y seinen Wert ändert und zunimmt. Gewöhnlich stellen wir uns unter x eine Größe vor, die sich ändern kann; betrachten wir nun die Änderung von x etwa als eine Art **Ursache**, so können wir uns die zwangsläufige Änderung von y als eine Art **Wirkung** deuten. Mit anderen Worten: wir sehen den y-Wert als abhängig von dem x-Werte an. Beide, x und y, sind Variable, aber x ist die „unabhängige" Veränderliche, und y ist die „abhängige" Veränderliche. In dem gesamten vorangehenden Kapitel haben wir die Beziehung gesucht, welche die abhängige Änderung von y mit der unabhängigen Änderung von x verknüpft.

Unsere nächste Aufgabe besteht darin, den Einfluß von **Konstanten** auf die Differentiation zu untersuchen; also von Größen, deren Wert unbeeinflußt bleibt, wenn auch x oder y ihren Wert ändern.

Additive Konstanten: Wir wollen mit dem ganz leichten Beispiel einer additiven Konstanten anfangen; es sei also

$$y = x^3 + 5.$$

Jetzt lassen wir wieder, genau wie vorher x zu $x + dx$ und y zu $y + dy$ anwachsen. Dann folgt

$$y + dy = (x + dx)^3 + 5 = x^3 + 3x^2 dx + 3x(dx)^2 + (dx)^3 + 5.$$

Unter Vernachlässigung der kleinen Größen höherer Ordnung wird

$$y + dy = x^3 + 3x^2 \cdot dx + 5.$$

Ziehen wir jetzt den ursprünglichen Wert $y = x^3 + 5$ ab, so bleibt noch:

$$dy = 3x^2 dx,$$

$$\frac{dy}{dx} = 3x^2.$$

V. Was wird aus Konstanten?

Die 5 ist also völlig verschwunden! Sie trägt zu dem Zuwachs von x in keiner Weise bei und tritt nicht in den Differentialquotienten ein. Hätten wir 7 oder 700 oder irgendeine andere Zahl statt 5 hingesetzt, so würde diese ebenfalls verschwinden. Desgleichen natürlich, wenn wir den Buchstaben a oder b oder c wählen würden, um eine Konstante anzugeben; bei der Differentiation würde er ohne weiteres wegfallen.

Ist die additive Konstante von negativem Wert, also etwa -5 oder $-b$, so würde sie gleichfalls verschwinden.

Multiplikative Konstanten: Als einfaches Beispiel wählen wir den Fall

$$y = 7x^2.$$

Wir verfahren wie üblich und bekommen

$$y + dy = 7(x + dx)^2$$
$$= 7\{x^2 + 2x \cdot dx + (dx)^2\}$$
$$= 7x^2 + 14x \cdot dx + 7(dx)^2.$$

Dann ziehen wir den Ausgangswert ab, lassen den letzten Ausdruck verschwinden und erhalten:

$$dy = 14x \cdot dx$$
$$\frac{dy}{dx} = 14x.$$

Wir wollen dieses Beispiel näher betrachten und die Kurven für die Gleichungen $y = 7x^2$ und $\frac{dy}{dx} = 14x$ bestimmen, indem wir für x nacheinander den Wert 0, 1, 2, 3 usw. einsetzen und die entsprechenden Werte von y und $\frac{dy}{dx}$ ausrechnen.

V. Was wird aus Konstanten?

Diese Werte ordnen wir in folgender Weise:

x	0	1	2	3	4	5	−1	−2	−3
y	0	7	28	63	112	175	7	28	63
$\dfrac{dy}{dx}$	0	14	28	42	56	70	−14	−28	−42

Dann tragen wir diese Werte noch in einem passenden Maßstab ein und erhalten zwei Kurven, die in Fig. 6 und Fig. 6a gezeichnet sind.

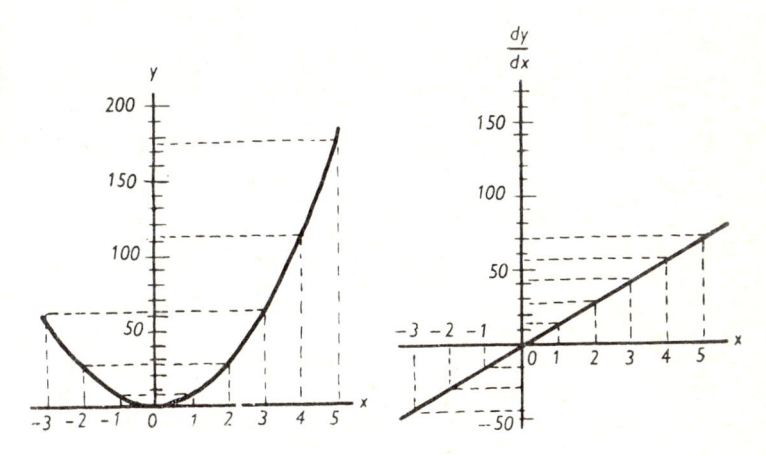

Fig. 6. Kurve für $y = 7x^2$.   Fig. 6a Kurve für $\dfrac{dy}{dx} = 14x$.

Vergleiche sorgfältig die beiden Figuren und überzeuge dich durch den Augenschein, daß die Höhe der Ordinate der abgeleiteten Kurve (Fig. 6a) der Neigung der ursprünglichen Kurve[1] (Fig. 6) für den entsprechenden Wert von x proportional ist. Links vom Nullpunkt, wo die ur-

---
[1] Siehe S. 67 ff. über Kurvenneigung

sprüngliche Kurvenneigung negativ ist (d. h. sie ist von links oben nach rechts unten geneigt), sind auch die entsprechenden Ordinatenwerte der abgeleiteten Kurve negativ.

Wenn wir jetzt noch einmal einen Blick auf S. 15 werfen, finden wir, daß die Differentiation von x^2 $2x$ ergibt. Der Differentialquotient von $7x^2$ ist also gerade siebenmal größer als der von x^2. Hätten wir $8x^2$ als Beispiel gewählt, so wäre der Differentialquotient achtmal so groß als der von x^2 herausgekommen. Setzen wir daher $y=ax^2$, so erhalten wir:

$$\frac{dy}{dx} = a \cdot 2x.$$

Hätten wir allgemein mit $y=ax^n$ angefangen, so würden wir finden $\frac{dy}{dx} = a \cdot n \cdot x^{n-1}$. Jede gewöhnliche Multiplikation mit einer Konstanten erscheint also als Multiplikation nach der Differentiation wieder. Was nun für die Multiplikation richtig ist, gilt auch ebenso für die Division: Wenn wir z. B. in der obigen Aufgabe statt 7 vielleicht $\frac{1}{7}$ als Konstante benutzt hätten, so wäre dasselbe $\frac{1}{7}$ in dem Ergebnis der Differentiation wiederzufinden gewesen.

Einige weitere Beispiele: Die folgenden Aufgaben sind vollständig vorgerechnet und ermöglichen uns, die Differentiation gewöhnlicher algebraischer Ausdrücke zu meistern, so daß wir dann ohne fremde Hilfe die am Ende des Kapitels angeführten Aufgaben werden lösen können.

(1) Differenziere:

$$y = \frac{x^5}{7} - \frac{3}{5}.$$

$-\frac{3}{5}$ ist eine additive Konstante und verschwindet (siehe S. 21). Wir brauchen also nur zu schreiben:

$$\frac{dy}{dx} = \frac{1}{7} \cdot 5x^{5-1}$$

oder

$$\frac{dy}{dx} = \frac{5}{7}x^4.$$

V. Was wird aus Konstanten?

(2) Differenziere:
$$y = a\sqrt{x} - \frac{1}{2}\sqrt{a}.$$

Der Ausdruck $-\frac{1}{2}\sqrt{a}$ verschwindet wieder, denn er tritt nur als additive Konstante auf; da wir $a\sqrt{x}$ in die Bruchpotenz $ax^{\frac{1}{2}}$ umformen können, ergibt sich:

$$\frac{dy}{dx} = a \cdot \frac{1}{2} x^{\frac{1}{2} - 1} = \frac{a}{2} \cdot x^{-\frac{1}{2}}$$

oder

$$\frac{dy}{dx} = \frac{a}{2\sqrt{x}}$$

(3) Es ist

$$ay + bx = by - ax + (x+y)\sqrt{a^2 - b^2}.$$

Gesucht ist der Differentialquotient von y nach x.

In der Regel erfordert ein Ausdruck wie dieser schon etwas mehr an Kenntnissen, als wir bis jetzt besitzen; wir wollen jedoch versuchen, ihn auf eine einfachere Form zu bringen, um ihn differenzieren zu können.

Zunächst müssen wir ihn so umformen, daß y gleich einem Ausdruck ist, der als Unbekannte nur noch x enthält. Wir können zunächst schreiben:

$$(a-b)y + (a+b)x = (x+y)\sqrt{a^2 - b^2}.$$

Wir setzen k^2 als Abkürzung für $\frac{a+b}{a-b}$ und erhalten:

$$a^2 - b^2 = (a+b)(a-b) = k^2(a-b)^2$$

$$\sqrt{a^2 - b^2} = k(a-b)$$

Damit ist

$$(a-b)y + (a+b)x = (x+y)\,k(a-b)$$

V. Was wird aus Konstanten?

Wir dividieren durch $(a-b)$ — setzen dabei $a \neq b$ voraus —:

$$y + k^2 x = k(x+y)$$
$$y(1-k) = kx(1-k)$$
$$y = kx$$

Daraus folgt:

$$\frac{dy}{dx} = k = \sqrt{\frac{a+b}{a-b}}$$

(4) Das Volumen eines Zylinders von dem Radius r und der Höhe h ist durch die Formel $V = \pi r^2 h$ bestimmt. Es ist zu untersuchen, 1. wie ändert sich das Volumen, wenn sich der Radius ändert? Es sei $r = 5,5$ cm und $h = 20$ cm. 2. Für den Fall $r = h$ soll untersucht werden, welche Ausmaße ein Zylinder haben muß, damit sich bei einer Radiusveränderung von 1 cm das Volumen um 400 cm³ ändert.

Das Verhältnis der Änderung von V in bezug auf h ist

$$\frac{dV}{dr} = 2\pi rh.$$

Für $r = 5,5$ cm und $h = 20$ cm erhalten wir 690,8. Dies bedeutet also, daß das Zylindervolumen sich um 690,8 cm³ vergrößern würde, wenn wir den Radius etwa von $r = 5$ auf $r = 6$ cm wachsen ließen. Die zugehörigen Volumina sind nun 1570 cm³ und 2260,8 cm³, so daß $2260,8 - 1570 = 690,8$.

Ferner ist

$$r = h; \quad \frac{dV}{dr} = 2\pi r^2 = 400 \quad \text{bei} \quad h = \text{const.}$$

und

$$r = h = \sqrt{\frac{400}{2\pi}} = 7,98 \text{ cm}.$$

Wenn sich jedoch h bei $r = h$ mit r ändert, dann ist

$$\frac{dV}{dr} = 3\pi r^2 = 400$$

V. Was wird aus Konstanten?

und
$$r = h = \sqrt{\frac{400}{3\pi}} = 6{,}51 \text{ cm}$$

(5) Bei dem Fêryschen Strahlungspyrometer ist der abgelesene Wert Θ mit der Temperatur t des Strahlers durch die Beziehung

$$\frac{\Theta}{\Theta_1} = \left(\frac{t}{t_1}\right)^4$$

verknüpft, wobei Θ_1 den einer bekannten Temperatur t_1 des strahlenden Körpers zugeordneten Wert bedeutet.

Vergleiche die Empfindlichkeit des Pyrometers bei 800° C, 1000° C und 1200° C, wenn bei 1000° C der Wert 25 abgelesen wird.

Die Empfindlichkeit wird durch das Verhältnis der Verschiebung abgelesener Skalenteile zu der zugehörigen Temperaturänderung bestimmt, also durch $\frac{d\Theta}{dt}$. Zunächst bringen wir obige Beziehung auf die Form

$$\Theta = \frac{\Theta_1}{t_1^4} t^4 = \frac{25 t^4}{1000^4},$$

dann wird

$$\frac{d\Theta}{dt} = \frac{100 t^3}{1000^4} = \frac{t^3}{10\,000\,000\,000},$$

Für $t = 800°$ C, 1000° C und 1200° C erhalten wir $\frac{d\Theta}{dt} = 0{,}0512$, 0,1 und 0,1728.

Die Empfindlichkeit wächst also von 800° bis 1000° annähernd auf das Doppelte an und wird bei einer weiteren Temperaturerhöhung auf 1200° nochmals um drei Viertel größer.

Übungen II
(Lösungen siehe S. 251)

Differenziere folgende Ausdrücke:

(1) $y = ax^3 + 6$.

(2) $y = 13 x^{\frac{3}{2}} - c$.

(3) $y = 12 x^{\frac{1}{2}} + c^{\frac{1}{2}}$.

(4) $y = c^{\frac{1}{2}} x^{\frac{1}{2}}$.

(5) $u = \frac{az^n - 1}{c}$.

(6) $y = 1{,}18 t^2 + 22{,}4$.

Stelle dir selbst ähnliche Aufgaben zusammen und versuche an ihnen dein Heil!

(7) Die Längen l_t und l_0 eines Rundeisenstabes bei den Temperaturen $t°$ C und $0°$ C stehen durch die Formel $l_t = l_0(1+0{,}000012\,t)$ miteinander in Verbindung. Suche die Längenänderung des Eisenstabes für eine Temperaturänderung von $1°$C.

(8) Bei einer elektrischen Lampe ist die Abhängigkeit der Kerzenstärke C von der Spannung U durch die Gleichung $C = aU^b$ gegeben, in der a und b Konstanten bedeuten.

Gesucht wird die Änderung der Kerzenstärke bei einer Spannungsänderung; ferner soll für eine Lampe mit den Konstanten $a = 0{,}5 \cdot 10^{-10}$ und $b = 6$ die Änderung der Kerzenstärke berechnet werden, wenn die Spannung bei 80, 100 und 120 Volt um 1 Volt schwankt.

(9) Die Schwingungszahl v einer Saite von der Dicke D, der Länge l, dem spezifischen Gewicht σ ist bei einer spannenden Kraft K bestimmt zu:

$$v = \frac{l}{DL}\sqrt{\frac{gK}{\pi\sigma}}$$

Es soll die Änderung von v bestimmt werden, wenn nacheinander D, l, σ, und K variieren.

(10) Der maximale Außendruck P, den ein Rohr gerade noch aushalten kann, ohne eingedrückt zu werden, berechnet sich zu

$$P = \left(\frac{2E}{1-\sigma^2}\right)\frac{a^3}{D^3}$$

wobei E und σ Konstanten darstellen, a die Wandstärke und D den Durchmesser bedeuten. (Diese Formel setzt voraus, daß a klein ist im Verhältnis zu D.)

Vergleiche das Verhältnis der beiden Ergebnisse, wenn P erstens bei einer kleinen Änderung der Wandstärke und zweitens bei einer kleinen Durchmesseränderung variiert.

(11) Wie bei den ersten Beispielen soll im folgenden die Änderung einer Größe bei einer Änderung des Radius bestimmt werden. Zum Beispiel für:

(a) den Umfang eines Kreises mit dem Radius r;

(b) den Inhalt eines Kreises mit dem Radius r;
(c) den Kegelmantel mit der Seitenlinie l;
(d) den Kegelinhalt mit dem Radius r und der Höhe h;
(e) die Oberfläche einer Kugel mit dem Radius r;
(f) den Inhalt einer Kugel mit dem Radius r.

(12) Die Länge l eines Eisenstabes bei der Temperatur t ist durch die Beziehung $l = l_0(1+0{,}000012\,[t-t_0])$ gegeben, wobei l_0 die Länge bei der Temperatur t_0 bedeutet. Wie groß ist die Änderung des Durchmessers D eines eisernen Reifens, der auf ein Rad gezogen werden soll, wenn t sich ändert?

VI

Summe, Differenz, Produkt und Quotient

Wir haben die Differentiation einfacher algebraischer Ausdrücke kennengelernt wie zum Beispiel x^2+c oder ax^4. Nun wollen wir uns an die Aufgabe machen, eine Summe von zwei oder auch mehr Funktionen zu differenzieren. Es sei z. B.
$$y = (x^2+c)+(ax^4+b).$$

Wie groß ist dann wohl $\frac{dy}{dx}$? Wie rücken wir dieser neuen Aufgabe zu Leibe?

Die Antwort auf die Frage ist recht einfach; wir differenzieren eine Funktion nach der anderen, also:
$$\frac{dy}{dx} = 2x+4ax^3.$$

Wenn wir vielleicht Zweifel an der Richtigkeit der Lösung hegen sollten, so können wir ja noch den allgemeineren Fall untersuchen und ihn in gewohnter Weise behandeln. Das ist ein immer gangbarer Weg!

Es sei $y = u+v$, wobei u eine Funktion von x und v eine andere Funktion von x darstellen. Lassen wir jetzt x zu $x+dx$ sich vergrößern, so wird auch y zu $y+dy$ anwachsen; u wird zu $u+du$ und v schließlich zu $v+dv$ werden.

VI. Summe, Differenz, Produkt und Quotient

Dann ergibt sich:

$$y + dy = u + du + v + dv.$$

Nach Abzug des Wertes $y = u+v$ bekommen wir

$$dy = du + dv,$$

und nach der Division durch dx wird

$$\frac{dy}{dx} = \frac{du}{dx} + \frac{dv}{dx}.$$

Dieses Ergebnis rechtfertigt unser Verfahren. Man differenziert jede Funktion getrennt und addiert die Resultate. Nehmen wir uns also noch einmal unser Beispiel von der vorangehenden Seite vor, so ergibt sich unter Benutzung der früher eingeführten Bezeichnungsweise (siehe S. 18):

$$\frac{dy}{dx} = \frac{d(x^2+c)}{dx} + \frac{d(ax^4+b)}{dx}$$
$$= 2x \quad\quad + 4ax^3,$$

geradeso wie vorher.

Haben wir es mit drei Funktionen von x, etwa mit u, v und w zu tun, so daß

$$y = u + v + w$$

ist, so wird

$$\frac{dy}{dx} = \frac{du}{dx} + \frac{dv}{dx} + \frac{dw}{dx}$$

Für die S u b t r a k t i o n folgt sogleich als Regel, daß der Differentialquotient von v negativ ist, da ja v selbst einen negativen Wert darstellt; differenziert man daher

$$y = u - v,$$

so ergibt sich

$$\frac{dy}{dx} = \frac{du}{dx} - \frac{dv}{dx}.$$

Bei einem Produkt ist dagegen die Sache nicht ganz so einfach.

VI. Summe, Differenz, Produkt und Quotient

Werden wir z. B. nach dem Differentialquotienten des Ausdrucks

$$y = (x^2+c) \cdot (ax^4+b)$$

gefragt — was machen wir da? Das Ergebnis wird bestimmt nicht $2x \cdot 4\,ax^3$ sein; denn weder die Faktoren $c \cdot ax^4$ noch $x^2 \cdot b$ sind in diesem Produkt enthalten.

Wir haben zwei Wege, um zum Ziele zu gelangen.

Erster Weg: Wir multiplizieren zunächst aus und differenzieren hinterher.

Wollen wir so vorgehen, so multiplizieren wir x^2+c mit ax^4+b und erhalten

$$ax^6 + acx^4 + bx^2 + bc.$$

Jetzt differenzieren wir und bekommen:

$$\frac{dy}{dx} = 6ax^5 + 4\,acx^3 + 2\,bx.$$

Zweiter Weg: Wir besinnen uns auf unsere ersten Überlegungen und betrachten die Gleichung

$$y = u \cdot v;$$

Hierin ist u eine Funktion von x, und v ist eine andere Funktion von x. Wächst nun x zu $x+dx$, so wird y zu $y+dy$; u wird zu $u+du$ und v erhält den Wert $v+dv$, so daß wir schreiben:

$$y+dy = (u+du) \cdot (v+dv) = u \cdot v + u \cdot dv + v \cdot du + du \cdot dv.$$

Der Summand $du \cdot dv$ stellt jedoch hierbei eine kleine Größe zweiter Ordnung dar und darf deshalb beim Grenzübergang ohne weiteres fortgelassen werden, es wird also

$$y+dy = u \cdot v + u \cdot dv + v \cdot du.$$

Ziehen wir jetzt den ursprünglichen Wert $y = u \cdot v$ ab, so bleibt

$$dy = u \cdot dv + v \cdot du,$$

und wir bekommen nach der „Division durch dx" das Ergebnis

$$\frac{dy}{dx} = u\frac{dv}{dx} + v\frac{du}{dx}.$$

Die Gleichung ist der Schlüssel zur Differentiation eines Produktes: **Um ein Produkt zweier Funktionen zu differenzieren, multipliziere man jede Funktion mit dem Differentialquotienten der anderen und addiere sie.**

Man kann diesen Vorgang auch so auffassen: Man betrachtet u als konstant, während man v differenziert; dann sieht man v als konstant an und differenziert u; der gesamte Differentialquotient $\frac{dy}{dx}$ wird dann durch die Summe dieser beiden Teilergebnisse dargestellt.

Diese neu gefundene Regel wenden wir nun probeweise auf unser obiges Beispiel an.

Wir möchten das Produkt

$$(x^2+c) \cdot (ax^4+b)$$

differenzieren und setzen $(x^2+c) = u$ und $(ax^4+b) = v$.

Dann können wir nach unserer eben gefundenen Regel schreiben:

$$\begin{aligned}\frac{dy}{dx} &= (x^2+c)\frac{d(ax^4+b)}{dx} + (ax^4+b)\frac{d(x^2+c)}{dx}\\ &= (x^2+c)4ax^3 \quad + (ax^4+b)\,2x\\ &= 4\,ax^5 + 4\,acx^3 \quad + 2ax^5 + 2bx\\ \frac{dy}{dx} &= 6ax^5 + 4\,acx^3 \quad + 2bx\end{aligned}$$

genau wie zuvor.

Schließlich müssen wir noch Quotienten differenzieren. Wir wählen folgendes Beispiel:

$$y = \frac{bx^5+c}{x^2+a}.$$

VI. Summe, Differenz, Produkt und Quotient

Es ist nun nicht möglich, die Division ohne weiteres auszuführen, da bx^5+c sich nicht durch x^2+a teilen läßt; auch haben beide Ausdrücke keinen gemeinsamen Faktor. So bleibt uns also nichts weiter übrig, als unsere allgemeine Schreibweise zu benutzen, um eine Regel zu finden.

Wir setzen dazu

$$y = \frac{u}{v},$$

wobei u und v zwei verschiedene Funktionen der unabhängigen Variablen x darstellen. Wird dann x zu $x+dx$ und folglich y zu $y+dy$, so wächst auch entsprechend u zu $u+du$ und v zu $v+dv$ an. Es ist daher

$$y + dy = \frac{u+du}{v+dv}.$$

Nun führen wir die algebraische Division durch:

$$(u+du) : (v+dv) = \left(\frac{u}{v} + \frac{du}{v} - \frac{u \cdot dv}{v^2}\right)$$

$$u + \frac{u \cdot dv}{v}$$
$$\overline{}$$
$$du - \frac{u \cdot dv}{v}$$

$$du + \frac{du \cdot dv}{v}$$
$$\overline{}$$
$$-\frac{u \cdot dv}{v} - \frac{du \cdot dv}{v}$$

$$-\frac{u \cdot dv}{v} - \frac{u \cdot dv \cdot dv}{v^2}$$
$$\overline{}$$
$$-\frac{du \cdot dv}{v} + \frac{u \cdot dv \cdot dv}{v^2}$$

Hier brechen wir die Division ab, da wir wissen, daß kleine Größen von zweiter oder höherer Ordnung vernachlässigt werden dürfen; ein Weiterrechnen an dieser Stelle würde uns nämlich nur noch Glieder immer höherer Ordnung liefern.

VI. Summe, Differenz, Produkt und Quotient

So haben wir schließlich

$$y + dy = \frac{u}{v} + \frac{du}{v} - \frac{u \cdot dv}{v^2};$$

dafür können wir schreiben:

$$= \frac{u}{v} + \frac{v \cdot du - u \cdot dv}{v^2}$$

Jetzt ziehen wir nur noch $y = \frac{u}{v}$, unsere Ausgangsgleichung, ab und finden

$$dy = \frac{v \cdot du - u \cdot dv}{v^2}$$

oder

$$\frac{dy}{dx} = \frac{v\frac{du}{dx} - u\frac{dv}{dx}}{v^2}.$$

Dieses Ergebnis gibt uns Aufschluß darüber, wie ein Quotient zweier Funktionen zu differenzieren ist: **Man multipliziert den Divisor mit dem Differentialquotienten des Dividenden. Dann multipliziert man den Dividenden mit dem Differentialquotienten des Divisors und subtrahiert dieses Produkt von dem zuerst erhaltenen. Schließlich dividiert man noch diese Differenz durch das Quadrat des Divisors.**

Nun zurück zu unserer Aufgabe $y = \frac{bx^5 + c}{x^2 + a}$; setze

$$bx^5 + c = u$$

und

$$x^2 + a = v;$$

dann folgt:

$$\frac{dy}{dx} = \frac{(x^2 + a)\frac{d(bx^5 + c)}{dx} - (bx^5 + c)\frac{d(x^2 + a)}{dx}}{(x^2 + a)^2}$$

$$= \frac{(x^2 + a)(5bx^4) - (bx^5 + c)(2x)}{(x^2 + a)^2}.$$

$$\frac{dy}{dx} = \frac{3bx^6 + 5abx^4 - 2cx}{(x^2 + a)^2}. \qquad \text{(Lösung.)}$$

VI. Summe, Differenz, Produkt und Quotient

Die Differentiation eines Quotienten ist oft mühsam, aber keineswegs schwierig.

Wir können jetzt ohne weiteres den fehlenden Beweis für die Anwendbarkeit unserer allgemeinen Regel zur Differentiation einer Potenz mit negativem Exponenten (s. S. 18) erbringen; es sei etwa

$$y = x^{-m},$$

so wird unter Benutzung der Potenzregel

$$\frac{dy}{dx} = -mx^{-m-1}.$$

Wir wenden jedoch jetzt unsere neue Regel zur Differentiation eines Quotienten an und müssen offenbar dasselbe Resultat erhalten, wenn die Potenzregel auch für den negativen Exponenten zu Recht gilt. Dann ist

$$y = x^{-m} = \frac{1}{x^m}$$

und

$$\frac{dy}{dx} = \frac{x^m \cdot 0 - 1 \cdot m \cdot x^{m-1}}{x^{2m}};$$

das erste Glied im Zähler fällt fort, denn jede Zahl mit Null multipliziert ergibt Null. Wir bekommen dann

$$\frac{dy}{dx} = -m \cdot x^{m-1} \cdot x^{-2m}$$

$$= -m \cdot x^{m-1-2m}$$

und endlich

$$\frac{dy}{dx} = -m \cdot x^{-m-1},$$

also dasselbe Ergebnis wie bei Verwendung unserer alten Regel zu Differentiation einer Potenz.

Es seien noch ein paar durchgerechnete Beispiele angeführt:

(1) Differenziere:

$$y = \frac{a}{b^2} x^0 - \frac{a^2}{b} x + \frac{a^2}{b^2}.$$

$\frac{a^2}{b^2}$ ist eine Konstante und verschwindet. Wir haben also

$$\frac{dy}{dx} = \frac{a}{b^2} \cdot 3 \cdot x^{3-1} - \frac{a^2}{b} \cdot 1 \cdot x^{1-1}.$$

VI. Summe, Differenz, Produkt und Quotient

Da aber $x^{1-1} = x^0 = 1$ ist, bekommen wir:

$$\frac{dy}{dx} = \frac{3a}{b^2}x^2 - \frac{a^2}{b}.$$

(2) Differenziere:

$$y = 2a\sqrt{bx^3} - \frac{3b\sqrt[3]{a}}{x} - 2\sqrt{ab}.$$

Wir schreiben die Wurzeln als Bruchpotenzen von x und erhalten

$$y = 2a\sqrt{b}\,x^{\frac{3}{2}} - 3b\sqrt[3]{a}\,x^{-1} - 2\sqrt{ab}.$$

Dann ist

$$\frac{dy}{dx} = 2a\sqrt{b}\cdot\frac{3}{2}\cdot x^{\frac{3}{2}-1} - 3b\sqrt[3]{a}\cdot(-1)\cdot x^{-1-1};$$

oder

$$\frac{dy}{dx} = 3a\sqrt{bx} + \frac{3b\sqrt[3]{a}}{x^2}.$$

(3) Differenziere:

$$z = 1{,}8\sqrt[3]{\frac{1}{\Theta^2}} - \frac{4{,}4}{\sqrt[5]{\Theta}} - 27°.$$

Hierfür können wir schreiben:

$$z = 1{,}8\Theta^{-\frac{2}{3}} - 4{,}4\Theta^{-\frac{1}{5}} - 27°.$$

Die 27° verschwinden und wir erhalten:

$$\frac{dz}{d\Theta} = 1{,}8\cdot -\left(\frac{2}{3}\cdot\Theta\right)^{-\frac{2}{3}-1} - 4{,}4\cdot\left(-\frac{1}{5}\right)\cdot\Theta^{-\frac{1}{5}-1};$$

oder

$$\frac{dz}{d\Theta} = -1{,}2\Theta^{-\frac{5}{3}} + 0{,}88\Theta^{-\frac{6}{5}};$$

VI. Summe, Differenz, Produkt und Quotient

oder

$$\frac{dz}{d\Theta} = \frac{0{,}88}{\sqrt[5]{\Theta^6}} - \frac{1{,}2}{\sqrt[3]{\Theta^5}}.$$

(4) Differenziere:

$$v = (3t^2 - 1{,}2t + 1)^3.$$

Ein direkter Weg zur Durchführung dieser Aufgabe wird später angegeben werden (siehe S. 58ff.); aber wir können sie auch jetzt schon ohne Schwierigkeit lösen.

Wir rechnen die Klammer aus, dann ist

$$v = 27t^6 - 32{,}4t^5 + 39{,}96t^4 - 23{,}328t^3 + 13{,}32t^2 - 3{,}6t + 1,$$

und

$$\frac{dv}{dt} = 162t^5 - 162t^4 + 159{,}84t^3 - 69{,}984t^2 + 26{,}64t - 3{,}6.$$

(5) Differenziere:

$$y = (2x - 3)(x + 1)^2.$$

$$\frac{dy}{dx} = (2x-3) \frac{d[(x+1)(x+1)]}{dx} + (x+1)^2 \frac{d(2x-3)}{dx}$$

$$= (2x-3) \left[(x+1) \frac{d(x+1)}{dx} + (x+1) \frac{d(x+1)}{dx} \right]$$

$$\quad + (x+1)^2 \frac{d(2x-3)}{dx}$$

$$= 2(x+1)\,[(2x-3) + (x+1)] = 2(x+1)(3x-2).$$

Einfacher ist es jedoch, erst auszumultiplizieren und dann zu differenzieren.

(6) Differenziere:

$$y = 0{,}5x^3(x - 3).$$

$$\frac{dy}{dx} = 0{,}5 \left[x^3 \frac{d(x-3)}{dx} + (x-3) \frac{d(x^3)}{dx} \right]$$

$$= 0{,}5\,[x^3 + (x-3) \cdot 3x^2] = 2x^3 - 4{,}5x^2.$$

VI. Summe, Differenz, Produkt und Quotient

Hier gilt dieselbe Bemerkung wie bei der vorangehenden Aufgabe.

(7) Differenziere:
$$w = \left(\Theta + \frac{1}{\Theta}\right)\left(\sqrt{\Theta} + \frac{1}{\sqrt{\Theta}}\right).$$

Hierfür kann man schreiben:
$$w = (\Theta + \Theta^{-1})\left(\Theta^{\frac{1}{2}} + \Theta^{-\frac{1}{2}}\right).$$

$$\frac{dw}{d\Theta} = (\Theta+\Theta^{-1})\frac{d\left(\Theta^{\frac{1}{2}}+\Theta^{-\frac{1}{2}}\right)}{d\Theta} + \left(\Theta^{\frac{1}{2}}+\Theta^{-\frac{1}{2}}\right)\frac{d(\Theta+\Theta^{-1})}{d\Theta}$$

$$= (\Theta+\Theta^{-1})\left(\frac{1}{2}\Theta^{-\frac{1}{2}} - \frac{1}{2}\Theta^{-\frac{3}{2}}\right) + \left(\Theta^{\frac{1}{2}}+\Theta^{-\frac{1}{2}}\right)(1-\Theta^{-2})$$

$$= \frac{1}{2}\left(\Theta^{\frac{1}{2}}+\Theta^{-\frac{3}{2}}-\Theta^{-\frac{1}{2}}-\Theta^{-\frac{5}{2}}\right) + \left(\Theta^{\frac{1}{2}}+\Theta^{-\frac{1}{2}}-\Theta^{-\frac{3}{2}}-\Theta^{-\frac{5}{2}}\right)$$

$$= \frac{3}{2}\left(\sqrt{\Theta} - \frac{1}{\sqrt{\Theta^5}}\right) + \frac{1}{2}\left(\frac{1}{\sqrt{\Theta}} - \frac{1}{\sqrt{\Theta^3}}\right).$$

Auch hier konnte wieder das Ergebnis auf einfachere Weise erhalten werden — nämlich durch vorangehende Multiplikation der beiden Faktoren und folgende Differentiation. Immer ist das jedoch nicht möglich; siehe z.B. S. 156, Aufgabe 8; bei diesem Beispiel muß die Produktregel zur Differentiation benutzt werden.

(8) Differenziere:
$$y = \frac{a}{1+a\sqrt{x}+a^2x}.$$

$$\frac{dy}{dx} = \frac{(1+ax^{\frac{1}{2}}+a^2x)\cdot 0 - a\frac{d(1+ax^{\frac{1}{2}}+a^2x)}{dx}}{(1+a\sqrt{x}+a^2x)^2}$$

$$= -\frac{a\left(\frac{1}{2}ax^{-\frac{1}{2}}+a^2\right)}{(1+ax^{\frac{1}{2}}+a^2x)^2}.$$

VI. Summe, Differenz, Produkt und Quotient

(9) Differenziere:
$$y = \frac{x^2}{x^2+1}.$$
$$\frac{dy}{dx} = \frac{(x^2+1)2x - x^2 \cdot 2x}{(x^2+1)^2} = \frac{2x}{(x^2+1)^2}.$$

(10) Differenziere:
$$y = \frac{a+\sqrt{x}}{a-\sqrt{x}}.$$

Als Bruchpotenz geschrieben:
$$y = \frac{a+x^{\frac{1}{2}}}{a-x^{\frac{1}{2}}}.$$

$$\frac{dy}{dx} = \frac{\left(a-x^{\frac{1}{2}}\right)\left(\frac{1}{2}x^{-\frac{1}{2}}\right) - \left(a+x^{\frac{1}{2}}\right)\left(-\frac{1}{2}x^{-\frac{1}{2}}\right)}{\left(a-x^{\frac{1}{2}}\right)^2} = \frac{a-x^{\frac{1}{2}}+a+x^{\frac{1}{2}}}{2\left(a-x^{\frac{1}{2}}\right)^2 x^{\frac{1}{2}}}.$$

oder
$$\frac{dy}{dx} = \frac{a}{(a-\sqrt{x})^2\sqrt{x}}.$$

(11) Differenziere:
$$\Theta = \frac{1-a\sqrt[3]{t^2}}{1+a\sqrt{t^3}}$$

Also
$$\Theta = \frac{1-at^{\frac{2}{3}}}{1+at^{\frac{3}{2}}}$$

$$\frac{d(\Theta)}{dt} = \frac{\left(1+at^{\frac{3}{2}}\right)\left(-\frac{2}{3}at^{-\frac{1}{3}}\right) - \left(1-at^{\frac{2}{3}}\right) \cdot \frac{3}{2}at^{\frac{1}{2}}}{\left(1+at^{\frac{3}{2}}\right)^2}$$

$$= \frac{5a^2\sqrt[6]{t^7} - \dfrac{4a}{3\sqrt{t}} - 9a^2\sqrt{t}}{6(1+a\sqrt{t^3})^2}.$$

VI. Summe, Differenz, Produkt und Quotient

(12) Die Wände eines Wasserbehälters von quadratischem Querschnitt bilden mit der Vertikalen einen Winkel von 45°. Eine Seite des Bodens ist p Meter lang, und in der Minute fließen c m³ in das Reservoir. Wie groß ist die Wasseroberfläche F, wenn das Wasser h m hoch in dem Behälter steht? Berechne F für $p = 17$ m, $h = 4$ m, und $c = 35$ m³/min

Das Volumen eines Pyramidenstumpfes von der Höhe H und den Grundflächen A und a ist bestimmt zu

$$V = \frac{H}{3}(A + a + \sqrt{Aa}).$$

Nun kann man leicht einsehen, daß — bei einer Mantelflächenneigung von 45° — die Länge einer Quadratseite an der Wasseroberfläche $(p+2h)$ m beträgt, bei einer Wasserhöhe von h m. Aus $A = p^2$, $a = (p+2h)^2$ folgt für das Wasservolumen:

$$\frac{1}{3}h\{p^2 + p(p+2h) + (p+2h)^2\}$$
$$= p^2h + 2ph^2 + \frac{4}{3}h^3$$

Fließt dieses Wasservolumen in t Minuten in den Behälter, so ist

$$ct = p^2h + 2ph^2 + \frac{4}{3}h^3.$$

Daraus erhalten wir $\frac{dh}{dt}$. Da aber der obige Ausdruck t als Funktion von h angibt, anstatt h als Funktion von t, ist es einfacher, $\frac{dt}{dh}$ und davon den Kehrwert zu bilden, denn $\frac{dt}{dh} \cdot \frac{dh}{dt} = 1$.

Aus $ct = p^2h + 2ph^2 + \frac{4}{3}h^3$ folgt für konstantes c und p

$$c\frac{dt}{dh} = p^2 + 4ph + 4h^2 = (p+2h)^2,$$

und damit erhält man für den gesuchten Ausdruck

$$\frac{dh}{dt} = \frac{c}{(p+2h)^2}.$$

Für $p = 17$, $h = 4$, und $c = 35$ ergibt sich somit

$$\frac{dh}{dt} = 0{,}056 \, \frac{\text{m}}{\text{min}}.$$

(13) Der absolute Druck von gesättigtem Wasserdampf beträgt nach Dulong in Atmosphären $P = \left(\frac{40+t}{140}\right)^5$ für eine gegebene Temperatur t, solange t oberhalb von 80° liegt. Gesucht wird das Verhältnis von Druckänderung zu Temperaturänderung bei 100° C.

Entwickle den Zähler nach dem binomischen Satze (siehe S. 125):

$$P = \frac{1}{140^5}(40^5 + 5 \cdot 40^4 t + 10 \cdot 40^3 t^2 + 10 \cdot 40^2 t^3 + 5 \cdot 40 t^4 + t^5).$$

Dann ist
$$\frac{dP}{dt} = \frac{1}{537824 \cdot 10^5}(5 \cdot 40^4 + 20 \cdot 40^3 t + 30 \cdot 40^2 t^2 + 20 \cdot 40 t^3 + 5 t^4),$$

für $t = 100°$ C ändert sich also der Druck um 0,036 Atm., wenn die Temperatur um 1° C schwankt.

Übungen III

(Lösungen siehe S. 252)

(1) Differenziere:

(a) $u = 1 + x + \frac{x^2}{1 \cdot 2} + \frac{x^3}{1 \cdot 2 \cdot 3} \cdots$

(b) $y = ax^2 + bx + c$.

(c) $y = (x+a)^2$.

(d) $y = (x+a)^3$.

(2) Für $w = at - \frac{1}{2}bt^2$ ist $\frac{dw}{dt}$ gesucht.

(3) Wie groß ist der Differentialquotient von

$$y = (x + \sqrt{-1})(x - \sqrt{-1})?$$

(4) Differenziere:

$$y = (197x - 34x^2) \cdot (7 + 22x - 83x^3).$$

(5) Für $x = (y+3) \cdot (y+5)$ ist $\frac{dx}{dy}$ zu bestimmen.

(6) Differenziere:

$$y = 1{,}3709x \cdot (112{,}6 + 45{,}202x^2).$$

Suche die Differentialquotienten von

(7) $y = \frac{2x+3}{3x+2}.$ (8) $y = \frac{1+x+2x^2+3x^3}{1+x+2x^2}.$

(9) $y = \frac{ax+b}{cx+d}.$ (10) $y = \frac{x^n+a}{x^{-n}+b}.$

(11) Die Temperatur t des Glühfadens einer elektrischen Lampe ist mit dem erwärmenden Strom durch die Gleichung

$$I = a + bt + ct^2$$

verknüpft. Es wird die Funktion gesucht, welche die Änderung der Stromstärke mit der Änderung der Glühfadentemperatur wiedergibt.

(12) Die folgenden Formeln geben die Beziehung zwischen dem in Ohm gemessenen Widerstand R eines Drahtes bei der Temperatur $t°$ C und dem Widerstand R_0 desselben Drahtes bei $0°$ C wieder; a und b sind Konstanten.

$$R = R_0(1 + at + bt^2).$$
$$R = R_0(1 + at + b\sqrt{t}).$$
$$R = R_0(1 + at + bt^2)^{-1}.$$

Wie groß ist das Verhältnis von Widerstandsänderung zur Temperaturänderung bei gegebener Temperatur für jede dieser Gleichungen?

(13) Die elektromotorische Kraft E eines Normalelementes ist mit der Temperatur t durch die Beziehung

$$E = 1{,}4340\,[1-0{,}000814(t-15)+0{,}000007(t-15)^2]\ \text{Volt}$$

verbunden. Wie groß ist die Temperaturabhängigkeit der elektromotorischen Kraft bei 15°, 20° und 25°?

(14) Ayrton hat gefunden, daß die elektromotorische Kraft, die nötig ist, um einen Lichtbogen von der Länge l bei der Stromstärke i aufrechtzuerhalten, durch die Gleichung

$$E = a+bl+\frac{c+kl}{i}$$

bestimmt ist, wobei a, b, c und k Konstanten darstellen.

Wie groß ist die Änderung der elektromotorischen Kraft 1. bei einer Änderung der Bogenlänge; 2. bei einer Änderung der Stromstärke?

VII

Mehrfache Differentiation

Wir wollen jetzt eine Funktion mehrfach differenzieren. (siehe S. 13).

Zunächst verfolgen wir einen konkreten Fall. Es sei $y = x^5$.

Erste   Differentiation: $5x^4$.
Zweite   Differentiation: $5 \cdot 4x^3$ $= 20x^3$.
Dritte   Differentiation: $5 \cdot 4 \cdot 3x^2$ $= 60x^2$.
Vierte   Differentiation: $5 \cdot 4 \cdot 3 \cdot 2x$ $= 120x$.
Fünfte   Differentiation: $5 \cdot 4 \cdot 3 \cdot 2 \cdot 1 = 120$.
Sechste Differentiation: $= 0$.

Eine Schreibweise, welche wir schon früher kennengelernt haben (siehe S. 12) und die bisweilen gebraucht wird, ist hierfür besonders geeignet. Wir verwenden nämlich zweckmäßig das Zeichen $f(x)$ für eine Funktion von x. Hierbei wird das Zeichen $f(\ )$ als „Funktion von" gelesen, ohne dabei die Funktion genauer zu bezeichnen. So sagt die Gleichung $y = f(x)$ einfach aus, daß y eine Funktion von x ist, etwa x^2 oder ax^n oder cos x oder irgendeine andere zusammengesetzte Funktion von x.

Das entsprechende Zeichen für den Differentialquotienten ist $f'(x)$, das einfacher als $\frac{dy}{dx}$ zu schreiben ist. Es heißt die „abgeleitete Funktion" von x oder kurz „die Ableitung" von $f(x)$ nach x.

Wenn wir nun die Differentiation wiederholen, so erhalten wir die zweite „abgeleitete Funktion" oder die „zweite Ableitung" oder den zweiten Differentialquotienten, der durch $f''(x)$ bezeichnet wird; und so fort.

Jetzt wollen wir unsere Ausführungen verallgemeinern.

Es sei $y = f(x) = x^n$

Erste Differentiation: $f'(x) = nx^{n-1}$.

Zweite Differentiation: $f''(x) = n(n-1)x^{n-2}$.

Dritte Differentiation: $f'''(x) = n(n-1)(n-2)x^{n-3}$.

Vierte Differentiation: $f''''(x) = n(n-1)(n-2)(n-3)x^{n-4}$.
   usw.

Aber dies ist nicht die einzige Möglichkeit, um mehrfache Differentiation anzudeuten. Ist z. B. die ursprüngliche Funktion
$$y = f(x),$$
so ergibt einmalige Differentiation
$$\frac{dy}{dx} = f'(x);$$
und zweimalige Differentiation
$$\frac{d\left(\frac{dy}{dx}\right)}{dx} = f''(x);$$
hierfür schreibt man gewöhnlich $\frac{d^2y}{(dx)^2}$ oder noch öfter $\frac{d^2y}{dx^2}$.

VII. Mehrfache Differentiation

In ganz ähnlicher Weise schreiben wir das Ergebnis einer dritten Differentiation $\frac{d^3y}{dx^3} = f'''(x)$.

Beispiele. Wir finden die Ableitungen für

$$y = f(x) = 7x^4 + 3{,}5x^3 - \frac{1}{2}x^2 + x - 2$$

zu

$$\frac{dy}{dx} = f'(x) = 28x^3 + 10{,}5x^2 - x + 1,$$

$$\frac{d^2y}{dx^2} = f''(x) = 84x^2 + 21x - 1,$$

$$\frac{d^3y}{dx^3} = f'''(x) = 168x + 21,$$

$$\frac{d^4y}{dx^4} = f''''(x) = 168,$$

$$\frac{d^5y}{dx^5} = f'''''(x) = 0.$$

In derselben Weise für

$$y = \varphi(x) = 3x(x^2 - 4),$$

$$\varphi'(x) = \frac{dy}{dx} = 3[x \cdot 2x + (x^2 - 4) \cdot 1] = 3(3x^2 - 4),$$

$$\varphi''(x) = \frac{d^2y}{dx^2} = 3 \cdot 6x = 18x,$$

$$\varphi'''(x) = \frac{d^3y}{dx^3} = 18,$$

$$\varphi''''(x) = \frac{d^4y}{dx^4} = 0.$$

Übungen IV

(Lösungen siehe S. 252)

Suche $\frac{dy}{dx}$ und $\frac{d^2y}{dx^2}$ für folgende Ausdrücke:

(1) $y = 17x + 12x^2$. (2) $y = \frac{x^2 + a}{x + a}$.

(3) $y = 1 + \frac{x}{1} + \frac{x^2}{1 \cdot 2} + \frac{x^3}{1 \cdot 2 \cdot 3} + \frac{x^4}{1 \cdot 2 \cdot 3 \cdot 4}$.

(4) Bilde die zweiten und dritten Ableitungen von den Übungen III, Nr. 1—7 (siehe S. 41) und den Beispielen (siehe S. 35) Nr. 1—7.

VIII
Einige physikalische Betrachtungen

Ein sehr wichtiges Problem bei Rechnungen aller Art bieten die Fälle, bei denen die Zeit die unabhängige Variable darstellt; wir müssen uns dann nach dem Verhalten der anderen Größen fragen, die ihren Wert ändern, wenn die Zeit sich ändert. Manchmal nehmen die Werte der anderen Größen zu, wenn die Zeit einen Zuwachs erfährt; bisweilen tritt jedoch auch das Umgekehrte ein. Die Strecke, welche ein Eisenbahnzug von seiner Abfahrt an zurücklegt, wird um so beträchtlicher, je länger er fährt. Bäume wachsen im Laufe der Jahre immer langsamer. Denn was wächst schneller: ein 10 cm hohes Pflänzchen, das in einem Monat 20 cm hoch wird — oder ein 10 m hoher Baum, der erst nach einem Dezennium seinen Wipfel 20 m über den Erdboden erhebt?

Legt ein Motorrad in der Sekunde 10 m zurück, so lehrt ein ganz klein wenig Nachdenken, daß es — bei gleichbleibender Geschwindigkeit — in der Minute 600 m und in der Stunde 36 km bewältigt. In welchem Sinne ist nun eine Geschwindigkeit von 10 m in der Sekunde gleich einer Geschwindigkeit von 600 m in der Minute? 10 m sind nicht 600 m, und eine Sekunde ist nicht eine Minute. Wir meinen damit auch nur, daß das V e r h ä l t n i s gleich ist: daß nämlich der Bruch aus zurückgelegter Entfernung und währenddessen verflossener Zeit in beiden Fällen denselben Wert hat.

Noch ein zweites Beispiel! Jemand braucht nur wenig Geld zu besitzen und kann dennoch so viel ausgeben, daß er im Verhältnis zu einem ganzen Jahre Millionen auswirft — vorausgesetzt, daß sich die Zeit, in der er sein Geld verschwendet, auf wenige Minuten beschränkt. Angenom-

VIII Einige physikalische Betrachtungen

men, wir hätten eine Mark für eine Ware, die wir gekauft haben, auf den Ladentisch zu legen; dieser Vorgang soll außerdem gerade eine Sekunde dauern. Dann geben wir während dieser kleinen Zeitspanne unser Vermögen in der Höhe von einer Mark in der Sekunde aus, in der Minute also 60 Mark oder in einer Stunde 3600 Mark oder in einem Tag 86 400 Mark und im Jahre endlich gar 31 536 000 Mark!

Einige dieser Gedanken wollen wir jetzt mit den Mitteln der Differentialrechnung ausdrücken.

Dabei soll y Geld schlechthin bedeuten und t die Zeit darstellen.

Geben wir Geld aus, so beträgt der auf die kleine Zeitspanne dt entfallende Betrag dy, das Verhältnis von beiden heißt also $\frac{dy}{dt}$ oder eigentlich besser $-\frac{dy}{dt}$; dy kommt doch einer Abnahme der Gesamtsumme und keinem Zuwachs gleich, erfordert also das negative Vorzeichen. Geld ist allerdings gerade kein sehr glückliches Beispiel für unseren Zweck, weil es im allgemeinen portionenweise, und nicht in stetem Strome, kommt und geht. Wenn unsere jährliche Einnahme vielleicht 4000 Mark hoch ist, so sickert sie uns nicht dauernd in jedem Augenblick zu; wir erhalten vielmehr wöchentlich oder monatlich oder vierteljährlich eine größere Summe auf einmal, die wir dann auch wieder in Teilbeträgen für unseren Lebensunterhalt verwenden.

Ein besseres Beispiel ist ein bewegter Körper. Berlin ist von Hamburg rund 300 km entfernt. Wenn nun 7 Uhr früh ein Zug in Berlin abgeht und in Hamburg um 1 Uhr mittags eintrifft, so wissen wir, daß er 300 km in 6 Stunden zurückgelegt hat, im Durchschnitt also in einer Stunde 50 km. Hier vergleichen wir wirklich die zurückgelegte Entfernung mit der dazu verbrauchten Zeit. Wir dividieren beide durcheinander. Ist y mit der Gesamtentfernung und t mit der Gesamtzeit identisch, so ist die durchschnittliche Geschwindigkeit offensichtlich $\frac{y}{t}$. In Wirklichkeit war sie nicht auf dem ganzen Weg konstant, sondern beim Anfahren und Bremsen kleiner. Sicherlich war auch die Geschwindigkeit zeitweise größer, z. B. an solchen Stellen, wo das Gelände abfiel. Wenn nun während eines Zeitelements dt das entsprechende Streckenelement dy betrug, so war die dazugehörige Geschwindigkeit $\frac{dy}{dt}$. Das Verhältnis, nach dem die eine Größe (hier der z u r ü c k g e l e g t e W e g) gegenüber der anderen Größe (hier d i e Z e i t) sich ändert, ist genau durch den Differentialquotienten der einen nach der anderen bestimmt. Wissenschaftlich gesprochen ist die G e - s c h w i n d i g k e i t durch das Verhältnis eines sehr kleinen Streckenelementes vorgegebener Richtung zu der zu seiner Bewältigung verbrauchten Zeit definiert; man schreibt deshalb

$$v = \frac{dy}{dt};$$

Ist die Geschwindigkeit v nicht gleichförmig, so nimmt sie entweder zu oder ab. Die Geschwindigkeitszunahme nennt man B e s c h l e u n i g u n g, eine Geschwindigkeitsabnahme dagegen Verzögerung. Erfährt ein in gleichförmiger Bewegung befindlicher Körper in einem kleinen Zeitraum dt eine Zusatzgeschwindigkeit dv, dann ist die in diesem Augenblick vorhandene Beschleunigung

$$b = \frac{dv}{dt};$$

dv ist aber selbst $d\left(\frac{dy}{dt}\right)$; wir können also schreiben

$$b = \frac{d\left(\frac{dy}{dt}\right)}{dt},$$

oder einfacher:

$$b = \frac{d^2y}{dt^2};$$

die Beschleunigung ist also der zweite Differentialquotient des Weges nach der Zeit und somit als Geschwindigkeitsänderung in der Zeiteinheit definiert; es heißt z. B., sie sei von der Größe von soundso viel Meter in der Sekunde pro Sekunde; also $\frac{\text{Meter}}{\text{Sekunde}^2}$.

VIII. Einige physikalische Betrachtungen

Wenn ein Eisenbahnzug gerade anfährt, so ist seine Geschwindigkeit v klein; aber seine Geschwindigkeit wächst, er fährt schneller und schneller, also beschleunigt — durch die Zugkraft seiner Maschine. Deshalb ist sein $\frac{d^2y}{dt^2}$ groß. Hat er seine Höchstgeschwindigkeit erreicht, so ist er nicht mehr beschleunigt, und der Wert von $\frac{d^2y}{dt^2}$ sinkt auf Null. Nähert er sich schließlich einer Haltestelle, so nimmt seine Geschwindigkeit ab, wenn die Bremsen angezogen werden, und während dieser Verlangsamung oder Verzögerung wird der Wert von $\frac{dv}{dt}$ oder auch $\frac{d^2y}{dt^2}$ ein negatives Vorzeichen haben.

Die Beschleunigung einer Masse erfordert eine dauernd wirkende Kraft, diese muß der Beschleunigung direkt proportional sein. Der Proportionalitätsfaktor ist die Masse des beschleunigten Körpers. Bezeichnen wir die Kraft mit K und die Masse mit m, so erhalten wir die Gleichung:

$$K = mb$$
$$= m\frac{dv}{dt}$$
$$= m\frac{d^2y}{dt^2}.$$

Das Produkt aus Masse und zugehöriger Geschwindigkeit führt den Namen „Bewegungsgröße" oder „Impuls" und wird mit $m \cdot v$ bezeichnet. Differenzieren wir den Impuls nach der Zeit, so erhalten wir als Ausdruck der Änderung der Bewegungsgröße mit der Zeit $\frac{d(mv)}{dt}$. Da jedoch m als konstant anzusehen ist, können wir auch $m\frac{dv}{dt}$ schreiben; wie wir sehen, ist dieser Ausdruck mit K identisch. Die Kraft kann also durch das Produkt Masse mal Beschleunigung ausgedrückt werden oder durch die Änderung der Bewegungsgröße mit der Zeit.

Wird ferner eine Kraft zur Überwindung einer gleichen, entgegengesetzt gerichteten Kraft verwendet, so leistet sie

Arbeit; dabei wird der Arbeitsbetrag durch das Produkt aus Kraft mal dem Weg, den der Angriffspunkt der Kraft in der Wegrichtung zurücklegt, gemessen. Verschiebt eine Kraft K ihren Angriffspunkt um y, so beträgt die geleistete Arbeit A

$$A = Ky,$$

K stellt dabei eine konstante Kraft dar. Für den Fall, daß die Kraft an verschiedenen Stellen von y einen verschiedenen Wert aufweist, müssen wir von Schritt zu Schritt einen Ausdruck für diesen Wert A aufsuchen. Ist die Kraft K einem kleinen Streckenelement dy zugeordnet, so ist der dazugehörige Arbeitsbetrag durch $K \cdot dy$ gegeben. Da aber dy nur ein sehr kleines Streckenelement verkörpert, wird ihm auch nur ein sehr kleines Arbeitselement entsprechen. Schreiben wir wieder A für die Arbeit, so ist dA ein solches kleines Arbeitselement und wir haben

$$dA = K \cdot dy$$

oder wir schreiben

$$\begin{aligned} dA &= mb\,dy \\ &= m\frac{d^2y}{dt^2}\,dy \\ &= m\frac{dv}{dt}\,dy. \end{aligned}$$

Für diesen Ausdruck können wir nach einer einfachen Umformung setzen:

$$\frac{dA}{dy} = K.$$

Diese Gleichung können wir als eine dritte Definition der Kraft auffassen. Die Kraft, welche erforderlich ist, um eine Verschiebung ihres Angriffspunktes in einer Richtung hervorzurufen, ist gleich dem Verhältnis von Arbeitselement und dem dieser Richtung zukommenden Streckenelement. Hierbei ist offensichtlich das Wort Verhältnis in dem Sinn von Quotient oder Bruch benutzt.

Isaak Newton, der zu gleicher Zeit wie Leibniz solche

VIII. Einige physikalische Betrachtungen

Überlegungen angestellt hat, betrachtete alle veränderlichen Größen als „im Fluß begriffen"; und den Bruch, den wir heute Differentialquotienten nennen, sah er als das Verhältnis der fraglichen „im Fluß begriffenen" Größen an. Die Bezeichnung dy, dx und dt benutzte er noch nicht (diese führte Leibniz ein), sondern gebrauchte eine eigene Bezeichnungsweise. War y die Variable, so bedeutete $\dot{y}$ die Änderung dieser Variablen. War x die Veränderliche, so schrieb er, um die Änderung anzudeuten, $\dot{x}$. Der Punkt über dem Buchstaben weist auf den Differentiationsvorgang hin. Freilich gibt uns diese Bezeichnungsart keinen Aufschluß über die unabhängige Variable, nach der differenziert werden soll. Wenn wir etwa $\frac{dy}{dt}$ haben, so wissen wir doch, daß y nach t differenziert wird. Ebenso sehen wir bei dem Differentialquotienten $\frac{dy}{dx}$, daß die Differentiation von y nach x erfolgt. Wenn wir aber einfach $\dot{y}$ sehen, so müssen wir erst im Begleittext nachlesen, ob $\frac{dy}{dx}$ oder $\frac{dy}{dt}$ oder $\frac{dy}{dz}$ oder wie die andere Variable gerade heißen mag, gemeint ist. Die Leibnizsche Bezeichnung ist also viel prägnanter als die Newtonsche Schreibweise und soll deshalb im folgenden ausschließlich verwendet werden. In Fällen, in denen z. B. nur die Zeit die unabhängige Variable darstellt, ist die Einfachheit der anderen Lesart von Vorteil. Dann bedeutet $\dot{y}$ eben $\frac{dy}{dt}$ und $\dot{u}$ bedeutet $\frac{du}{dt}$ und $\ddot{x}$ etwa $\frac{d^2x}{dt^2}$.

Unter Verwendung dieser Bezeichnung können wir unsere soeben abgeleiteten Beziehungen aus der Mechanik in folgender kleinen Tabelle zusammenfassen:

Weg:	x,
Geschwindigkeit:	$v = \dot{x}$,
Beschleunigung:	$b = \dot{v} = \ddot{x}$,
Kraft:	$K = m\dot{v} = m\ddot{x}$,
Arbeit:	$A = x \cdot m\ddot{x}$.

Beispiele (1) Ein Körper bewegt sich so, daß sein Abstand x (in Metern) von einem festen Punkt O durch die Gleichung $x = 0{,}2t^2 + 10{,}4$ beschrieben wird, wobei t die Zeit in Sekunden bedeutet, die seit einem bestimmten Augenblick verflossen ist. Gesucht wird die Geschwindigkeit und die Beschleunigung des Körpers 5 sec nach Beginn der Bewegung und die entsprechenden Werte, wenn der Abstand auf 100 m angewachsen ist. Ferner ist noch die mittlere Geschwindigkeit während der ersten 10 sec der Bewegung gesucht. (Abstandsänderung und Bewegung erfolgen stets in der positiven Richtung.)

Es ist

$$x = 0{,}2t^2 + 10{,}4,$$

$$v = \dot{x} = \frac{dx}{dt} = 0{,}4t; \quad \text{und} \quad b = \ddot{x} = \frac{d^2x}{dt^2} = 0{,}4 = \text{const.}$$

Für $t = 0$ ist auch $v = 0$ und $x = 10{,}4$. Der Körper beginnt also seine Bewegung 10,4 m vom Punkte O entfernt; die Zeit wird vom Beginn seiner Bewegung an gezählt.

Für

$$t = 5 \text{ wird } v = 0{,}4 \cdot 5 = 2 \text{ m/sec}; \quad b = 0{,}4 \text{ m/sec}^2.$$

Für

$$x = 100, \quad 100 = 0{,}2t^2 + 10{,}4 \quad \text{oder} \quad t^2 = 448,$$

und

$$t = 21{,}17 \text{ sec}; \quad v = 0{,}4 \cdot 21{,}17 = 8{,}468 \text{ m/sec.}$$

Ist $t = 10$, so ist der zurückgelegte Weg

$$= 0{,}2 \cdot 10^2 + 10{,}4 - 10{,}4 = 20 \text{ m.}$$

Mittlere Geschwindigkeit

$$= \frac{20}{10} = 2 \text{ m/sec.}$$

(Diese Geschwindigkeit ist mit der Geschwindigkeit für $t = 5$ [die zeitlich genau in der Mitte liegt] identisch; da die Beschleunigung konstant ist, ändert sich allein die Ge-

VIII. Einige physikalische Betrachtungen

schwindigkeit von 0 für $t=0$ bis zu 4 m/sec für $t=10$.)

(2) In unserer vorigen Aufgabe wollen wir

$$x = 0{,}2t^2 + 3t + 10{,}4;$$

$$v = \dot{x} = \frac{dx}{dt} = 0{,}4t + 3; \quad \ddot{x} = b = \frac{d^2x}{dt^2} = 0{,}4 = \text{const}$$

setzen.

Für $t=0$ ist $x=10{,}4$ und $v=3$ m/sec; die Zeit ist von dem Augenblick an gerechnet, in dem der Körper in einer Entfernung von 10,4 m mit einer Geschwindigkeit von 3 m/sec an dem Punkte O vorbeigeht. Um die Zeit, die seit dem Beginn seiner Bewegung verstrichen ist, zu bestimmen, setzen wir $v=0$; dann ist $0{,}4t + 3 = 0$, $t = -\frac{3}{0{,}4} = -7{,}5$ sec. Der Körper war also bereits 7,5 sec in Bewegung, bevor mit seiner Beobachtung begonnen wurde; 5 sec später ist $t = -2{,}5$ und $v = 0{,}4 \cdot -2{,}5 + 3 = 2$ m/sec.

Für $x = 100$ m

$$100 = 0{,}2t^2 + 3t + 10{,}4; \quad \text{oder} \quad t^2 + 15t - 448 = 0;$$

und

$$t = 14{,}95 \text{ sec}, \quad v = 0{,}4 \cdot 14{,}95 + 3 = 8{,}98 \text{ m/sec}.$$

Um den Weg zu bestimmen, den der Körper während der ersten 10 sec seiner Bewegung zurückgelegt hat, muß die Entfernung seiner Ruhelage von dem Punkte O bekannt sein.

Sie berechnet sich aus

$$t = -7{,}5,$$
$$x = 0{,}2 \cdot (-7{,}5)^2 - 3 \cdot 7{,}5 + 10{,}4 = -0{,}85 \text{ m}.$$

Er war also 0,85 m von O nach der negativen Seite zu gerechnet entfernt.

Für $t = 2{,}5$ ist

$$x = 0{,}2 \cdot 2{,}5^2 + 3 \cdot 2{,}5 + 10{,}4 = 19{,}15.$$

Er hat also in 10 Sekunden die Strecke $19{,}15 + 0{,}85$

= 20 m zurückgelegt, seine mittlere Geschwindigkeit war $\frac{20}{10} = 2$ m/sec.

(3) Eine gleiche Aufgabe bietet die Gleichung $x = 0{,}2t^2 - 3t + 10{,}4$. Dann ist $v = 0{,}4t - 3$, $b = 0{,}4 = $ const. Für $t = 0$ ist x wieder $= 10{,}4$ wie vorher und $v = -3$; der Körper bewegt sich also gerade in entgegengesetzter Richtung, verglichen mit den vorigen Fällen. Da aber die Beschleunigung positiv ist, wird seine Geschwindigkeit immer mehr abnehmen, je länger er sich bewegt, und endlich zu Null werden, wenn $v = 0$ oder $0{,}4t - 3 = 0$ ist, also $t = 7{,}5$ sec. Darauf bewegt er sich in positiver Richtung und 5 sec später für $t = 12{,}5$ ist

$$v = 0{,}4 \cdot 12{,}5 - 3 = 2 \text{ m/sec}.$$

Ist $x = 100$, so folgt

$$100 = 0{,}2t^2 - 3t + 10{,}4 \quad \text{oder} \quad t^2 - 15t - 448 = 0,$$

$t = 29{,}95$; $v = 0{,}4 \cdot 29{,}95 - 3 = 8{,}98$ m/sec.

Ist $v = 0$, so ist

$$x = 0{,}2 \cdot 7{,}5^2 - 3 \cdot 7{,}5 + 10{,}4 = -0{,}85,$$

d. h. der Körper bewegt sich rückwärts und kommt in einem Abstande von 0,85 m links von O zur Ruhe. 10 sec später ist $t = 17{,}5$ und $x = 0{,}2 \cdot 17{,}5^2 - 3 \cdot 17{,}5 + 10{,}4 = 19{,}15$. Die zurückgelegte Entfernung bestimmt sich also zu $0{,}85 + 19{,}15 = 20{,}0$ m, die mittlere Geschwindigkeit ist wieder 2 m/sec.

(4) Betrachten wir noch eine weitere Aufgace der gleichen Art, wobei $x = 0{,}2t^3 - 3t^2 + 10{,}4$ sein möge; $v = 0{,}6t^2 - 6t$; $b = 1{,}2t - 6$. Die Beschleunigung ist nicht mehr konstant.

Für $t = 0$ ist $x = 10{,}4$, $v = 0$, $b = -6$. Der Körper ist jetzt in Ruhe, wird sich aber im nächsten Augenblick mit negativer Beschleunigung bewegen, d. h. auf den Punkt O zueilen.

(5) Wenn wir $x = 0{,}2t^3 - 3t + 10{,}4$ haben, so ist $v = 0{,}6t^2 - 3$ und $b = 1{,}2t$.

Für $t = 0$ ist $x = 10{,}4$; $v = -3$ und $b = 0$,

VIII. Einige physikalische Betrachtungen

Der Körper strebt mit einer Geschwindigkeit von 3 m/sec nach dem Punkt O, dabei ist in diesem Augenblick seine Geschwindigkeit gleichförmig.

Wir sehen, daß die Bewegungsbedingungen eines Körpers immer durch eine Raumzeitgleichung und ihre ersten und zweiten Ableitungen festgelegt sind. In den letzten beiden Fällen waren die mittleren Geschwindigkeiten während der ersten 10 sec und die Geschwindigkeit 5 sec nach Beginn der Bewegung nicht einander gleich, weil die Geschwindigkeit nicht gleichförmig zunahm und die Beschleunigung nicht mehr konstant war.

(6) Der Winkel Θ (in Radian)[1], der von einem umlaufenden Rad bestrichen wird, ist durch die Gleichung $\Theta = 3 + 2t - 0{,}1t^3$ bestimmt, wobei t die Zeit in Sekunden von einem gegebenen Augenblick an bedeutet; gefragt ist nach der Winkelgeschwindigkeit ω und der Winkelbeschleunigung α (a) nach 1 sec; (b) nach einer Umdrehung. Wann herrscht Ruhe, und wie viele Umdrehungen sind bis zu diesem Augenblick erfolgt?

---

[1] Bekanntlich mißt man in der Elementarmathematik die Winkel nach Graden; in der höheren Mathematik ist es oft zweckmäßig, die Winkel im Bogenmaß zu messen. Wenn wir Fig. 68, S. 239, betrachten, so können wir z. B. die Größe des Winkels BOX dadurch festlegen, daß wir angeben, wieviel Grad der von den Schenkeln BO und XO eingeschlossene Winkel beträgt. Offenbar läßt sich aber auch die Länge des Kreisbogens BX als Maß verwenden, falls man die Länge des Kreisradius kennt. Im einfachsten Falle ist nun $r = 1$, und man wählt als Einheit des Bogenmaßes den Bogen von der Länge eins, der zum Kreise mit dem Radius eins gehört; dieser Bogen heißt ein Radian.

Die Beziehung zwischen einem in Grad gemessenen Winkel φ und dem entsprechenden Radianwinkel x ist dann

$$\frac{x}{\varphi^\circ} = \frac{2\pi}{360^\circ}$$

$$x = \varphi^\circ \cdot \frac{2\pi}{360^\circ}$$

denn dem Bogenwinkel 2π, der gerade durch den Umfang des Einheitskreises dargestellt wird, entsprechen also 360°.

Die Größe eines Radians ist also im Winkelmaß

$$\varphi^\circ = \frac{360^\circ}{2\pi} = \frac{360^\circ}{2 \cdot 3{,}1415\ldots} = 57^\circ 17' 44{,}8''.$$

D.Ü.

VIII. Einige physikalische Betrachtungen

Wir schreiben

$$\omega = \dot{\Theta} = \frac{d\Theta}{dt} = 2 - 0,3t^2, \quad \alpha = \ddot{\Theta} = \frac{d^2\Theta}{dt^2} = -0,6t.$$

Für

$$t=0, \quad \Theta=3; \quad \omega=2 \text{ rad/sec}; \quad \alpha=0.$$

Für

$$t = 1, \quad \omega = 2-0,3 = 1,7 \text{ rad/sec}; \quad \alpha = -0,6 \text{ rad/sec}^2.$$

Dies Ergebnis weist auf eine Verzögerung hin; das Rad wird also nach einer gewissen Zeit stehen bleiben.

Nach einer Umdrehung ist

$$\Theta = 2\pi = 6,28; \quad 6,28 = 3+2t-0,1t^3.$$

Tragen wir die Gleichung $\Theta = 3+2t-0,1t^3$ graphisch auf, so können wir die Werte von t für $\Theta = 6,28$ aufsuchen; sie sind 2,11 und 3,03 (der dritte Wert ist negativ).

Für

$$t = 2,11, \quad \Theta = 6,28; \quad \omega = 2-1,34 = 0,66 \text{ rad/sec};$$
$$\alpha = -1,27 \text{ rad/sec}^2.$$

Für

$$t = 3,03, \quad \Theta = 6,28; \quad \omega = 2-2,754 = -0,754 \text{ rad/sec};$$
$$\alpha = -1,82 \text{ rad/sec}^2.$$

Das Vorzeichen der Winkelgeschwindigkeit kehrt sich also um. Das Rad ist offensichtlich zwischen den beiden hier betrachteten Augenblicken in Ruhe; es steht still, wenn $\omega = 0$ ist, d. h. wenn $0 = 2-0,3t^2$, oder wenn $t = 2,58$ sec ist; das gibt

$$\frac{\Theta}{2\pi} = \frac{3+2\cdot 2,58-0,1\cdot 2,58^3}{6,28} = 1,025 \text{ Umdrehungen.}$$

VIII. *Einige physikalische Betrachtungen* 57

Übungen V

(Lösungen siehe S. 253)

1) Für die Gleichung

$$y = a + bt^2 + ct^4$$

ist $\frac{dy}{dt}$ und $\frac{d^2y}{dt^2}$ gesucht.

Lösung:

$$\frac{dy}{dt} = 2bt + 4ct^3 \qquad \frac{d^2y}{dt^2} = 2b + 12ct^2.$$

(2) Ein Körper, der im Raum die Strecke s in t Sekunden frei durchfällt, genügt der Gleichung $s = 5t^2$. Zeichne eine Kurve, welche die Beziehung zwischen s und t wiedergibt. Berechne die Geschwindigkeit des Körpers zur Zeit $t = 2$, 4,6 und 0,01 sec.

(3) Für $x = at - \frac{1}{2}gt^2$ ist $\dot{x}$ und $\ddot{x}$ gesucht.

(4) Ein Körper bewegt sich nach dem Gesetz

$$s = 12 - 4{,}5t + 6{,}2t^2.$$

Wie groß ist seine Geschwindigkeit, wenn $t = 4$ sec ist und s in Metern gemessen wird?

(5) Wie groß ist die Beschleunigung des in dem vorangehenden Beispiel behandelten Körpers? Ist die Beschleunigung für alle Werte von t gleich?

(6) Der Winkel Θ (in Radian), der von einem Kreisradius überstrichen wird, ist mit der Zeit t, die seit dem Anfang seiner Bewegung verflossen ist, durch die Gleichung

$$\Theta = 2{,}1 - 3{,}2t + 4{,}8t^2$$

verknüpft. Gesucht wird die Winkelgeschwindigkeit (in Radian pro Sekunde) $1\frac{1}{2}$ sec nach Beginn der Bewegung. Außerdem ist die Winkelbeschleunigung zu berechnen.

(7) Ein Schieber bewegt sich so, daß während der ersten Hälfte seiner Bewegung seine Entfernung s (in cm)

von der Ruhelage der Gleichung $s = 6,8t^3 - 10,8t$ genügt (t in sec).

Wie groß sind Geschwindigkeit und Beschleunigung (a) zu der Zeit t? (b) nach 3 sec?

(8) Der Aufstieg eines Freiballons ist in jedem Augenblick durch die Beziehung $h = 0,5 + \frac{1}{10}\sqrt[3]{t-125}$ geregelt, wobei h die in der Zeit t (in Minuten) erreichte Höhe angibt.

Wie groß sind Geschwindigkeit und Beschleunigung zur Zeit t? Zeichne die Kurven, die die Änderung von erreichter Höhe, Geschwindigkeit und Beschleunigung während der ersten 10 Minuten nach der Abfahrt veranschaulichen!

(9) Ein Stein, der im Wasser untersinkt und nach t sec von der Wasseroberfläche p Meter entfernt ist, folgt der Gleichung

$$p = \frac{4}{4+t^2} + 0,8t - 1.$$

Wie groß ist seine Geschwindigkeit und Beschleunigung (a) zu der Zeit t? (b) nach 10 sec?

(10) Ein Körper bewegt sich so auf einer Bahn, daß seine Entfernung s vom Anfangspunkt nach t sec durch die Beziehung $s = t^n$ wiedergegeben wird, wobei n eine Konstante bedeutet. Wie groß ist n, wenn die Geschwindigkeit nach 10 sec doppelt so groß ist wie nach 5 sec? Wie groß ist ferner n, wenn die Geschwindigkeit der Beschleunigung nach der 10. Sekunde numerisch gleich ist?

IX

Zwei wertvolle Kunstgriffe

Bisweilen ist ein Ausdruck zu kompliziert, um ohne weiteres differenziert zu werden.

Die Gleichung

$$y = (x^2 + a^2)^{\frac{3}{2}}$$

gibt ein Beispiel für einen solchen unbequemen Fall

IX. Zwei wertvolle Kunstgriffe

Der Kniff, mit dem man diese Schwierigkeit überwindet, besteht in folgendem: Man setzt für den Ausdruck x^2+a^2 einfach ein Zeichen, etwa u; dann heißt die Gleichung

$$y = u^{\frac{3}{2}};$$

diese kann man leicht differenzieren, es ist nämlich

$$\frac{dy}{du} = \frac{3}{2} u^{\frac{1}{2}};$$

jetzt nehmen wir die Gleichung

$$u = x^2 + a^2$$

vor und differenzieren sie nach x,

$$\frac{du}{dx} = 2x.$$

Was jetzt noch zu tun bleibt, ist kinderleicht, denn für

$$\frac{dy}{dx} = \frac{dy}{du} \cdot \frac{du}{dx}$$

ergibt sich

$$\frac{dy}{dx} = \frac{3}{2} u^{\frac{1}{2}} \cdot 2x$$
$$= \frac{3}{2} (x^2+a^2)^{\frac{1}{2}} \cdot 2x$$
$$= 3x(x^2+a^2)^{\frac{1}{2}},$$

und schon ist das Kunststück vollbracht!

Nach und nach werden wir, wenn wir gelernt haben, mit Sinus-, Kosinus- und Exponentialfunktionen umzugehen, diesen Kunstgriff als wertvolles Hilfsmittel sehr hoch schätzen lernen.

Wir können unseren Kniff sofort auf ein paar Aufgaben anwenden.

Beispiele (1) Differenziere: $y = \sqrt{a+x}$,

Setze $$a+x = u.$$

$$\frac{du}{dx} = 1; \quad y = u^{\frac{1}{2}}; \quad \frac{dy}{du} = \frac{1}{2}u^{-\frac{1}{2}} = \frac{1}{2}(a+x)^{-\frac{1}{2}};$$

$$\frac{dy}{dx} = \frac{dy}{du} \cdot \frac{du}{dx} = \frac{1}{2\sqrt{a+x}}.$$

(2) Differenziere: $y = \dfrac{1}{\sqrt{a+x^2}}$.

Setze $$a+x^2 = u.$$

$$\frac{du}{dx} = 2x; \quad y = u^{-\frac{1}{2}}; \quad \frac{dy}{du} = -\frac{1}{2}u^{-\frac{3}{2}}.$$

$$\frac{dy}{dx} = \frac{dy}{du} \cdot \frac{du}{dx} = -\frac{x}{\sqrt{(a+x^2)^3}}.$$

(3) Differenziere:

$$y = \left(m - nx^{\frac{2}{3}} + \frac{p}{x^{\frac{4}{3}}}\right)^a.$$

Setze

$$m - nx^{\frac{2}{3}} + px^{-\frac{4}{3}} = u.$$

$$\frac{du}{dx} = -\frac{2}{3}nx^{-\frac{1}{3}} - \frac{4}{3}px^{-\frac{7}{3}};$$

$$y = u^a; \quad \frac{dy}{du} = au^{a-1}.$$

$$\frac{dy}{dx} = \frac{dy}{du} \cdot \frac{du}{dx} = -a\left(m - nx^{\frac{2}{3}} + \frac{p}{x^{\frac{4}{3}}}\right)^{a-1}\left(\frac{2}{3}nx^{-\frac{1}{3}} + \frac{4}{3}px^{-\frac{7}{3}}\right)$$

(4) Differenziere:

$$y = \frac{1}{\sqrt{x^3 - a^2}}.$$

IX. Zwei wertvolle Kunstgriffe

Setze
$$u = x^3 - a^2.$$

$$\frac{du}{dx} = 3x^2 \,;\quad y = u^{-\frac{1}{2}} \,;\quad \frac{dy}{du} = -\frac{1}{2}(x^3 - a^2)^{-\frac{3}{2}}.$$

$$\frac{dy}{dx} = \frac{dy}{du} \cdot \frac{du}{dx} = -\frac{3x^2}{2\sqrt{(x^3 - a^2)^3}}.$$

(5) Differenziere:
$$y = \sqrt{\frac{1-x}{1+x}}.$$

Schreibe zunächst
$$y = \frac{(1-x)^{\frac{1}{2}}}{(1+x)^{\frac{1}{2}}}$$

$$\frac{dy}{dx} = \frac{(1+x)^{\frac{1}{2}} \dfrac{d(1-x)^{\frac{1}{2}}}{dx} - (1-x)^{\frac{1}{2}} \dfrac{d(1+x)^{\frac{1}{2}}}{dx}}{1+x}$$

(Wir können auch schreiben
$$y = (1-x)^{\frac{1}{2}} (1+x)^{-\frac{1}{2}}$$

und nach der Produktregel differenzieren.)

Nach Aufgabe (1) erhalten wir

$$\frac{d(1-x)^{\frac{1}{2}}}{dx} = -\frac{1}{2\sqrt{1-x}} \quad \text{und} \quad \frac{d(1+x)^{\frac{1}{2}}}{x} = \frac{1}{2\sqrt{1+x}}.$$

Hieraus
$$\frac{dy}{dx} = -\frac{(1+x)^{\frac{1}{2}}}{2(1+x)\sqrt{1-x}} - \frac{(1-x)^{\frac{1}{2}}}{2(1+x)\sqrt{1+x}}$$

$$= -\frac{1}{2\sqrt{1+x}\sqrt{1-x}} - \frac{\sqrt{1-x}}{2\sqrt{(1+x)^3}}$$

oder
$$\frac{dy}{dx} = -\frac{1}{(1+x)\sqrt{1-x^2}}.$$

(6) Differenziere:
$$y = \sqrt{\frac{x^3}{1+x^2}}.$$

Hierfür schreiben wir
$$y = x^{\frac{3}{2}}(1+x^2)^{-\frac{1}{2}};$$
$$\frac{dy}{dx} = \frac{3}{2} x^{\frac{1}{2}}(1+x^2)^{-\frac{1}{2}} + x^{\frac{3}{2}} \cdot \frac{d\left[(1+x^2)^{-\frac{1}{2}}\right]}{dx}.$$

Differenzieren wir $(1+x^2)^{-\frac{1}{2}}$, wie schon in Aufgabe (2) durchgeführt, so ergibt sich
$$\frac{d\left[(1+x^2)^{-\frac{1}{2}}\right]}{dx} = -\frac{x}{\sqrt{(1+x^2)^3}},$$

so daß
$$\frac{dy}{dx} = \frac{3\sqrt{x}}{2\sqrt{1+x^2}} - \frac{\sqrt{x^5}}{\sqrt{(1+x^2)^3}} = \frac{\sqrt{x}(3+x^2)}{2\sqrt{(1+x^2)^3}}.$$

(7) Differenziere:
$$y = (x + \sqrt{x^2+x+a})^3.$$

Setze
$$x + \sqrt{x^2+x+a} = u.$$
$$\frac{du}{dx} = 1 + \frac{d\left[(x^2+x+a)^{\frac{1}{2}}\right]}{dx}.$$
$$y = u^3 \text{ und } \frac{dy}{du} = 3u^2 = 3(x+\sqrt{x^2+x+a})^2.$$

Jetzt setze
$$(x^2+x+a)^{\frac{1}{2}} = v \text{ und } (x^2+x+a) = w.$$
$$\frac{dw}{dx} = 2x+1; \quad v = w^{\frac{1}{2}}; \quad \frac{dv}{dw} = \frac{1}{2} w^{-\frac{1}{2}}.$$
$$\frac{dv}{dx} = \frac{dv}{dw} \cdot \frac{dw}{dx} = \frac{1}{2}(x^2+x+a)^{-\frac{1}{2}}(2x+1).$$

IX. Zwei wertvolle Kunstgriffe

Nun ist

$$\frac{du}{dx} = 1 + \frac{2x+1}{2\sqrt{x^2+x+a}},$$

$$\frac{dy}{dx} = \frac{dy}{du} \cdot \frac{du}{dx} = 3\left(x+\sqrt{x^2+x+a}\right)^2 \left(1 + \frac{2x+1}{2\sqrt{x^2+x+a}}\right)$$

(8) Differenziere:

$$y = \sqrt{\frac{a^2+x^2}{a^2-x^2}} \sqrt[3]{\frac{a^2-x^2}{a^2+x^2}}.$$

Wir erhalten

$$y = \frac{(a^2+x^2)^{\frac{1}{2}} (a^2-x^2)^{\frac{1}{3}}}{(a^2-x^2)^{\frac{1}{2}} (a^2+x^2)^{\frac{1}{3}}} = (a^2+x^2)^{\frac{1}{6}} (a^2-x^2)^{-\frac{1}{6}}.$$

$$\frac{dy}{dx} = (a^2+x^2)^{\frac{1}{6}} \frac{d\left[(a^2-x^2)^{-\frac{1}{6}}\right]}{dx} + \frac{1}{(a^2-x^2)^{\frac{1}{6}}} \cdot \frac{d\left[(a^2+x^2)^{\frac{1}{6}}\right]}{dx}.$$

Setze

$$u = (a^2-x^2)^{-\frac{1}{6}} \quad \text{und} \quad v = a^2-x^2$$

$$u = v^{-\frac{1}{6}}; \quad \frac{du}{dv} = -\frac{1}{6} v^{-\frac{7}{6}}; \quad \frac{dv}{dx} = -2x.$$

$$\frac{du}{dx} = \frac{du}{dv} \cdot \frac{dv}{dx} = \frac{1}{3} x (a^2-x^2)^{-\frac{7}{6}}.$$

Setze

$$w = (a^2+x^2)^{\frac{1}{6}} \quad \text{und} \quad z = a^2+x^2.$$

$$w = z^{\frac{1}{6}}; \quad \frac{dw}{dz} = \frac{1}{6} z^{-\frac{5}{6}}; \quad \frac{dz}{dx} = 2x.$$

$$\frac{dw}{dx} = \frac{dw}{dz} \cdot \frac{dz}{dx} = \frac{1}{3} x (a^2+x^2)^{-\frac{5}{6}}.$$

Dann wird

$$\frac{dy}{dx} = (a^2+x^2)^{\frac{1}{6}} \frac{x}{3(a^2-x^2)^{\frac{7}{6}}} + \frac{x}{3(a^2-x^2)^{\frac{1}{6}} (a^2+x^2)^{\frac{5}{6}}}$$

oder

$$\frac{dy}{dx} = \frac{x}{3}\left[\sqrt[6]{\frac{a^2+x^2}{(a^2-x^2)^7}} + \frac{1}{\sqrt[6]{(a^2-x^2)(a^2+x^2)^5}}\right]$$

(9) Differenziere y^n nach y^5:

$$\frac{d(y^n)}{d(y^5)} = \frac{ny^{n-1}}{5y^{5-1}} = \frac{n}{5}y^{n-5}.$$

(10) Suche den ersten und zweiten Differentialquotienten von

$$y = \frac{x}{b}\sqrt{(a-x)x}.$$

$$\frac{dy}{dx} = \frac{x}{b}\frac{d\left\{[(a-x)x]^{\frac{1}{2}}\right\}}{dx} + \frac{\sqrt{(a-x)x}}{b}.$$

Setze

$[(a-x)x]^{\frac{1}{2}} = u$ und setze $(a-x)x = w$; dann ist $u = w^{\frac{1}{2}}$

$$\frac{du}{dw} = \frac{1}{2}w^{-\frac{1}{2}} = \frac{1}{2w^{\frac{1}{2}}} = \frac{1}{2\sqrt{(a-x)x}}.$$

$$\frac{dw}{dx} = a - 2x.$$

$$\frac{du}{dw} \cdot \frac{dw}{dx} = \frac{du}{dx} = \frac{a-2x}{2\sqrt{(a-x)x}}.$$

$$\frac{dy}{dx} = \frac{x(a-2x)}{2b\sqrt{(a-x)x}} + \frac{\sqrt{(a-x)x}}{b} = \frac{x(3a-4x)}{2b\sqrt{(a-x)x}}.$$

$$\frac{d^2y}{dx^2} = \frac{2b\sqrt{(a-x)x}\,(3a-8x) - \dfrac{(3ax-4x^2)\,b\,(a-2x)}{\sqrt{(a-x)x}}}{4b^2(a-x)x}$$

$$= \frac{3a^2 - 12ax + 8x^2}{4b(a-x)\sqrt{(a-x)x}}.$$

(Wir kommen später noch auf diese beiden letzten Differentialquotienten zurück. Siehe Übungen X, Nr. 11.)

Übungen VI

(Lösungen siehe S. 254)

Differenziere folgende Ausdrücke:

(1) $y = \sqrt{x^2+1}$. (2) $y = \sqrt{x^2+a^2}$.

(3) $y = \dfrac{1}{\sqrt{a+x}}$. (4) $y = \dfrac{a}{\sqrt{a-x^2}}$.

(5) $y = \dfrac{\sqrt{x^2-a^2}}{x^2}$. (6) $y = \dfrac{\sqrt[3]{x^4+a}}{\sqrt[2]{x^3+a}}$

(7) $y = \dfrac{a^2+x^2}{(a+x)^2}$.

(8) Differenziere y^5 nach y^2.

(9) Differenziere: $y = \dfrac{\sqrt{1-\Theta^2}}{1-\Theta}$.

Man kann dieses Verfahren auch auf drei oder mehr Differentialquotienten ausdehnen, es ist also

$$\frac{dy}{dx} = \frac{dy}{dz} \cdot \frac{dz}{dv} \cdot \frac{dv}{dx}.$$

Aufgaben:

(1) Für $z = 3x^4$; $v = \dfrac{7}{z^2}$; $y = \sqrt{1+v}$, ist $\dfrac{dy}{dx}$ gesucht.
Wir haben

$$\frac{dy}{dv} = \frac{1}{2\sqrt{1+v}}; \quad \frac{dv}{dx} = -\frac{14}{z^3}; \quad \frac{dz}{dx} = 12x^3.$$

$$\frac{dy}{dx} = -\frac{168x^3}{(2\sqrt{1+v})z^3} = -\frac{28}{3x^5\sqrt{9x^8+7}}.$$

(2) Wie groß ist $\dfrac{dv}{d\Theta}$, wenn $t = \dfrac{1}{5\sqrt{\Theta}}$, $x = t^3 + \dfrac{t}{2}$?

$v = \dfrac{7x^7}{\sqrt[3]{x-1}}$; $\dfrac{dv}{dx} = \dfrac{7x(5x-6)}{3\sqrt[3]{(x-1)^4}}$; $\dfrac{dx}{dt} = 3t^2 + \dfrac{1}{2}$;

$\dfrac{dt}{d\Theta} = -\dfrac{1}{10\sqrt{\Theta^3}}$, dann wird $\dfrac{dv}{d\Theta} = -\dfrac{7x(5x-6)\left(3t^2+\dfrac{1}{2}\right)}{30\sqrt[3]{(x-1)^4}\sqrt{\Theta^3}}$;

in diesem Ergebnis müssen noch x und t durch Werte von Θ ersetzt werden.

(3) Für $\Theta = \dfrac{3a^2 x}{\sqrt{x^3}}$; $w = \dfrac{\sqrt{1-\Theta^2}}{1+\Theta}$ und $\varphi = \sqrt{3} - \dfrac{1}{\omega\sqrt{2}}$

ist $\dfrac{d\varphi}{dx}$ gesucht.

Wir erhalten:

$$\Theta = 3a^2 x^{-\tfrac{1}{2}};\quad \omega = \sqrt{\dfrac{1-\Theta}{1+\Theta}};\text{ und } \varphi = \sqrt{3} - \dfrac{1}{\sqrt{2}}\omega^{-1}.$$

$$\dfrac{d\Theta}{dx} = -\dfrac{3a^2}{2\sqrt{x^3}};\quad \dfrac{d\omega}{d\Theta} = -\dfrac{1}{(1+\Theta)\sqrt{1-\Theta^2}}$$

(siehe Aufgabe 5, S. 61) und $\dfrac{d\varphi}{d\omega} = \dfrac{1}{\sqrt{2}\,\omega^2}$.

Es ist also

$$\dfrac{d\varphi}{dx} = \dfrac{1}{\sqrt{2}\cdot\omega^2} \cdot \dfrac{1}{(1+\Theta)\sqrt{1-\Theta^2}} \cdot \dfrac{3a^2}{2\sqrt{x^3}}.$$

Ersetze noch zunächst ω, dann Θ durch die ihnen zukommenden Werte.

Übungen VII

(Lösungen siehe S. 254)

Nun können wir auch erfolgreich noch einige weitere Aufgaben lösen:

(1) Für $u = \dfrac{1}{2}x^3$; $v = 3(u+u^2)$ und $w = \dfrac{1}{v^2}$ ist $\dfrac{dw}{dx}$ gesucht.

(2) Für $y = 3x^2 + \sqrt{2}$; $z = \sqrt{1+y}$ und $v = \dfrac{1}{\sqrt{3+4z}}$ ist $\dfrac{dv}{dx}$ gesucht.

(3) Für $y = \dfrac{x^3}{\sqrt{3}}$; $z = (1+y)^2$ und $u = \dfrac{1}{\sqrt{1+z}}$ ist $\dfrac{du}{dx}$ gesucht.

Die folgenden Übungen sind aus Gründen der Anordnung bereits hier gebracht, da ihre Lösungen nach der im vorangegangenen Kapitel besprochenen Methode gefunden werden können. Sie sollten aber erst nach der Lektüre von Kap. XIV und XV in Angriff genommen werden.

(4) Sei $y = 2a^3 \ln u - u(5a^2 - 2au + \frac{1}{3} u^2)$

und $u = a + x$.

Zeige, daß $\frac{dy}{dx} = \frac{x^2(a-x)}{a+x}$

(5) Bilde $\frac{dx}{d\Theta}$ und $\frac{dy}{d\Theta}$ für die Kurve

$x = a(\Theta - \sin \Theta), \quad y = a(1 - \cos \Theta)$.

Daraus leite $\frac{dy}{dx}$ ab.

(6) Bilde $\frac{dx}{d\Theta}$ und $\frac{dy}{d\Theta}$ für die Kurve

$x = a \cdot \cos^3 \Theta, \quad y = a \cdot \sin^3 \Theta$ und daraus $\frac{dy}{dx}$.

(7) Gegeben sei $y = \ln [\sin (x^2 - a^2)]$. Gib den einfachsten Ausdruck für $\frac{dy}{dx}$ an.

(8) Sei $u = x + y$ und $4x = 2u - \ln (2u - 1)$.

Zeige, daß $\frac{dy}{dx} = \frac{x+y}{x+y-1}$

X

Die geometrische Bedeutung des Differentialquotienten

Im folgenden werden wir einige nützliche Betrachtungen über die geometrische Bedeutung des Differentialquotienten anstellen.

Zunächst kann jede Funktion von x, also etwa x^2 oder $\sqrt{y}$ oder $ax + b$, durch einen Kurvenzug dargestellt werden, was man heutzutage schon auf der Schule lernt.

X. Die geometrische Bedeutung des Differentialquotienten

In Fig. 7 mag PQR ein Kurvenstück bedeuten, das in ein Achsenkreuz mit den Achsen OX und OY eingezeichnet ist. Wir betrachten einen Punkt Q dieser Kurve, dessen Abszisse x und dessen Ordinate y ist. Jetzt überlegen wir, um welchen Betrag y bei einer Änderung von x variiert. Erfährt x einen kleinen Zuwachs dx nach rechts hin, so werden wir finden, daß y ebenfalls (gerade bei diesem Kurvenstückchen)

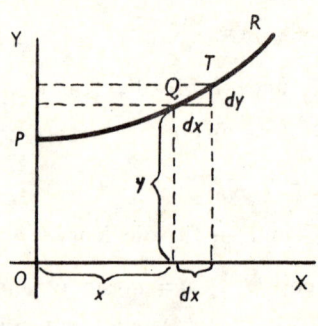

Fig. 7.

eine kleine Zunahme dy aufweist. (Dieses kleine Kurvenstückchen ist nämlich zufällig ein aufsteigender Kurvenast.) Das Verhältnis von dy zu dx ist dann ein Maß dafür, wie stark sich die Kurve zwischen den beiden Punkten Q und T nach oben krümmt. Nun sieht man aber ohne weiteres, daß die Kurve zwischen Q und T viele verschiedene Steigungen besitzt; wir können also nicht gut von e i n e r Steigung der Kurve zwischen Q und T reden. Rücken indessen Q und T immer näher und näher aneinander, so daß das kleine Kurvenstück QT praktisch eine Gerade wird, so hat es einen Sinn, von dem Verhältnis $\frac{dy}{dx}$ als einer Kurvensteigung längs QT zu reden. Die Strecke QT berührt die Kurve nur längs des Stückes QT; wird dieses Stück unbegrenzt klein, so wird die Gerade die Kurve praktisch nur in einem Punkte berühren — sie wird dann die T a n g e n t e an die Kurve in diesem Punkte darstellen.

X. Die geometrische Bedeutung des Differentialquotienten

Diese Tangente hat augenscheinlich dieselbe Steigung wie QT, so daß $\frac{dy}{dx}$ die Steigung der Tangente an die Kurve im Punkte Q bedeutet, für den der Wert von $\frac{dy}{dx}$ bestimmt worden ist.

Dem kurzen Ausdruck „Steigung einer Kurve" kommt, wie wir gesehen haben, keine exakte Bedeutung zu — eine Kurve hat ja in der Tat viele Steigungen, jedes kleine Kurvenstückchen hat seine eigene Steigung. Dagegen ist der Ausdruck „Steigung einer Kurve in einem Punkte" durchaus definiert, er bedeutet die Steigung eines sehr kleinen Kurvenstückes, das sich gerade an eben diesem Punkte befindet; wie wir sahen, heißt das nichts anderes als „Steigung der Tangente an die Kurve in diesem Punkte".

Wir müssen beachten, daß dx einen kleinen Schritt nach rechts darstellt, während der entsprechende Schritt dy nach oben geht. Die Schritte müssen so klein wie nur irgend möglich gemacht werden — eigentlich unendlich klein —, trotzdem haben wir sie in unseren Zeichnungen durch kleine Strecken wiedergegeben, die aber nicht infinitesimal klein sind, da man sie sonst nicht sehen könnte.

Von der Tatsache, daß der Ausdruck $\frac{dy}{dx}$ die Kurvensteigung in irgendeinem Punkte wiedergibt, werden wir wiederholt weitgehende Anwendung machen.

Es ist üblich, den Begriff der Steigung mit dem Winkel Θ in Verbindung zu bringen, der durch die Tangente in irgendeinem Kurvenpunkt mit der x-Achse gebildet wird. Der Differentialquotient $\frac{dy}{dx}$, der dem Tangens des Winkels Θ entspricht, wird auch der Gradient der Kurve in diesem Punkt genannt.

Biegt eine Kurve, wie in Fig. 8, unter einem Winkel von 45° in einem bestimmten Punkt aufwärts, so sind dy und dx einander gleich und es wird $\frac{dy}{dx} = 1$.

Ist die Aufwärtsbiegung der Kurve steiler als 45° (Fig. 9), so ist $\frac{dy}{dx}$ größer als 1.

X. Die geometrische Bedeutung des Differentialquotienten

Ist die Steigung der Kurve sanfter, wie in Fig. 10, so wird $\frac{dy}{dx}$ kleiner als 1.

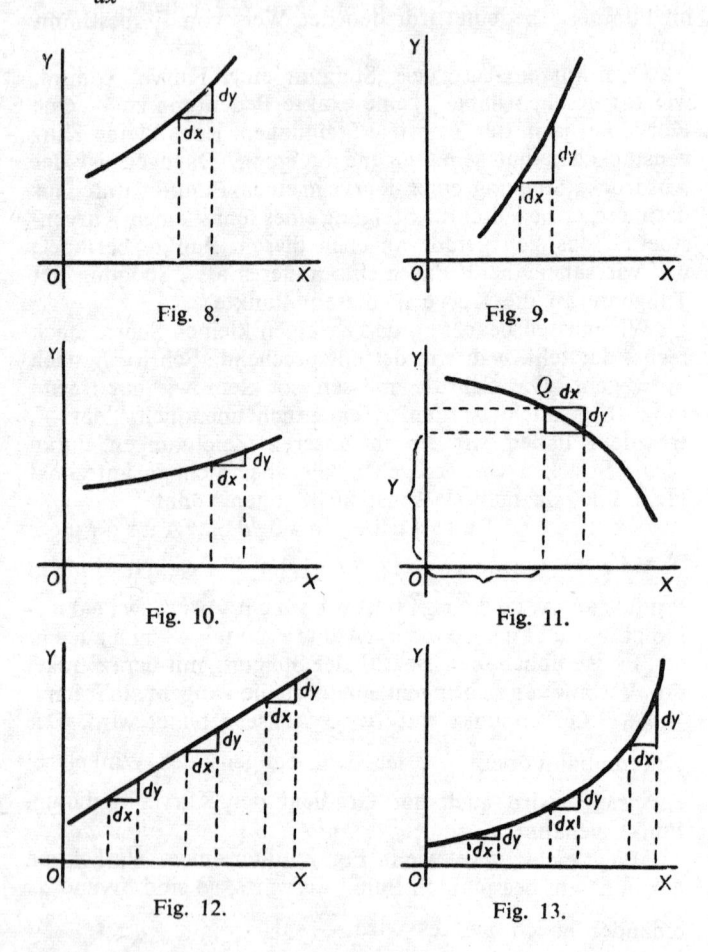

Fig. 8.

Fig. 9.

Fig. 10.

Fig. 11.

Fig. 12.

Fig. 13.

Für eine Horizontale oder für ein horizontales Kurvenstück ist $dy=0$ und auch $\frac{dy}{dx}=0$.

X. Die geometrische Bedeutung des Differentialquotienten 71

Biegt sich eine Kurve abwärts, wie in Fig. 11, so bedeutet dy einen Schritt abwärts und erhält infolgedessen einen negativen Wert; $\frac{dy}{dx}$ bekommt dann ebenfalls ein negatives Vorzeichen.

Ist die ,,Kurve" zufällig eine Gerade, vielleicht wie in Fig. 12, so wird $\frac{dy}{dx}$ für alle Punkte auf ihr denselben Wert haben; mit anderen Worten — ihre Steigung ist dann k o n s t a n t.

Wenn eine Kurve mit wachsendem x immer steiler wird, so werden die Werte von $\frac{dy}{dx}$ größer und größer, wie in Fig. 13.

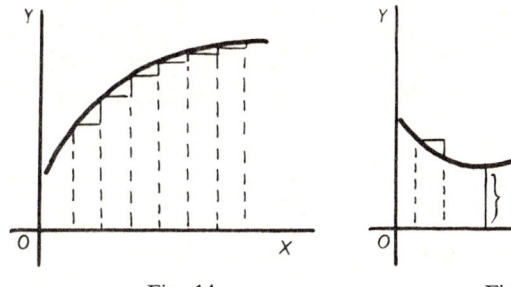

Fig. 14. 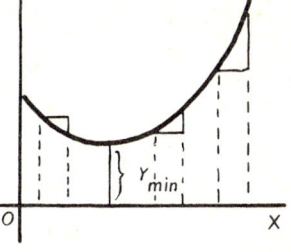   Fig. 15.

Wird die Kurve dagegen, wie in Fig 14, mit fortschreitendem x flacher und immer flacher, so werden die Werte von $\frac{dy}{dx}$ kleiner und immer kleiner, je mehr man sich dem flachen Teil nähert.

Wenn eine Kurve erst abfällt und dann wieder ansteigt (Fig. 15), nach oben zu also konkav ist, dann ist offensichtlich $\frac{dy}{dx}$ zunächst negativ, wird langsam größer (wir kommen von der negativen Seite), wenn sich die Kurve abflacht und erlangt den Wert Null an der tiefsten Stelle der Kurve; von hier an wird $\frac{dy}{dx}$ positive zunehmende Werte aufweisen. Man sagt in diesem Falle, daß y durch ein M i n i m u m gegangen ist. Dieser Minimumwert von y ist nicht notwendigerweise der kleinste Wert von y, sondern der, welcher der tiefsten Einsenkung beim Durchgange zukommt; in Fig. 28 (S. 90) ist der Wert von y, der diese Eigenschaft zeigt, gleich 1, während y an einer anderen Stelle Werte annimmt, die kleiner als 1 sind. Für ein Minimum ist charakteristisch, daß y nach beiden Seiten hin anwachsen muß.

Anmerkung. Setzt man den Wert von x ein, für den y ein Minimum wird, so ist $\frac{dy}{dx}=0$, wie aus dem Gesagten offenbar hervorgeht.

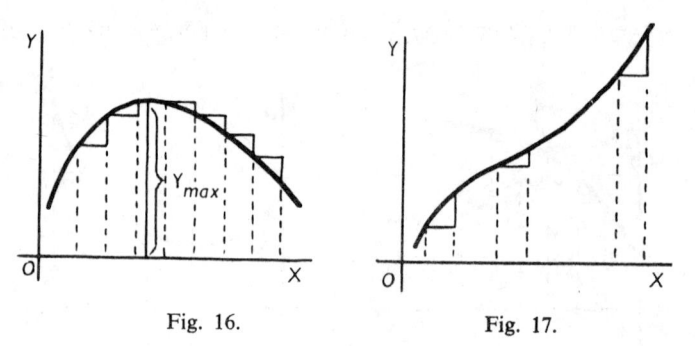

Fig. 16. Fig. 17.

In dem Falle, daß eine Kurve zunächst ansteigt und dann wieder abfällt (Fig. 16), ist der Wert von $\frac{dy}{dx}$ zunächst positiv, wird dann kleiner und kleiner und schließlich Null, wenn die höchste Stelle der Kurve erreicht ist; geht man weiter, so wird $\frac{dy}{dx}$ negativ und die Kurve senkt sich. Man sagt dann, daß y durch ein M a x i m u m gegangen ist; der Wert von y für das Maximum braucht nicht unbedingt der größte Wert für y überhaupt zu sein. In Fig. 28 ist das Maximum für y $2\frac{1}{3}$, aber das heißt nicht, daß y an anderen Stellen der Kurve keinen größeren Wert aufweisen darf.

Anmerkung. Für den speziellen Wert von x, bei dem y ein Maximum ergibt, ist ebenfalls $\frac{dy}{dx}=0$.

X. Die geometrische Bedeutung des Differentialquotienten

In Fig. 17 ist eine besondere Kurve dargestellt, für die $\frac{dy}{dx}$ stets positiv ist; an einer Stelle jedoch ist die Steigung der Kurve weniger steil, an dieser Stelle hat der Wert für $\frac{dy}{dx}$ ein Minimum. Er ist an dieser Stelle kleiner als an irgendeinem anderen Teil der Kurve.

Für eine Kurve von der Form Fig. 18 ist der Wert für $\frac{dy}{dx}$ in dem oberen Kurvenast negativ und in dem unteren positiv; an dem Vorsprung der Kurve, wo sie augenscheinlich senkrecht verläuft, wird $\frac{dy}{dx}$ unendlich groß.

Wir wissen also jetzt, daß der Differentialquotient ein Maß für die Steilheit einer Kurve in einem Punkte gibt. Diese Kenntnis werden wir im folgenden auf einige Gleichungen anwenden, deren Differentiation wir vorher gelernt haben.

(1) Ein ganz leichtes Beispiel bietet uns die Beziehung

$$y = x + b.$$

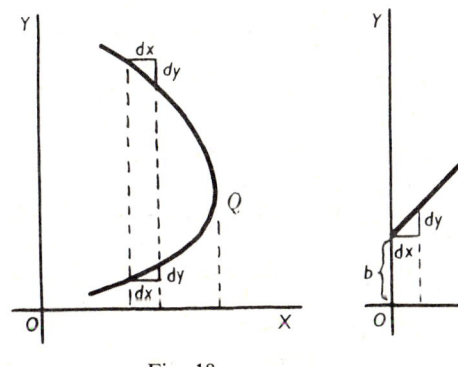

Fig. 18.

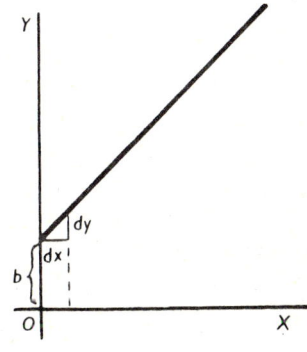

Fig. 19.

In Fig 19 ist sie dargestellt, wobei für x und y der gleiche Maßstab verwendet wurde. Setzen wir $x=0$, so ist die entsprechende Ordinate $y=b$; die „Kurve" schneidet also die

X. Die geometrische Bedeutung des Differentialquotienten

y-Achse in der Höhe b. Von hier steigt sie unter einem Winkel von 45° an; welche Werte wir auch x nach rechts hin annehmen lassen, y erfährt stets einen gleichen Zuwachs.

Jetzt differenzieren wir $y = x+b$ nach den früher gelernten Regeln (S. 17 und 21) und bekommen $\frac{dy}{dx} = 1$.

Die Steigung der Geraden ist also derart, daß wir für jeden kleinen Schritt dx nach rechts einen gleichen Schritt dy nach aufwärts erhalten. Und diese Steigung ist konstant.

(2) Ein anderer Fall:

$$y = ax+b.$$

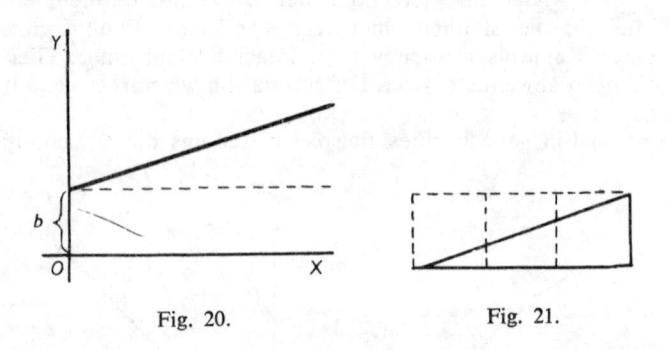

Fig. 20. Fig. 21.

Wir wissen, daß diese Kurve, ebenso wie die vorangehende, in der Höhe b von der y-Achse ausgeht. Bevor wir uns jedoch diese Kurve hinzeichnen, wollen wir ihre Steigung durch Differentiation bestimmen und erhalten: $\frac{dy}{dx} = a$. Die Steigung ist also konstant; sie wird durch einen Winkel wiedergegeben, dessen Tangens hier gleich a ist; a können wir einen numerischen Wert — etwa $\frac{1}{3}$ — zuteilen.

Die Steigung muß dann so beschaffen sein, daß sie im Verhältnis 1:3 ansteigt; dx muß also 3-mal so groß wie dy sein. In Fig. 21 ist diese Forderung erfüllt; Fig. 20 stellt die Gerade mit dieser Steigung dar.

(3) Nun zu einem etwas schwierigeren Fall!

X. Die geometrische Bedeutung des Differentialquotienten

Es sei
$$y = ax^2 + b.$$
Wie vorher wird die Kurve die y-Achse im Abstand b vom Koordinatenursprung schneiden.

Zunächst differenzieren wir. (Wenn wir etwa vergessen haben, wie das gemacht wird, so sehen wir auf S. 21 einfach nach; oder besser: wir s e h e n   n i c h t nach, sondern d e n k e n lieber nach.)

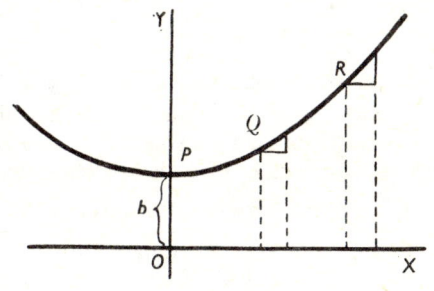

Fig. 22.

$$\frac{dy}{dx} = 2ax$$

Dieses Ergebnis belehrt uns, daß die Steilheit nicht konstant sein wird; wird x größer, so wächst sie ebenfalls. An dem Ausgangspunkt P, wo $x = 0$ ist, besitzt die Kurve (Fig. 22) keinerlei Steilheit — sie verläuft dort waagerecht. Links vom Koordinatenanfangspunkt, wo x negative Werte hat, wird $\frac{dy}{dx}$ auch negative Werte haben oder von links nach rechts zu abfallen, wie in der Figur.

Diese Tatsache können wir uns noch durch ein besonderes Beispiel veranschaulichen. Wir wählen die Gleichung

$$y = \frac{1}{4} x^2 + 3,$$

differenzieren sie und erhalten

$$\frac{dy}{dx} = \frac{1}{2} x.$$

X. Die geometrische Bedeutung des Differentialquotienten

Jetzt schreiben wir x einige aufeinanderfolgende Werte, etwa von 0 bis 5, vor; die dazugehörigen Werte von y bestimmen wir nach der ersten Gleichung, die Werte für $\frac{dy}{dx}$ nach der zweiten Gleichung. Unsere Ergebnisse vereinigen wir in einer Tabelle:

x	0	1	2	3	4	5
y	3	$3\frac{1}{4}$	4	$5\frac{1}{4}$	7	$9\frac{1}{4}$
$\frac{dy}{dx}$	0	$\frac{1}{2}$	1	$1\frac{1}{2}$	2	$2\frac{1}{2}$

Dann tragen wir diese Werte in zwei Achsenkreuze ein (Fig. 23 u. 24) und verbinden die so erhaltenen Punkte durch einen Kurvenzug: In Fig. 23 sind die Werte von y, in Fig. 24 die Werte von $\frac{dy}{dx}$ für die betreffenden x-Werte eingezeichnet. Für einen bestimmten x-Wert ist die Ordinatenhöhe der zweiten Kurve der Steigung der ersten Kurve proportional.

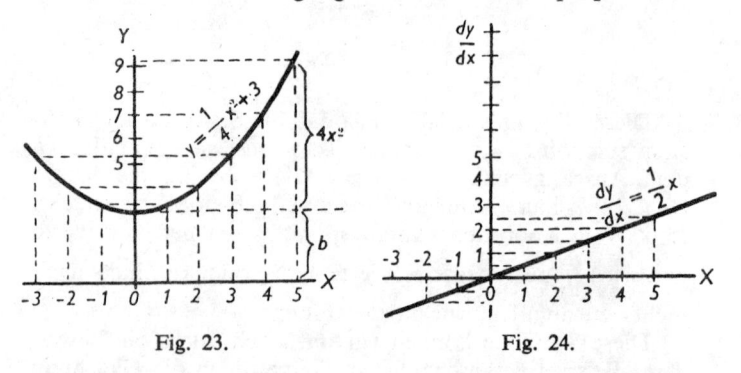

Fig. 23. Fig. 24.

Zeigt eine Kurve einen Knick, wie in Fig. 25a, so ändert sich die Steigung in diesem Punkte plötzlich. Die Steigung nach oben geht in eine solche nach unten über. Hier wird $\frac{dy}{dx}$ offensichtlich von einem positiven zu einem negativen Werte springen.

X. Die geometrische Bedeutung des Differentialquotienten

Es ist ferner der Fall denkbar, daß eine Kurve plötzlich abbricht und ein Stückchen weiter oben oder unten erst sich fortsetzt, wie dies Fig. 25b zeigt. Mit dieser Erscheinung braucht notwendigerweise keine Änderung der Kurvenneigung verbunden zu sein; offenbar erfährt die Kurve keinen „Knick" wie im ersten Fall, sondern sie macht an der Stelle Q einen „Sprung".

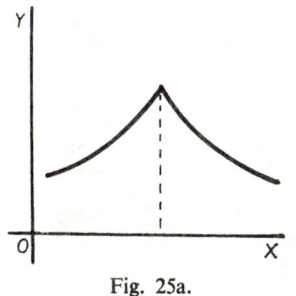

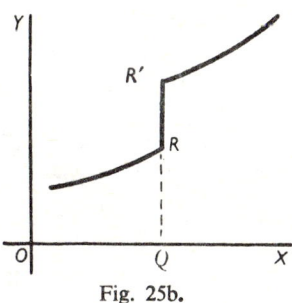

Fig. 25a.   Fig. 25b.

Hieran wollen wir noch eine wichtige Bemerkung knüpfen: Für die Stellen nämlich, an denen eine Kurve eine solche plötzliche Änderung ihrer Eigenschaften erfährt, gelten unsere üblichen Betrachtungen nicht mehr. Wir hatten doch früher gesehen, daß bei einer Änderung von x um einen unbegrenzt kleinen Zuwachs dx das zugehörige y sich stets um einen Wert dy änderte, der zwar meistens nicht gleich dx, aber ebenfalls außerordentlich klein war. Hier aber ändert sich in Fig. 25b der Wert von y sprunghaft; es entspricht in der Tat an der Stelle $x = OQ$ einem u n e n d l i c h kleinen Zuwachs dx eine Änderung von $y = QR$ um ein e n d l i c h e s $dy = RR'$! In ganz entsprechender Weise erfährt der Differentialquotient in Fig. 25a an der Knickstelle eine Änderung um einen e n d l i c h e n Betrag, wenn man auf der Kurve um ein u n b e g r e n z t k l e i n e s Stück vorwärtsgeht.

Es handelt sich hier augenscheinlich um eine Unregelmäßigkeit, die treffend mit dem Namen U n s t e t i g k e i t bezeichnet wird. Im allgemeinen sind die in der Natur verlaufenden Vorgänge von s t e t i g e r Art, mögen es nun beispielsweise Bewegungen oder chemische Reaktionen sein. Natura non facit saltus! Im folgenden werden wir nur selten auf unstetige Funktionen stoßen und uns zumeist mit Kurven von stetigem Verlauf beschäftigen.

Wenn wir nun gefragt werden, ob eine Funktion in einem bestimmten Intervall, z.B. zwischen den Werten für $x = x_1$ und $x = x_2$, differenzierbar ist, so lautet die Antwort: Die Kurve ist in dem genannten Intervall nur dann differenzierbar, wenn sie in ihm stetig verläuft.

X. Die geometrische Bedeutung des Differentialquotienten

Die folgenden Beispiele bieten für diese Betrachtungen weitere Anwendung.

(4) Es wird die Steigung der Tangente an die Kurve

$$y = \frac{1}{2x} + 3$$

in dem Punkte $x = -1$ gesucht. Unter welchem Winkel schneidet diese Tangente die Kurve $y = 2x^2 + 2$?

Die Steigung der Tangente ist gleich der Steigung der Kurve in dem Berührungspunkte (siehe S. 67/68), d. h. es ist dies der Wert von $\frac{dy}{dx}$ für die Kurve in diesem Punkte. Hier ist $\frac{dy}{dx} = -\frac{1}{2x^2}$ und für $x = -1$ ist $\frac{dy}{dx} = -\frac{1}{2}$; dieser Wert gibt die Steigung sowohl der Kurve als auch der Tangente in diesem Punkte wieder. Die allgemeine Geradengleichung, die also auch für Tangenten gilt, lautet $y = ax + b$ und ihre Steigung ist $\frac{dy}{dx} = a$; in unserem Falle ist $a = -\frac{1}{2}$. Ferner ist $x = -1$, $y = \frac{1}{2(-1)} + 3 = 2\frac{1}{2}$, da aber die Tangente durch diesen Punkt geht, müssen seine Koordinaten die Tangentengleichung befriedigen, nämlich

$$y = -\frac{1}{2}x + b,$$

so daß $2\frac{1}{2} = -\frac{1}{2}(-1) + b$ und $b = 2$ wird; die Gleichung der Tangente heißt deshalb

$$y = -\frac{1}{2}x + 2.$$

Schneiden sich zwei Kurven, so haben sie ihren Schnittpunkt gemeinsam, dessen Koordinaten den beiden Kurvengleichungen genügen müssen; man kann also Wertepaare für x und y erhalten, wenn man die Kurvengleichungen als zwei Gleichungen mit zwei Unbekannten auffaßt. Hier

X. Die geometrische Bedeutung des Differentialquotienten 79

schneiden sich zwei Kurven, die durch die Gleichungen

$$\begin{vmatrix} y = 2x^2+2, \\ y = -\frac{1}{2}x+2 \end{vmatrix}$$

dargestellt sind, es ist

$$2x^2+2 = -\frac{1}{2}x+2 \text{ oder } x\left(2x+\frac{1}{2}\right) = 0.$$

Die Wurzeln dieser Gleichung sind $x = 0$ und $x = -\frac{1}{4}$. Die Steigung der Kurve $y = 2x^2+2$ in jedem Punkte ist

$$\frac{dy}{dx} = 4x.$$

Für $x = 0$ ist auch die Steigung Null; die Kurve verläuft horizontal. Für

$$x = -\frac{1}{4} \text{ ist } \frac{dy}{dx} = -1;$$

von hier biegt die Kurve nach rechts unten ab; der Winkel Θ mit der Horizontalen ist so groß, daß tg $\Theta = 1$ ist, er selbst also 45° ausmacht.

Die Steigung der Geraden beträgt $-\frac{1}{2}$; sie wendet sich also nach rechts unten und bildet mit der Horizontalen einen Winkel φ, dessen Tangente tg $\varphi = \frac{1}{2}$ ist; das entspricht einem Winkel von 26° 34'! Hieraus folgt, daß an der ersten Stelle die Kurve die Tangente unter einem Winkel von 26° 34', an der zweiten unter einem Winkel von 45° − 26° 34' = 18° 26' schneidet.

(5) Eine Gerade ist so durch einen Punkt P gelegt, dessen Koordinaten $x = 2$ und $y = -1$ betragen, daß sie die Kurve $y = x^2-5x+6$ berührt. Wie heißen die Koordinaten des Berührungspunktes?

Die Steigung der Tangenten ist identisch mit dem Wert von $\frac{dy}{dx}$ für die Kurve; also mit $2x-5$.

Die allgemeine Geradengleichung heißt $y = ax+b$ und wird in unserem Falle durch die Werte $x = 2$; $y = -1$ befriedigt; also ist

$$-1 = a \cdot 2 + b$$

und

$$\frac{dy}{dx} = a = 2x-5.$$

Das Wertepaar x, y des Berührungspunktes muß sowohl der Tangentengleichung als auch der Kurvengleichung genügen.

Wir haben dann

$$\begin{cases} y = x^2-5x+6, & \text{(I)} \\ y = ax+b, & \text{(II)} \\ -1 = 2a+b, & \text{(III)} \\ a = 2x-5, & \text{(IV)} \end{cases}$$

vier Gleichungen für a, b, x und y.

Gleichung (I) und (II) ergeben

$$x^2-5x+6 = ax+b.$$

Setzt man jetzt die Werte für a und b ein, so bekommen wir

$$x^2-5x+6 = (2x-5)x-1-2(2x-5),$$

oder vereinfacht

$$x^2-4x+3 = 0.$$

Die Wurzeln dieser Gleichung sind $x = 3$ und $x = 1$. Diese Werte ergeben in (I) eingesetzt $y = 0$ und $y = 2$; die Wertepaare für die beiden Berührungspunkte heißen also $x = 1$, $y = 2$; und $x = 3$; $y = 0$.

Bemerkung. Bei allen Aufgaben, bei denen wir es mit Kurven zu tun haben, werden wir stets gut tun, unsere berechneten Lösungen durch Augenschein nachzuprüfen, indem wir uns die Kurven in Millimeterpapier eintragen.

Übungen VIII

(Lösungen siehe S. 255)

(1) Trage die Kurve $y = \frac{3}{4}x^2 - 5$ auf Millimeterpapier auf. Bestimme die Steigungswinkel der Kurve für verschiedene Werte von x.
Differenziere die Gleichung und bilde so den allgemeinen Ausdruck für die Steigung der Kurve; berechne mit einer Logarithmentafel für die verschiedenen Werte von x die Winkel, die vorher gemessen wurden, und vergleiche die Ergebnisse!

(2) Wie groß ist die Steigung der Kurve

$$y = 0{,}12\,x^3 - 2$$

an dem Punkte, dessen Abszisse $x = 2$ ist?

(3) Es sei $y = (x-a)(x-b)$; zeige, daß an dem Punkte der Kurve, wo $\frac{dy}{dx} = 0$ ist, x den Wert $\frac{1}{2}(a+b)$ erhält!

(4) Suche den Wert von $\frac{dy}{dx}$ für die Gleichung $y = x^3 + 3x$ und berechne den Zahlenwert von $\frac{dy}{dx}$ für die Punkte, deren Abszisse $x = 0$, $x = \frac{1}{2}$, $x = 1$, $x = 2$ ist.

(5) Berechne für die Kurve, deren Gleichung $x^2 + y^2 = 4$ ist, die Werte von x an den Punkten, wo der Kurvenanstieg $= 1$ ist.

(6) Wie groß ist die Steigung für jeden einzelnen Punkt der Kurve $\frac{x^2}{3^2} + \frac{y^2}{2^2} = 1$; wie groß ist die Steigung für $x = 0$ und für $x = 1$?

(7) Wie heißt die Gleichung der Tangente, die die Kurve $y = 5 - 2x + 0{,}5x^3$ an der Stelle $x = 2$ berührt und allgemein durch die Gleichung $y = mx + n$ dargestellt wird?

(8) Unter welchen Winkeln schneiden sich die Kurven

$$y = 3{,}5x^2 + 2 \quad \text{und} \quad y = x^2 - 5x + 9{,}5?$$

(9) An die Kurve $y = \pm\sqrt{25 - x^2}$ sind in den Punkten $x = 3$ und $x = 4$ die Tangenten gelegt. Wie heißen die

Koordinaten ihres Schnittpunktes; wie groß ist der Winkel zwischen den Tangenten?

(10) Eine Gerade $y = 2x-b$ berührt die Kurve $y = 3x^2+2$ in einem Punkt. Wie heißen die Koordinaten des Berührungspunktes und wie groß ist b?

XI
Maxima und Minima

Man sagt von einer Größe, die sich kontinuierlich ändert, daß sie ein Maximum (oder ein Minimum) durchläuft, wenn – während der Änderung – die unmittelbar vorangehenden und folgenden Werte kleiner (oder größer) als der in Rede stehende Wert sind. Ein unendlich großer Wert stellt demnach kein Maximum dar.

Eine wichtige Anwendung findet die Differentialrechnung beim Auffinden der Maxima und Minima einer Funktion. Bei technischen Problemen ist es oft von großer Bedeutung zu wissen, unter welchen Bedingungen der Arbeitsaufwand minimal bzw. der Wirkungsgrad maximal werden.

Wir wollen mit einem konkreten Beispiel anfangen und die Gleichung

$$y = x^2 - 4x + 7$$

betrachten. Setzt man für x nacheinander verschiedene Werte ein und sucht die entsprechenden Werte für y auf, so sieht man sofort, daß die Gleichung eine Kurve mit einem Minimum darstellt:

x	0	1	2	3	4	5
y	7	4	3	4	7	12

Fig. 26 zeigt, daß y für $x = 2$ ein Minimum hat. Sind wir aber wirklich ganz sicher, daß das Minimum bei 2 und nicht etwa bei $2\frac{1}{4}$ oder $1\frac{3}{4}$ liegt?

Natürlich würde man bei einem algebraischen Ausdruck

XI. Maxima und Minima

eine ganze Menge Werte berechnen müssen, um sich auf diese Weise nach und nach dem speziellen Wert, der ein Maximum oder ein Minimum darstellt, zu nähern.

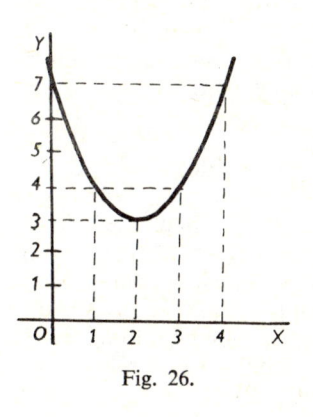

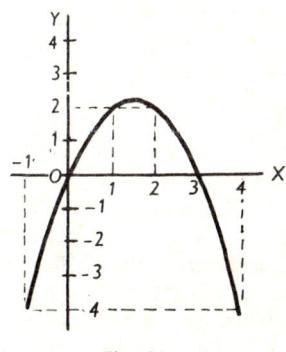

Fig. 26. Fig. 27.

Hier ist noch ein weiteres Beispiel:
Es sei

$$y = 3x - x^2.$$

Wir berechnen wieder einige Werte:

x	−1	0	1	2	3	4	5
y	−4	0	2	2	0	−4	−10

Eingetragen und durch einen Kurvenzug verbunden ergeben diese Werte Fig. 27.

Man sieht nun ohne weiteres, daß zwischen $x = 1$ und $x = 2$ ein Maximum liegt, und es hat den Anschein, als ob der Ordinate y bei dem Maximum der Wert $2\frac{1}{4}$ zukommen würde. Untersuchen wir einmal einige in der Nähe liegende Wertepaare! Für $x = 1\frac{1}{4}$ ist $y = 2{,}187$; für $x = 1\frac{1}{2}$ ist $y = 2{,}25$; für $x = 1{,}6$ ist $y = 2{,}24$. Wie läßt sich entscheiden, daß 2,25 wirklich das Maximum ist und an der Stelle $x = 1{,}5$ liegt?

XI. Maxima und Minima

Man fragt sich, ob nicht mit einer einfachen Rechnung — ohne langes Probieren — der wahre Wert eines Maximums oder Minimums unmittelbar herauszufinden sei. Kaum zu glauben, aber die Differentialrechnung hat diesen Trick auf Lager. Wir wollen zurückblicken (S. 72) und die Anmerkungen zu den Fig. 15 und 16 anschauen; dann werden wir finden, daß beim Durchgang einer Kurve durch ein Maximum oder Minimum der Wert von $\frac{dy}{dx}$ für diesen Punkt gleich 0 ist. Diese Tatsache verrät uns den Kunstgriff, den wir anwenden müssen. Wenn uns eine Gleichung vorgelegt wird und wir nach dem Wert von x gefragt werden, für den der zugehörige Betrag von y die Eigenschaft eines Minimums oder eines Maximums besitzt, so **differenzieren wir zunächst die Gleichung, setzen den Differentialquotienten gleich Null und lösen dann nach x auf**. Den so gefundenen Wert für x setzen wir in die ursprüngliche Gleichung ein und erhalten dann den gesuchten Wert von y. Um uns von der Leichtigkeit dieser Rechnung zu überzeugen, benutzen wir das zu Beginn dieses Kapitels angegebene Beispiel, nämlich

$$y = x^2 - 4x + 7.$$

Wir differenzieren und erhalten:

$$\frac{dy}{dx} = 2x - 4.$$

Dann setzen wir den Differentialquotienten gleich Null, also

$$2x - 4 = 0$$

und lösen die Gleichung nach x auf.

$$2x = 4$$
$$x = 2.$$

Jetzt wissen wir, daß das Maximum oder Minimum genau an der Stelle $x = 2$ liegt.

Setzen wir noch den Wert $x = 2$ in die ursprüngliche Gleichung ein, so bekommen wir

$$y = 2^2 - (4 \cdot 2) + 7$$
$$= 4 - 8 + 7$$
$$= 3.$$

Auf dieses Ergebnis hin betrachten wir nochmals Fig. 26 und sehen, daß das Minimum an der Stelle $x = 2$ liegt und daß y hier den Wert 3 hat.

Untersuchen wir noch das zweite Beispiel (Fig. 27). Hier ist
$$y = 3x - x^2.$$

Differenziert:
$$\frac{dy}{dx} = 3 - 2x.$$

Gleich Null gesetzt:
$$3 - 2x = 0,$$
und es ergibt sich
$$x = 1\frac{1}{2}.$$

Diesen Wert für x setzen wir in die ursprüngliche Gleichung ein und erhalten:
$$y = 4\frac{1}{2} - \left(1\frac{1}{2} \cdot 1\frac{1}{2}\right) = 2\frac{1}{4}$$

Dies ist der genaue Wert, den man nach der Probiermethode schwerlich finden würde.

Bevor wir jetzt andere Fälle behandeln, machen wir zwei Bemerkungen. Wenn wir sagen: „wir setzen $\frac{dy}{dx}$ gleich Null", so ist uns bei diesen Worten ein bißchen merkwürdig zumute (wenn wir überhaupt einen Funken Gefühl für solche Dinge besitzen); wir wissen doch, daß $\frac{dy}{dx}$ alle möglichen verschiedenen Werte an verschiedenen Stellen der Kurve annehmen kann — je nachdem, wie sie steigt oder fällt.

XI. Maxima und Minima

Wenn wir aber plötzlich schreiben:

$$\frac{dy}{dx} = 0,$$

so widerstrebt es uns, und wir fühlen deutlich, daß hier etwas nicht ganz geheuer ist. In diesem Augenblick haben wir aber schon den wesentlichen Unterschied zwischen „einer Gleichung" und „einer Bedingungsgleichung" verstanden. Für gewöhnlich haben wir es mit Gleichungen zu tun, die eben einfach richtig sind; aber in manchen Fällen, wie z. B. in den gerade behandelten, schreiben wir Gleichungen hin, die nicht notwendigerweise richtig zu sein brauchen; sie sind nur richtig, falls bestimmte Bedingungen erfüllt sind; und im allgemeinen schreibt man sie deswegen hin, um sie aufzulösen und die Bedingungen, unter denen sie gelten, nachzuprüfen. Hier wollen wir den bestimmten Wert von x zu fassen suchen, bei dem die Kurve weder steigt noch fällt, wo also $\frac{dy}{dx} = 0$ ist. Schreiben wir nun $\frac{dy}{dx} = 0$, so heißt das nicht, daß es immer $= 0$ ist; wir schreiben diese Gleichung nur als eine Bedingung hin, um eben den Wert von x festzustellen, für den $\frac{dy}{dx}$ gleich Null ist.

Die zweite Bemerkung hat sich uns schon dauernd aufgedrängt (wenn wir den Ausführungen nur einigermaßen aufmerksam gefolgt sind): der hochgepriesene Kunstgriff, den Differentialquotienten gleich Null zu setzen, verrät uns leider nicht, ob das x, welches wir hierbei finden, uns einen Maximum- oder einen Minimumwert für y liefert. Ganz recht — das kann man nicht ohne weiteres unterscheiden; diese Methode gibt uns zwar den richtigen Wert für x, läßt uns aber noch die Aufgabe zu untersuchen, ob der entsprechende Wert von y einem Maximum oder einem Minimum zukommt. Haben wir uns jedoch die Kurve hingezeichnet, so wissen wir selbstverständlich sofort, woran wir sind.

Wir wählen z. B. die Gleichung:

$$y = 4x + \frac{1}{x}.$$

XI. Maxima und Minima

Ohne lange zu überlegen, welche Kurve diese Gleichung darstellt, differenzieren wir und setzen gleich Null:

$$\frac{dy}{dx} = 4 - x^{-2} = 4 - \frac{1}{x^2} = 0$$

und daraus

$$x = \frac{1}{2}$$

und durch Einsetzen

$$y = 4$$

Dieser Wert ist entweder Minimum oder Maximum. Was trifft zu? Wir werden später sehen, daß uns der 2. Differentialquotient diese Frage sofort beantworten läßt (siehe 12. Kapitel, S. 99). Zunächst genügt es, wenn wir einfach einen anderen Wert von y aufsuchen, der sich nur wenig von dem gefundenen unterscheidet, und zusehen, ob der Wert von y, der dem geänderten Wert von x entspricht, kleiner oder größer als der gefundene ist.

Ein anderes einfaches Problem in der Maxima- und Minimarechnung ist das folgende. Wie müssen wir eine Zahl so in zwei Zahlen teilen, daß deren Produkt ein Maximum ist? Wie würden wir diese Aufgabe wohl lösen, wenn wir nicht den Kniff wüßten, den Differentialquotienten gleich Null zu setzen? Wir müßten probieren, wieder probieren und nochmals probieren! Als Zahl wählen wir einfach 60, die wir in zwei Teile spalten müssen, um sie dann miteinander zu multiplizieren. Also: 50 mal 10 ist 500; 52 mal 8 ist 416; 40 mal 20 ist 800; 45 mal 15 ist 675; 30 mal 30 ist 900. Dies Ergebnis sieht ganz nach einem Maximum aus: Versuchen wir es einmal mit ein paar anderen Werten. 31 mal 29 ist 899, dieser Wert ist nicht ganz so gut; 32 mal 28 ist 896, das ist noch schlechter. Das größte Produkt scheint also dann herauszukommen, wenn man die Zahl halbiert.

Wir wollen jetzt sehen, was unsere Rechenkünste dazu sagen. Die Zahl, die wir in zwei Teile zerlegen, heiße n. Ferner sei x der eine Teil, dann ist $n-x$ der andere; und das Produkt ist $x(n-x)$ oder $nx-x^2$. Wir schreiben daher

$y = nx - x^2$. Jetzt differenzieren wir und setzen gleich 0;

$$\frac{dy}{dx} = n - 2x = 0.$$

Nach x aufgelöst ergibt dies:

$$\frac{n}{2} = x.$$

Wir wissen jetzt, daß wir — welchen Wert auch n im einzelnen Falle haben mag — die betreffende Zahl nur zu halbieren brauchen, wenn das Produkt ein Maximum sein soll; der Wert dieses Maximums wird stets $= \frac{1}{4} n^2$ sein.

Diese Regel ist recht nützlich und auch auf mehr als zwei Faktoren anwendbar; ist $m+n+p = a$, einer konstanten Zahl, so ist $m \cdot n \cdot p$ ein Maximum, wenn $m = n = p$ ist.

Ein Probefall. Wir wollen nun unsere Kenntnisse auf einen Fall anwenden, den wir dann später nachprüfen können.

Es sei

$$y = x^2 - x.$$

Wir wollen die Stelle aufsuchen, wo diese Funktion ein Maximum oder ein Minimum aufweist; außerdem möchten wir feststellen, ob wir es mit einem Maximum oder Minimum zu tun haben.

Differenziert ist

$$\frac{dy}{dx} = 2x - 1.$$

Gleich Null gesetzt, ergibt sich:

$$2x - 1 = 0,$$

daraus

$$2x = 1,$$

oder

$$x = \frac{1}{2}.$$

Das heißt also, für $x = \frac{1}{2}$ ist der zugehörige Wert von y ein

Maximum oder ein Minimum. Setzen wir also einfach $x = \frac{1}{2}$ in die ursprüngliche Gleichung ein, so wird

$$y = \left(\frac{1}{2}\right)^2 - \frac{1}{2}$$

oder

$$y = -\frac{1}{4}.$$

Haben wir nun ein Maximum oder Minimum vor uns? Um dies klarzustellen, machen wir x etwas größer als $\frac{1}{2}$ — etwa $x = 0{,}6$. Dann ist

$$y = (0{,}6)^2 - 0{,}6 = 0{,}36 - 0{,}6 = -0{,}24,$$

dieser Wert ist größer als $-0{,}25$; an der Stelle $y = -0{,}25$ befindet sich also ein M i n i m u m.

Zeichne die Kurve und überzeuge dich von der Richtigkeit unserer Rechnung!

Weitere Beispiele. Ein sehr lehrreiches Beispiel bietet uns eine Kurve, die ein Maximum und ein Minimum aufweist. Ihre Gleichung lautet:

$$y = \frac{1}{3}x^3 - 2x^2 + 3x + 1.$$

Es ist dann

$$\frac{dy}{dx} = x^2 - 4x + 3.$$

Setzen wir den Differentialquotienten gleich Null, so erhalten wir die quadratische Gleichung

$$x^2 - 4x + 3 = 0.$$

Ihre beiden Wurzeln sind

$$\begin{cases} x = 3 \\ x = 1. \end{cases}$$

Für $x = 3$ ist $y = 1$, und für $x = 1$, $y = 2\frac{1}{3}$. Das erste

Wertepaar bezieht sich auf ein Minimum, das zweite auf ein Maximum.

Die Kurve selbst ist in Fig. 28 wiedergegeben, die wie zuvor nach Werten gezeichnet wurde, welche sich aus der ursprünglichen Gleichung ergaben.

x	-1	0	1	2	3	4	5	6
y	$-4\frac{1}{3}$	1	$2\frac{1}{3}$	$1\frac{2}{3}$	1	$2\frac{1}{3}$	$7\frac{2}{3}$	19

Das folgende Beispiel stellt der Maxima- und Minimarechnung eine weitere interessante Aufgabe:

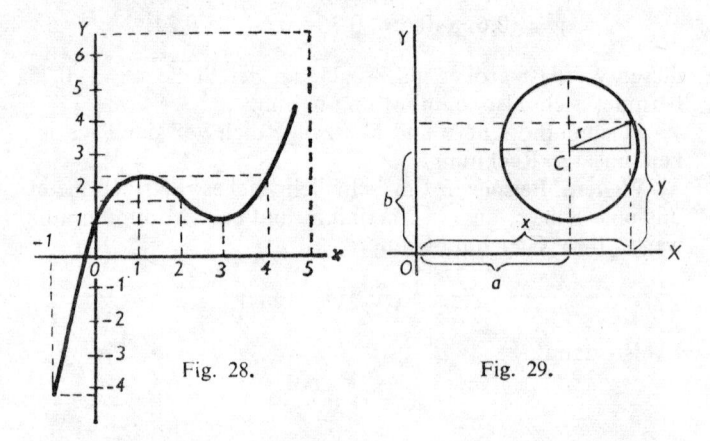

Fig. 28. Fig. 29.

Für einen Kreis mit dem Radius r, dessen Mittelpunkt C die Koordinaten $x = a$, $y = b$ hat (Fig. 29), gilt die Beziehung:

$$(y-b)^2 + (x-a)^2 = r^2,$$

oder umgeformt:

$$y = \sqrt{r^2 - (x-a)^2} + b.$$

Allein durch Betrachtung der Figur können wir schon sehen, daß für $x = a$, y ein Maximum $b + r$ und auch ein

Minimum $b-r$ besitzt. Wir werden jedoch die Anschauung beiseite lassen und unser Wissen nicht benutzen; wir wollen vielmehr durch Differentiation in der schon wiederholt durchgeführten Weise den Wert von x ausfindig machen, für den y ein Maximum oder Minimum ist.

$$\frac{dy}{dx} = \frac{1}{2} \frac{1}{\sqrt{r^2-(x-a)^2}} \cdot (2a-2x).$$

$$\frac{dy}{dx} = \frac{a-x}{\sqrt{r^2-(x-a)^2}}.$$

Die Maximum- und Minimumbedingung für y ist

$$\frac{a-x}{\sqrt{r^2-(x-a)^2}} = 0.$$

Diese Gleichung ist nur erfüllt für

$$x = a.$$

Dieser Wert ergibt in die ursprüngliche Gleichung eingesetzt

$$y = \sqrt{r^2} + b.$$

Die Wurzeln von r^2 sind aber $+r$ und $-r$, so daß y die Werte

$$\begin{cases} y = b+r \\ y = b-r \end{cases} \quad \text{erhält.}$$

Der erste Wert ist das Maximum oben am Kreise, der zweite das Minimum unten.

Wenn die Kurve weder ein Maximum noch ein Minimum besitzt, so liefert uns unsere Methode, den Differentialquotienten gleich Null zu setzen, ein sinnloses Ergebnis. Es sei beispielsweise

$$y = ax^3 + bx + c,$$

also

$$\frac{dy}{dx} = 3ax^2 + b;$$

XI. Maxima und Minima

Setzt man dies gleich 0, so erhält man

$$3ax^2 + b = 0; \quad x^2 = -\frac{b}{3a}$$

und

$$x = \sqrt{-\frac{b}{3a}}$$

Das ist aber unmöglich, wenn man annimmt, daß a und b gleiches Vorzeichen haben. Deshalb hat y kein Maximum oder Minimum.

Einige weitere durchgerechnete Beispiele sollen uns zu der nötigen Rechenfertigkeit verhelfen.

(1) Wie groß müssen die Seiten eines Rechtecks sein, das einem Kreise mit dem Radius R einbeschrieben ist, wenn sein Flächeninhalt ein Maximum betragen soll?

Nennen wir die eine Seite x, so ist die andere

$$= \sqrt{(\text{Diagonale})^2 - x^2};$$

die Diagonale des Rechtecks ist aber notwendigerweise ein Kreisdurchmesser; die Länge der anderen Seite ist daher

$$= \sqrt{4R^2 - x^2}.$$

Der Flächeninhalt des Rechtecks ergibt sich zu

$$S = x\sqrt{4R^2 - x^2};$$

$$\frac{dS}{dx} = x \cdot \frac{d(\sqrt{4R^2 - x^2})}{dx} + \sqrt{4R^2 - x^2} \, \frac{d(x)}{dx}$$

Wenn wir vergessen haben, wie $\sqrt{4R^2 - x^2}$ differenziert wird, so soll ein Wink dafür gegeben werden: Schreibe $4R^2 - x^2 = w$ und $y = \sqrt{w}$, bilde $\frac{dy}{dw}$ und $\frac{dw}{dx}$; und wenn wir es auch jetzt beim besten Willen noch nicht herausbekommen, so schlagen wir rasch S. 58 auf und sehen nach.

Wir erhalten

$$\frac{dS}{dx} = x \cdot \left(-\frac{x}{\sqrt{4R^2 - x^2}}\right) + \sqrt{4R^2 - x^2} = \frac{4R^2 - 2x^2}{\sqrt{4R^2 - x^2}}.$$

Für ein Maximum oder Minimum müssen wir erhalten:

$$\frac{4R^2-2x^2}{\sqrt{4R^2-x^2}} = 0;$$

d. h. es ist $4R^2-2x^2 = 0$ und $x = R\sqrt{2}$.

Die andere Seite berechnet sich zu $\sqrt{4R^2-2R^2} = R\sqrt{2}$, die beiden Seiten sind also einander gleich; das Rechteck ist daher ein Quadrat, dessen Seite gerade gleich der Diagonalen des über dem Radius errichteten Quadrates ist. In diesem Falle haben wir es natürlich mit einem Maximum zu tun.

(2) Wie groß ist der Radius des Grundkreises eines Kegels zu wählen, wenn die Mantellinie die Länge l hat, und der Inhalt des Körpers ein Maximum betragen soll?

Ist R der Radius des Grundkreises und H die Höhe des Kegels, so ist

$$H = \sqrt{l^2-R^2}.$$

Das Volumen berechnet sich zu

$$V = \pi R^2 \cdot \frac{H}{3} = \pi R^2 \cdot \frac{\sqrt{l^2-R^2}}{3}.$$

Wir verfahren wie im vorigen Beispiel und erhalten

$$\frac{dV}{dR} = \pi R^2 \cdot \left(-\frac{R}{3\sqrt{l^2-R^2}}\right) + \frac{2\pi R}{3}\sqrt{l^2-R^2}$$
$$= \frac{2\pi R(l^2-R^2) - \pi R^3}{3\sqrt{l^2-R^2}} = 0$$

für ein Maximum oder Minimum.

Oder es ist

$$2\pi R(l^2-R^2) - \pi R^3 = 0 \quad \text{und} \quad R = l\sqrt{\frac{2}{3}}$$

für ein Maximum natürlich.

(3) Suche die Maxima und Minima der Funktion

$$y = \frac{x}{4-x} + \frac{4-x}{x}.$$

XI. Maxima und Minima

Wir erhalten

$$\frac{dy}{dx} = \frac{(4-x)-(-x)}{(4-x)^2} + \frac{-x-(4-x)}{x^2} = 0$$

für ein Maximum oder Minimum, oder

$$\frac{4}{(4-x)^2} - \frac{4}{x^2} = 0, \quad \text{und} \quad x = 2.$$

Es ergibt sich nur ein Wert, der einem Maximum oder Minimum zukommt.

Für $\qquad x = 2, \quad y = 2.$
Für $\qquad x = 1{,}5, \quad y = 2{,}27.$
Für $\qquad x = 2{,}5, \quad y = 2{,}27.$

Es handelt sich also um ein Minimum. (Es ist lehrreich, diese Kurve auf Millimeterpapier einzuzeichnen.)

(4) Suche Maxima und Minima der Funktion

$$y = \sqrt{1+x} + \sqrt{1-x}.$$

(Zeichne den Verlauf dieser Kurve!)

Differenziert ergibt sich (siehe Beispiel 1, S. 59)

$$\frac{dy}{dx} = \frac{1}{2\sqrt{1+x}} - \frac{1}{2\sqrt{1-x}} = 0$$

für ein Maximum oder ein Minimum.

Also $\sqrt{1+x} = \sqrt{1-x}$ und $x = 0$ als einzige Lösung.

Für $\qquad x = 0, \quad y = 2.$
Für $\qquad x = \pm 0{,}5, \quad y = 1{,}932;$

die Funktion hat also ein Maximum.

(5) Hat die Funktion $y = \frac{x^2-5}{2x-4}$ Maxima und Minima?

$$\frac{dy}{dx} = \frac{(2x-4) \cdot 2x - (x^2-5) \cdot 2}{(2x-4)^2} = 0;$$

XI. Maxima und Minima

für Maximum oder Minimum gilt wieder

$$\frac{2x^2-8x+10}{(2x-4)^2} = 0$$

oder $x^2-4x+5 = 0$; die Lösung dieser Gleichung ist

$$x = 2 \pm \sqrt{-1};$$

sie ist also imaginär und x hat für $\frac{dy}{dx} = 0$ keinen reellen Wert; es ist daher weder ein Maximum noch ein Minimum vorhanden.

(6) Berechne Maxima und Minima der Funktion

$$(y-x^2)^2 = x^5.$$

Hierfür schreiben wir

$$y = x^2 \pm x^{\frac{5}{2}}.$$

$$\frac{dy}{dx} = 2x \pm \frac{5}{2} x^{\frac{3}{2}} = 0$$

für Maximum oder Minimum, das heißt

$$x\left(2 \pm \frac{5}{2} x^{\frac{1}{2}}\right) = 0;$$

diese Gleichung wird durch $x = 0$ und wegen $2 \pm \frac{5}{2} x^{\frac{1}{2}} = 0$ durch $x = \frac{16}{25}$ befriedigt. Wir erhalten somit zwei Lösungen.

Nehmen wir zunächst den Wert $x = 0$ vor. Für $x = -0{,}5$ ist $y = 0{,}25 \pm \sqrt[2]{-(0{,}5)^5}$, für $x = +0{,}5$ ist

$$y = 0{,}25 \pm \sqrt[2]{(0{,}5)^5}.$$

Auf der einen Seite ist y also imaginär; dort gibt es keinen Wert für y, der duch einen Kurvenzug dargestellt werden kann; die zweiten Werte liegen rechts von der y-Achse (siehe Fig. 30).

Zeichnet man die Kurve, so findet man, daß sie zu dem Koordinatenanfangspunkt hinläuft, als ob dort ein Minimum wäre; aber anstatt stetig weiterzulaufen, wie es einem Minimum zukäme, dreht sie um (sie macht sozusagen einen „Knick"). Sie hat nämlich kein Minimum, obwohl die Bedingungsgleichung erfüllt wird, denn es ist $\frac{dy}{dx} = 0$. Man muß infolgedessen stets auf beiden Seiten von dem gefundenen Werte die Nachprüfung durchführen.

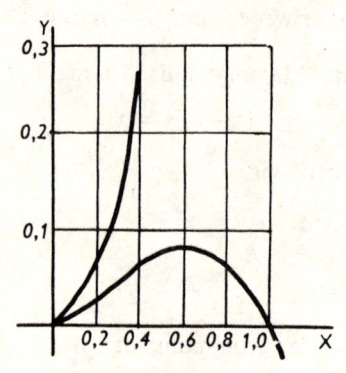

Fig. 30.

Nun untersuchen wir noch einige Werte außer $x = \frac{16}{25} = 0{,}64$; für $x = 0{,}64$ ist $y = 0{,}7373$ und $y = 0{,}0819$; für $x = 0{,}6$ wird y gleich $0{,}6389$ und $0{,}0811$; und für $x = 0{,}7$ wird y gleich $0{,}8996$ und $0{,}0804$.

Dieses Resultat deutet darauf hin, daß die Kurve zwei Äste hat, von denen nur der untere ein Maximum durchläuft.

(7) Ein Zylinder, dessen Höhe gleich dem doppelten Radius des Grundkreises ist, ändert sein Volumen in der Weise, daß alle seine Größen sich in demselben Verhältnis ändern; der neue Zylinder ist dann in jedem Augenblick dem ursprünglichen ä h n l i c h. Der Radius des Grundkreises ist r Meter lang; die Oberflächenänderung des Zylinders beträgt in der Sekunde 20 cm²; wie groß ist die Volumänderung in einer Sekunde?

Die Oberfläche ist

$$S = 2(\pi r^2) + 2\pi r \cdot 2r = 6\pi r^2.$$

Das Volumen ist

$$V = \pi r^2 \cdot 2r = 2\pi r^3.$$

$$\frac{dS}{dt} = 12\pi r \frac{dr}{dt} = 20; \quad \frac{dr}{dt} = \frac{20}{12\pi r}.$$

$$\frac{dV}{dt} = 6\pi r^2 \frac{dr}{dt}, \text{ und}$$

$$\frac{dV}{dt} = 6\pi r^2 \cdot \frac{20}{12\pi r} = 10r.$$

Das Volumen ändert sich um $10r$ cm³ in der Sekunde.

Bilde selbst andere Beispiele! Gerade die Lösung dieser Aufgaben bietet eine Fülle interessanter und wichtiger Probleme.

Übungen IX

(Lösungen siehe S. 255)

(1) Bei welchen Werten von x ergibt y ein Maximum und ein Minimum, wenn

$$y = \frac{x^2}{x+1} \text{ ist?}$$

(2) Welche Werte von x kennzeichnen für die Funktion

$$y = \frac{x}{a^2 + x^2}$$

ein Maximum?

(3) Eine Strecke von der Länge p ist in vier Teile zerschnitten und zu einem Rechteck zusammengesetzt. Beweise, daß der Flächeninhalt des Rechtecks maximal ist, wenn die Seiten alle gleich lang, und zwar gleich $\frac{1}{4}p$ sind!

(4) Die Enden einer Schnur von 30 cm Länge sind miteinander verknotet. Sie wird auf einem Reißbrett durch drei Nägel so ausgespannt, daß ein Dreieck entsteht. Wie groß ist die größte Fläche, die von der Schnur umspannt werden kann? (Beachte den dreizeiligen Absatz auf S. 88!)

(5) Zeichne die Kurve

$$y = \frac{10}{x} + \frac{10}{8-x},$$

bestimme $\frac{dy}{dx}$ und suche die Koordinaten des Minimums!

(6) Welche Werte von x und y ergeben für die Beziehung $y = x^5 - 5x$ ein Maximum oder Minimum?

(7) Wie groß ist das kleinste Quadrat, das in ein gegebenes Quadrat einbeschrieben werden kann?

(8) Setze in einen Kegel, dessen Höhe gleich dem Radius des Grundkreises ist, einen Zylinder so ein, daß (a) sein Volumen ein Maximum ist; (b) seine Mantelfläche ein Maximum aufweist; (c) seine gesamte Oberfläche ein Maximum wird.

(9) Setze gleichfalls in eine Kugel einen Zylinder so ein, daß (a) sein Volumen, (b) seine Mantelfläche und (c) seine Oberfläche ein Maximum ist.

(10) In einen Luftballon mit elastischer Hülle, dessen Radius r Meter beträgt, strömen in der Sekunde 4 m³ Gas ein. Um wieviel vergrößert sich seine Oberfläche in einer Sekunde?

(11) Setze in eine gegebene Kugel einen Kegel, dessen Inhalt ein Maximum ist.

(12) Eine Batterie von N gleichen galvanischen Elementen liefert den Strom

$$I = \frac{n \cdot E}{R + \dfrac{rn^2}{N}}$$

wobei E, R, r Konstanten sind und n die Zahl der in Reihe geschalteten Elemente bedeutet. Für welche Beziehung zwischen n und N ist I ein Maximum?

XII
Über Kurvenkrümmung

Zurück zur mehrfachen Differentiation! Sogleich erhebt sich die Frage: Wozu denn zweimal differenzieren? Wir wissen, daß für die Variablen Raum und Zeit der zweite Differentialquotient ein Ausdruck für die Beschleunigung ist, und daß geometrisch gesprochen der erste Differentialquotient $\frac{dy}{dx}$ die Steigung einer Kurve wiedergibt. Doch welche Bedeutung kann der zweite Differentialquotient $\frac{d^2y}{dx^2}$ in diesem Falle haben? Augenscheinlich gibt er die Änderung der Steigung pro Längeneinheit x wieder — kurz, **er ist ein Ausdruck für die Steigungsänderung in dem betrachteten Kurvenstück**, d. h. er gibt uns Aufschluß, ob die Steigung der Kurve mit geändertem x zunimmt oder abnimmt oder, mit anderen Worten, ob die Kurve $\frac{dy}{dx}$ ansteigt oder abfällt, wenn man von links nach rechts geht.

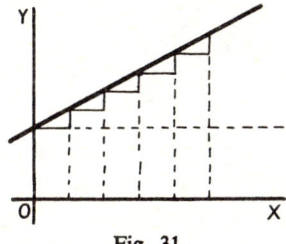

Fig. 31.

Betrachten wir eine konstante Steigung, wie in Fig. 31, so hat $\frac{dy}{dx}$ einen **konstanten** Wert.

Wenn wir aber, wie in Fig. 32, eine Kurve haben, die sich immer mehr aufwärts krümmt, so wird

$$\frac{d\left(\frac{dy}{dx}\right)}{dx}, \text{ also } \frac{d^2y}{dx^2} \quad \text{positiv sein.}$$

Verläuft die Steigung der Kurve sanfter, wenn man ihr weiter nach rechts folgt, wie in Fig. 14 (S. 71) oder in Fig. 33, dann wird, trotz des dauernden Anstieges der Kurve, ihre Steigung immer geringer, der Wert von $\frac{d^2y}{dx^2}$ wird also n e g a t i v sein.

Nachdem wir verraten haben, wie man durch „Nullsetzen" des ersten Differentialquotienten ein Maximum oder Minimum auffinden kann, ist es jetzt an der Zeit, den Schleier eines weiteren Geheimnisses zu lüften. Der Kniff

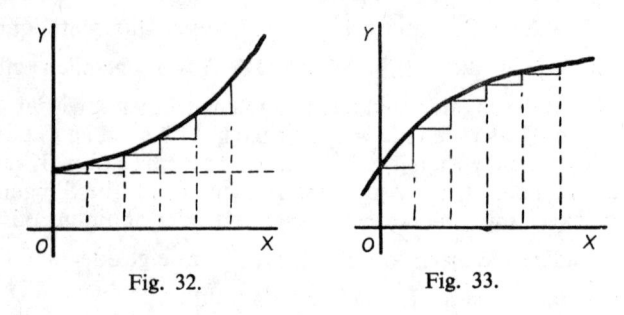

Fig. 32.   Fig. 33.

besteht in folgendem: Wir haben einmal differenziert und den Ausdruck erhalten, den wir gleich Null setzen; nun differenzieren wir ein zweites Mal und sehen zu, ob das Ergebnis der zweiten Differentiation p o s i t i v e s o d e r n e g a t i v e s Vorzeichen hat. Ist $\frac{d^2y}{dx^2}$ p o s i t i v, so wissen wir jetzt, daß der Wert von y mit einem M i n i m u m verknüpft ist; ist aber $\frac{d^2y}{dx^2}$ n e g a t i v, so kommt der Wert von y einem M a x i m u m zu. Das ist die ganze Regel.

Der Grund für dieses Verhalten ist einleuchtend. Denken wir uns nämlich eine Kurve, wie Fig. 15 (S. 71) oder wie Fig. 34, wo der Punkt, an dem das Minimum für y eintritt, mit M bezeichnet ist, so erscheint die Kurve nach oben zu k o n k a v. Links von M verläuft die Kurve nach unten, ihre Steigung ist negativ und erlangt immer kleinere negative Werte. Rechts von M krümmt sich die Kurve nach oben und steigt immer mehr an. Die Steigungsänderung ist also

XII. Über Kurvenkrümmung

ganz offensichtlich so, daß $\frac{d^2y}{dx^2}$ einen p o s i t i v e n Wert hat, wenn man von links über M nach rechts geht; die abwärts gerichtete Krümmung verwandelt sich in eine aufwärts gerichtete.

In ganz ähnlicher Weise können wir eine Kurve betrachten, die ein Maximum aufweist, etwa Fig. 16 (S. 72) oder Fig. 35, wo die Krümmung nach oben zu konvex ist und der Punkt M das Maximum kennzeichnet. In diesem Fall ist die Steigung, wenn man von links nach rechts geht, erst

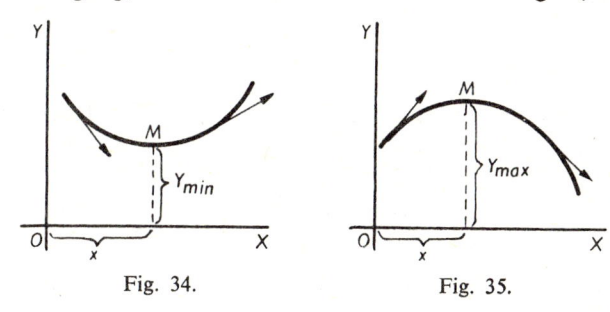

Fig. 34.   Fig. 35.

aufwärts, dann schließlich abwärts gerichtet, so daß in diesem Fall „die Steigung der Steigung" $\frac{d^2y}{dx^2}$ n e g a t i v ist.

Schlage nun die Aufgaben vom letzten Kapitel auf und bestätige die Ergebnisse für die Minima und Maxima in der eben angedeuteten Weise. Im folgenden sind noch einige Musterbeispiele zusammengestellt.

(1) Suche Maximum oder Minimum der Funktion

(a) $y = 4x^2 - 9x - 6$; (b) $y = 6 + 9x - 4x^2$

und weise nach, ob ein Maximum oder Minimum vorhanden ist.

(a) $\frac{dy}{dx} = 8x - 9 = 0$; $x = 1\frac{1}{8}$ und $y = -11{,}0625$

$\frac{d^2y}{dx^2} = 8$; positives Vorzeichen; ein Minimum,

(b) $\frac{dy}{dx} = 9-8x = 0$; $x = 1\frac{1}{8}$, und $y = +11{,}0625$.

$\frac{d^2y}{dx^2} = -8$; negatives Vorzeichen: ein Maximum.

(2) Wo liegen Maximum und Minimum bei der Beziehung:

$$y = x^3 - 3x + 16?$$

$\frac{dy}{dx} = 3x^2 - 3 = 0$; $x^2 = 1$, und $x = \pm 1$;

$\frac{d^2y}{dx^2} = 6x$;

$x = 1$ entspricht dem Minimum $y = 14$. Für $x = -1$ ergibt sich negatives Vorzeichen; $x = -1$ kommt daher dem Maximum $y = 18$ zu.

(3) Suche Maximum und Minimum von

$$y = \frac{x-1}{x^2+2}; \quad \frac{dy}{dx} = \frac{(x^2+2)\cdot 1 - (x-1)\cdot 2x}{(x^2+2)^2} = \frac{2x - x^2 + 2}{(x^2+2)^2} = 0;$$

oder $x^2 - 2x - 2 = 0$; die Wurzeln dieser Gleichung sind

$$x = +2{,}73 \quad \text{und} \quad x = -0{,}73;$$

$$\frac{d^2y}{dx^2} = -\frac{(x^2+2)^2 \cdot (2x-2) - (x^2-2x-2)(4x^3+8x)}{(x^2+2)^4}$$

$$= \frac{2x^5 - 6x^4 - 8x^3 - 8x^2 - 24x + 8}{(x^2+2)^4}.$$

Der Nenner ist immer positiv; wir brauchen nur das Vorzeichen des Zählers zu untersuchen.

Für $x = 2{,}73$ ist der Zähler negativ; ein Maximum bei $y = 0{,}183$.

Für $x = -0{,}73$ ist der Zähler positiv; ein Minimum für $y = -0{,}683$.

(4) Die Verarbeitungskosten C ändern sich für ein bestimmtes Erzeugnis einer Fabrik mit der Wochenleistung P nach der Beziehung

$$C = aP + \frac{b}{c+P} + d;$$

a, b, c und d stellen hierbei positive Konstanten dar. Für welchen Umsatz werden die Unkosten minimal?

$$\frac{dC}{dP} = a - \frac{b}{(c+P)^2} = 0$$

für ein Maximum oder Minimum; also

$$a = \frac{b}{(c+P)^2} \quad \text{und} \quad P = \pm\sqrt{\frac{b}{a}} - c.$$

Da der Umsatz nicht negativ sein kann, kommt nur

$$P = +\sqrt{\frac{b}{a}} - c$$

in Betracht. Nun ist

$$\frac{d^2C}{dP^2} = +\frac{b(2c+2P)}{(c+P)^4}$$

für alle Werte von P positiv; deshalb entspricht

$$P = +\sqrt{\frac{b}{a}} - c$$

einem Minimum.

(5) Die stündlichen Kosten C für die Beleuchtung eines Gebäudes mit N Lampen einer bestimmten Type belaufen sich auf

$$C = N\left(\frac{C_l}{t} + \frac{EPC_e}{1000}\right),$$

dabei bedeuten: E den Energieaufwand (Watt pro Kerze),
P die Kerzenstärke jeder Lampe,
t die mittlere Lebensdauer einer Lampe in Stunden,
C_l die Anschaffungskosten einer Lampe in Pfennigen,
C_e den Preis für eine Kilowattstunde in Pfennigen.

Außerdem ist die Beziehung zwischen mittlerer Lebensdauer und Energieaufwand annähernd $t = mE^n$, wo m und n den Lampen eigentümliche Konstanten sind.

XII. Über Kurvenkrümmung

Für welchen Energieaufwand sind die gesamten Beleuchtungskosten am kleinsten?

Wir haben

$$C = N\left(\frac{C_l}{m}E^{-n} + \frac{PC_e}{1000}E\right),$$

$$\frac{dC}{dE} = N\left(\frac{PC_e}{1000} - \frac{nC_l}{m}E^{-(n+1)}\right) = 0$$

für ein Maximum oder ein Minimum,

$$E^{n+1} = \frac{1000 \cdot nC_l}{mPC_e} \quad \text{und} \quad E = \sqrt[n+1]{\frac{1000 \cdot nC_l}{mPC_e}}.$$

Diese Beziehung gilt offenbar für ein Minimum, da

$$\frac{d^2C}{dE^2} = N\left[(n+1)\frac{nC_l}{m}E^{-(n+2)}\right]$$

für einen positiven Wert von E ebenfalls positiv ist.

Für eine 16kerzige Lampe waren $C_l = 17$ Pfennige $C_e = 5$ Pfennige; überdies war $m = 10$ und $n = 3,6$

$$E = \sqrt[4,6]{\frac{1000 \cdot 3,6 \cdot 17}{10 \cdot 16 \cdot 5}} = 2,6 \text{ Watt für die Kerze.}$$

Übungen X

(Zeichne zur Übung für jedes Zahlenbeispiel die entsprechende Kurve. Lösungen siehe S. 256)

(1) Suche Maximum und Minimum von

$$y = x^3 + x^2 - 10x + 8.$$

(2) Gegeben ist $y = \frac{b}{a}x - cx^2$, berechne den Wert von $\frac{dy}{dx}$ und von $\frac{d^2y}{dx^2}$; suche also den Wert von x, für den y ein Maximum oder Minimum ist, und weise nach, ob ein Maximum oder Minimum vorliegt.

(3) Wie viele Maxima und Minima besitzt eine Kurve von der Form

$$y = 1 - \frac{x^2}{2} + \frac{x^4}{24}$$

und von der Form

$$y = 1 - \frac{x^2}{2} + \frac{x^4}{24} - \frac{x^6}{720}?$$

Suche die Maxima und Minima für folgende Kurven:

(4) $y = 2x + 1 + \frac{5}{x^2}$. (5) $y = \frac{3}{x^2 + x + 1}$.

(6) $y = \frac{5x}{2 + x^2}$. (7) $y = \frac{3x}{x^2 - 3} + \frac{x}{2} + 5$.

(8) Teile eine Zahl N in zwei so große Zahlen, daß das dreifache Quadrat der einen plus dem doppelten Quadrat der anderen ein Minimum ergibt!

(9) Der Nutzeffekt η einer Dynamomaschine ist für verschiedene Leistungen N

$$\eta = \frac{N}{a + bN + cN^2};$$

a ist eine Konstante, deren Größe hauptsächlich durch die magnetischen Verluste in den Eisenteilen bedingt ist; c entspricht vor allem den Verlusten, die der Ohmsche Widerstand der Kupferleitungen mit sich bringt. Für welche Leistung ist der Nutzeffekt ein Maximum?

(10) Der Kohlenverbrauch eines Dampfers wird ungefähr durch die Formel $y = 0,3 + 0,001 \, v^3$ wiedergegeben, wenn y die stündlich verbrannte Kohlenmenge und v die Geschwindigkeit des Schiffes in Seemeilen bedeuten. Die laufenden Unterhaltungskosten, die Kapitalverzinsung und die Versicherungsprämie werden auf den Preis einer Tonne Kohle umgelegt. Bei welcher Geschwindigkeit würden die Gesamtkosten für eine Reise von 100 Seemeilen am geringsten? Wie teuer würde dann die ganze Reise sein, wenn 1 Tonne Kohle 10 Mark kostet?

Suche für

(11) $\qquad y = \pm \frac{x}{6}\sqrt{x(10-x)},$

(12) $\qquad y = 4x^3 - x^2 - 2x + 1$

die Maxima und Minima!

XIII

Partialbruchzerlegung

Wie wir gesehen haben, ist die Differentiation eines Bruches schon eine schwierigere Operation; ist der Bruch selbst nicht ganz einfach, so wird das Ergebnis erst recht kompliziert. Können wir aber den Bruch in zwei oder mehrere einfachere Brüche aufspalten, deren Summe gleich dem ursprünglichen Bruch ist, so ist es sicher bequemer, diese einfacheren Ausdrücke zu differenzieren. Das gesuchte Differential ist dann durch die Summe von zwei oder auch mehreren Differentialen dargestellt, von denen jedes verhältnismäßig leicht zu berechnen ist; das Endergebnis, das natürlich mit dem ohne diesen Kunstgriff berechneten Resultat identisch ist, wird auf diese Weise mit geringerer Anstrengung erhalten und erscheint nicht in so komplizierter Form.

Wie kann man dieses Resultat erreichen? Wir fügen zunächst zwei Brüche zu einem zusammen. Die Brüche $\frac{1}{x+1}$ und $\frac{2}{x-1}$ wählen wir uns als Beispiel. Jeder Schuljunge weiß, daß ihre Summe $\frac{3x+1}{x^2-1}$ ist. Auf dieselbe Art könnten wir drei oder noch mehr Brüche addieren. Diesen Prozeß soll man also jetzt umkehren: ist uns etwa der letzte Ausdruck gegeben, so kann man ihn sicherlich auf irgendeinem Wege wieder in seine ursprünglichen Komponenten oder Partialbrüche zerlegen. Wir wissen nur in jedem vorgelegten Falle nicht ohne weiteres, wie eine solche Zerlegung ausgeführt werden kann. Um einen allgemeinen Weg zu finden, werden

XIII. Partialbruchzerlegung

wir zunächst einen ganz einfachen Fall betrachten. Wir dürfen dabei nicht vergessen, daß alle folgenden Ausführungen sich auf sogenannte „echte" Brüche beziehen; das sind bekanntlich Brüche, bei denen der Zähler von **niedrigerem Grade** als der Nenner ist, d. h. die höchste Potenz von x ist im Zähler niedriger als die höchste Potenz von x im Nenner. Haben wir es mit einem Ausdruck wie etwa $\frac{x^2+2}{x^2-1}$ zu tun, so kann man ihn mittels Durchdividieren handlicher machen, wir erhalten so $1+\frac{3}{x^2-1}$; der echte Bruch $\frac{3}{x^2-1}$ kann dann, wie später gezeigt werden wird, in Partialbrüche zerlegt werden.

Fall I. Bilden wir die Summe von zwei oder mehr Brüchen, deren Nenner nur Werte von x und keine von x^2, x^3 oder anderen Potenzen von x enthalten, so werden wir finden, **daß der Nenner unseres Ergebnisses das Produkt der Nenner der zu summierenden Brüche darstellt.** Können wir also diesen Hauptnenner zerlegen, so werden wir damit auch die Nenner der gesuchten Brüche finden.

Nehmen wir an, wir wollten von dem Bruch $\frac{3x+1}{x^2-1}$ wieder zu seinen Komponenten $\frac{1}{x+1}$ und $\frac{2}{x-1}$ gelangen; wenn wir diese Komponenten auch noch nicht kennen, so können wir immerhin einen Schritt vorwärts tun und schreiben:

$$\frac{3x+1}{x^2-1} = \frac{3x+1}{(x+1)(x-1)} = \frac{}{x+1} + \frac{}{x-1},$$

wobei die Plätze für die Zähler leer bleiben, da sie uns ja unbekannt sind. Wir setzen zwischen die Partialbrüche immer ein $+$-Zeichen; sollte ein Partialbruch negativ sein, so finden wir eben den entsprechenden Zähler negativ. Da die Partialbrüche echte Brüche sind, kommt in keinem Zähler x vor, so daß wir sie durch A, B, C, ... ausdrücken können. In unserem Falle ist etwa

$$\frac{3x+1}{x^2-1} = \frac{A}{x+1} + \frac{B}{x-1}.$$

Addieren wir diese beiden Partialbrüche, so ergibt sich:

$$\frac{A(x-1)+B(x+1)}{(x+1)(x-1)};$$

dieser Wert muß gleich

$$\frac{3x+1}{(x+1)(x-1)}$$

sein. Die Nenner stimmen für beide Ausdrücke überein, folglich müssen auch die Zähler gleich sein, und wir erhalten:

$$3x+1 = A(x-1)+B(x+1).$$

In dieser Gleichung sind A und B zwei Unbekannte, und wir brauchen eine weitere Gleichung mit A und B, um diese Unbekannten zu finden. Aber es bietet sich uns ein Ausweg. Die Gleichung muß offenbar für alle Werte x gelten; deshalb muß sie auch für solche Werte von x richtig sein, für die $x-1$ und $x+1$ Null werden, d. h. für $x = 1$ und für $x = -1$. Ist $x = 1$, so bekommen wir

$$4 = (A \cdot 0)+(B \cdot 2),$$

dann ist $B = 2$; ist $x = -1$, so wird

$$-2 = (A \cdot -2)+(B \cdot 0)$$

und $A = 1$. Wir ersetzen noch A und B in den Partialbrüchen durch diese neuen Werte und erhalten: $\frac{1}{x+1}$ und $\frac{2}{x-1}$; damit ist alles getan.

Ein zweites Beispiel liefert uns der Bruch

$$\frac{4x^2+2x-14}{x^3+3x^2-x-3}.$$

Der Nenner wird hier Null, wenn x den Wert 1 erhält; $x-1$ ist dann ein Faktor des Nenners, dessen anderer Faktor x^2+4x+3 wird, den wir wieder in $(x+1) \cdot (x+3)$ zerlegen.

$$\frac{4x^2+2x-14}{x^3+3x^2-x-3} = \frac{A}{x+1}+\frac{B}{x-1}+\frac{C}{x+3}.$$

XIII. Partialbruchzerlegung

Ferner ergibt sich wie zuvor:

$$4x^2+2x-14 = A(x-1)(x+3)+B(x+1)(x+3)\\+C(x+1)(x-1).$$

Wird jetzt $x = 1$, so folgt:

$$-8 = (A \cdot 0)+B(2 \cdot 4)+(C \cdot 0);$$

d. h. $B = -1$.

Für $x = -1$ ist

$$-12 = A(-2 \cdot 2)+(B \cdot 0)+(C \cdot 0);$$

demnach $A = 3$.

Für $x = -3$ ist

$$16 = (A \cdot 0)+(B \cdot 0)+C(-2 \cdot -4);$$

oder $C = 2$.

Die drei Partialbrüche

$$\frac{3}{x+1}-\frac{1}{x-1}+\frac{2}{x+3}$$

sind erheblich leichter nach x zu differenzieren als der komplizierte Ausdruck, von dem wir ausgegangen sind.

Fall II. Stehen im Nenner Ausdrücke mit x^2, die sich nicht in Faktoren zerlegen lassen, so kann der dazugehörige Zähler x oder auch nur eine Zahl enthalten. In diesem Falle drückt man den Zähler nicht durch das Zeichen A, sondern durch die Summe $Ax+B$ aus, im übrigen verfährt man wie zuvor.

Es sei beispielsweise

$$\frac{-x^2-3}{(x^2+1)(x+1)} \text{ gegeben.}$$

$$\frac{-x^2-3}{(x^2+1)(x+1)} = \frac{Ax+B}{x^2+1}+\frac{C}{x+1};$$

$$-x^2-3 = (Ax+B)(x+1)+C(x^2+1).$$

Setzen wir

$$x = -1, \text{ so wird } -4 = C \cdot 2; \text{ und } C = -2;$$

ferner

$$-x^2 - 3 = (Ax+B)(x+1) - 2x^2 - 2;$$

und

$$x^2 - 1 = Ax(x+1) + B(x+1).$$

Setzen wir

$$x = 0, \text{ so wird } -1 = B;$$

dann ergibt sich

$$x^2 - 1 = Ax(x+1) - x - 1; \text{ oder } x^2 + x = Ax(x+1);$$
$$x + 1 = A(x+1),$$

dann ist $A = 1$ und die Partialbrüche heißen

$$\frac{x-1}{x^2+1} - \frac{2}{1+x}.$$

Ein anderes Beispiel sei:

$$\frac{x^3-2}{(x^2+1)(x^2+2)}.$$

Wir erhalten:

$$\frac{x^3-2}{(x^2+1)(x^2+2)} = \frac{Ax+B}{x^2+1} + \frac{Cx+D}{x^2+2}$$
$$= \frac{(Ax+B)(x^2+2) + (Cx+D)(x^2+1)}{(x^2+1)(x^2+2)}.$$

Hier fällt die Bestimmung von A, B, C und D nicht so leicht. Einfach kommt man auf folgende Weise zum Ziel: Da der gegebene Bruch und der durch die Addition der Partialbrüche erhaltene Bruch einander g l e i c h sind und dieselben Nenner besitzen, müssen auch die Zähler gleich sein. In einem solchen Falle ordnen wir die algebraischen Ausdrücke, mit denen wir es zu tun haben, nach fallenden Potenzen von x. Dann erhalten wir:

$$x^3-2 = (Ax+B)(x^2+2)+(Cx+D)(x^2+1)$$
$$= (A+C)x^3+(B+D)x^2+(2A+C)x+2B+D.$$

Die Gleichung ist erfüllt für $1 = A+C$; $0 = B+D$ (der Koeffizient von x^2 im linken Ausdruck ist null!); $0 = 2A+C$ und $-2 = 2B+D$. Diese vier Gleichungen ergeben

$$A = -1; \quad B = -2; \quad C = 2; \quad D = 2;$$

und die Partialbrüche heißen:

$$\frac{2(x+1)}{x^2+2} - \frac{x+2}{x^2+1}.$$

Diese Methode kann stets angewandt werden, doch führt der vorher erläuterte Weg schneller zum Ziel, wenn nur x in den Faktoren vorkommt.

Fall III. Wenn unter den im Nenner auftretenden Faktoren einer etwa noch potenziert sein sollte, muß man die Möglichkeit berücksichtigen, daß die verschiedenen Potenzen dieses Faktors in den Partialbrüchen im Nenner auftreten können. Wollen wir z. B. den Bruch

$$\frac{3x^2-2x+1}{(x+1)^2(x-2)}$$

zerlegen, so dürfen wir nicht nur das Vorhandensein der Nenner $(x+1)^2$ und $(x-2)$ ins Auge fassen, sondern wir müssen auch daran denken, daß vielleicht ein Nenner $x+1$ auftreten wird.

Außerdem ist es notwendig, für den Partialbruch, dessen Nenner $(x+1)^2$ lautet, im Zähler das Auftreten von Größen von x vorzusehen; diesen bezeichnen wir deshalb mit $Ax+B$, also

$$\frac{3x^2-2x+1}{(x+1)^2(x-2)} = \frac{Ax+B}{(x+1)^2}+\frac{C}{x+1}+\frac{D}{x-2}.$$

Es gelingt nun nicht, die Werte von A, B, C und D zu bestimmen, da vier Unbekannte vorliegen, die nur durch drei Beziehungen verknüpft sind; die Lösung heißt nämlich:

$$\frac{3x^2-2x+1}{(x+1)^2(x-2)} = \frac{x-1}{(x+1)^2}+\frac{1}{x+1}+\frac{1}{x-2}.$$

Schreiben wir jedoch:

$$\frac{3x^2-2x+1}{(x+1)^2(x-2)} = \frac{A}{(x+1)^2}+\frac{B}{x+1}+\frac{C}{x-2}.$$

so folgt

$$3x^2-2x+1 = A(x-2)+B(x+1)(x-2)+C(x+1)^2.$$

Hier wird $C = 1$ für $x = 2$; diesen Wert setzt man ein, bringt $(x+1)^2$ auf die linke Seite, rechnet aus und dividiert dann durch $x-2$; dann ist $2x = A+B(x+1)$; also wird $A = -2$ für $x = -1$. Ersetzt man jetzt A durch seinen Wert, so ist

$$2x = -2+B(x+1)$$

und B selbst $= 2$; die Partialbrüche heißen daher

$$\frac{3x^2-2x+1}{(x+1)^2(x-2)} = \frac{2}{x+1}-\frac{2}{(x+1)^2}+\frac{1}{x-2},$$

anstatt der oben angegebenen Lösung

$$\frac{1}{x+1}+\frac{x-1}{(x+1)^2}+\frac{1}{x-2}.$$

Ein Unterschied ist jedoch nur scheinbar vorhanden; der Bruch $\frac{x-1}{(x+1)^2}$ kann nämlich seinerseits in die zwei Brüche

$$\frac{1}{x+1}-\frac{2}{(x+1)^2}$$

aufgeteilt werden, so daß in der Tat dasselbe Ergebnis zustande kommt:

$$\frac{1}{x+1}+\frac{1}{x+1}-\frac{2}{(x+1)^2}+\frac{1}{x-2} = \frac{2}{x+1}-\frac{2}{(x+1)^2}+\frac{1}{x-2}.$$

XIII. Partialbruchzerlegung

Wir sehen somit, daß man nur einen Zahlenwert in jedem Zähler zu berücksichtigen braucht, und daß wir dann immer die letzten Partialbrüche erhalten.

Kommt dagegen eine Potenz von x selbst im Nenner vor, so muß der entsprechende Zähler die Form $Ax+B$ haben, z. B.:

$$\frac{3x-1}{(2x^2-1)^2(x+1)} = \frac{Ax+B}{(2x^2-1)^2} + \frac{Cx+D}{2x^2-1} + \frac{E}{x+1};$$

hier folgt:

$$3x-1 = (Ax+B)(x+1) \\ +(Cx+D)(x+1)(2x^2-1)+E(2x^2-1)^2.$$

Für $x = -1$ ist $E = -4$. Setzt man diesen Wert ein, so erhält man mit entsprechender Umformung durch Division mit $x+1$[1])

$$16x^3-16x^2+3 = 2Cx^3+2Dx^2+x(A-C)+(B-D).$$

Diese Gleichung liefert nun die Beziehungen $2C = 16$ und $C = 8$; $2D = -16$ und $D = -8$; $A-C = 0$ oder $A-8 = 0$ und $A = 8$; und schließlich $B-D = 3$ oder $B = -5$. Unsere Partialbrüche heißen also:

$$\frac{8x-5}{(2x^2-1)^2} + \frac{8(x-1)}{2x^2-1} - \frac{4}{x+1}.$$

Es ist nützlich, die erhaltenen Resultate nachzuprüfen. Am einfachsten ersetzt man x durch einen numerischen Wert, etwa $+1$, in der gegebenen Gleichung und in den berechneten Partialbrüchen.

Steht im Nenner nur die Potenz eines einzelnen Faktors, so verfährt man am schnellsten folgendermaßen: es sei

$$\frac{4x+1}{(x+1)^3}$$

---

[1] Die Division durch $x+1$ ist an sich nebensächlich; der Fortgang der Rechnung wird dadurch aber vereinfacht. Man überzeuge sich, daß dasselbe Ergebnis ohne diese Vereinfachung herauskommt!

gegeben, dann setzt man $x+1 = z$ und $x = z-1$. Man erhält dann:

$$\frac{4(z-1)+1}{z^3} = \frac{4z-3}{z^3} = \frac{4}{z^2} - \frac{3}{z^3};$$

oder die Partialbrüche:

$$\frac{4}{(x+1)^2} - \frac{3}{(x+1)^3}.$$

Zur Übung wollen wir nach unserem alten Verfahren die Gleichung

$$y = \frac{5-4x}{6x^2+7x-3}$$

differenzieren:

$$\frac{dy}{dx} = -\frac{(6x^2+7x-3) \cdot 4 + (5-4x)(12x+7)}{(6x^2+7x-3)^2}$$
$$= \frac{24x^2 - 60x - 23}{(6x^2+7x-3)^2}.$$

Zerlegen wir aber den Bruch in die Partialbrüche

$$\frac{1}{3x-1} - \frac{2}{2x+3},$$

so wird

$$\frac{dy}{dx} = -\frac{3}{(3x-1)^2} + \frac{4}{(2x+3)^2},$$

was wirklich mit dem oben erhaltenen Ergebnis identisch ist, wenn wir dieses in Partialbrüche zerlegen.

Später werden wir uns mit der I n t e g r a t i o n solcher Ausdrücke befassen und erst dann den großen Wert der Partialbruchzerlegung als ein kostbares Hilfsmittel richtig schätzen lernen.

Übungen XI

(Lösungen siehe S. 256)

Zerlege in Partialbrüche:

(1) $\dfrac{3x+5}{(x-3)(x+4)}$.

(2) $\dfrac{3x-4}{(x-1)(x-2)}$.

(3) $\dfrac{3x+5}{x^2+x-12}$.

(4) $\dfrac{x+1}{x^2-7x+12}$.

(5) $\dfrac{x-8}{(2x+3)(3x-2)}$.

(6) $\dfrac{x^2-13x+26}{(x-2)(x-3)(x-4)}$.

(7) $\dfrac{x^2-3x+1}{(x-1)(x+2)(x-3)}$.

(8) $\dfrac{5x^2+7x+1}{(2x+1)(3x-2)(3x+1)}$.

(9) $\dfrac{x^2}{x^3-1}$.

(10) $\dfrac{x^4+1}{x^3+1}$.

(11) $\dfrac{5x^2+6x+4}{(x+1)(x^2+x+1)}$.

(12) $\dfrac{x}{(x-1)(x-2)^2}$.

(13) $\dfrac{x}{(x^2-1)(x+1)}$.

(14) $\dfrac{x+3}{(x+2)^2(x-1)}$.

(15) $\dfrac{3x^2+2x+1}{(x+2)(x^2+x+1)^2}$.

(16) $\dfrac{5x^2+8x-12}{(x+4)^3}$.

(17) $\dfrac{7x^2+9x-1}{(3x-2)^4}$.

(18) $\dfrac{x^2}{(x^3-8)(x-2)}$.

Differentiation einer inversen Funktion

Wir haben schon die Funktion $y = 3x$ betrachtet, die man aber auch in der Form $x = \dfrac{y}{3}$ schreiben kann. Diesen letzten Ausdruck nennt man die „inverse Funktion" der ursprünglich gegebenen.

Ist $y = 3x$, so ist $\dfrac{dy}{dx} = 3$;

ist $x = \dfrac{y}{3}$, so ist $\dfrac{dx}{dy} = \dfrac{1}{3}$,

XIII. Partialbruchzerlegung

und somit gilt:

$$\frac{dy}{dx} = \frac{1}{\dfrac{dx}{dy}} \quad \text{oder} \quad \frac{dy}{dx} \cdot \frac{dx}{dy} = 1$$

Es sei $y = 4x^2$, $\frac{dy}{dx} = 8x$.

Die inverse Funktion heißt dann: $x = \dfrac{y^{\frac{1}{2}}}{2}$ und

$$\frac{dx}{dy} = \frac{1}{4\sqrt{y}} = \frac{1}{4 \cdot 2x} = \frac{1}{8x}$$

Hier ist wieder $\quad \dfrac{dy}{dx} \cdot \dfrac{dx}{dy} = 1.$

Man kann zeigen, daß für alle Funktionen, deren Inverses man bilden kann, gilt:

$$\frac{dy}{dx} \cdot \frac{dx}{dy} = 1 \quad \text{oder} \quad \frac{dy}{dx} = \frac{1}{\dfrac{dx}{dy}}.$$

Hieraus folgt für eine gegebene Funktion, daß man ihre inverse Funktion differenzieren darf, wenn dies leichter ist. Der reziproke Wert des Differentialquotienten der inversen Funktion ist dann gleich der Ableitung der Funktion selbst.

Als Beispiel wollen wir die Funktion

$$y = \sqrt{\frac{3}{x} - 1}$$

differenzieren. Dies läßt sich einmal mit Hilfe der „Kettenregel" erledigen, indem wir $u = \dfrac{3}{x} - 1$ setzen und $\dfrac{dy}{du}$ und $\dfrac{du}{dx}$ bilden.

Das ergibt $\dfrac{dy}{dx} = -\dfrac{3}{2x^2 \sqrt{\dfrac{3}{x} - 1}}$.

Haben wir im einzelnen vergessen, wie man das macht, oder wollen wir unser Ergebnis in anderer Weise nachprüfen, oder können wir den üblichen Weg aus irgendeinem Grunde nicht benutzen, so können wir auch folgendermaßen vorgehen: Die inverse Funktion heißt

$$x = \frac{3}{1+y^2}$$

$$\frac{dx}{dy} = -\frac{3 \cdot 2y}{(1+y^2)^2} = -\frac{6y}{(1+y^2)^2}.$$

Hieraus:

$$\frac{dy}{dx} = \frac{1}{\frac{dx}{dy}} = -\frac{(1+y^2)^2}{6y} = -\frac{\left(1+\frac{3}{x}-1\right)^2}{6\sqrt{\frac{3}{x}-1}} = \frac{-3}{2x^2\sqrt{\frac{3}{x}-1}}.$$

Noch ein weiteres Beispiel!

$$y = \frac{1}{\sqrt[3]{\Theta+5}}.$$

Die inverse Funktion ist wieder

$$\Theta = \frac{1}{y^3} - 5$$
$$= y^{-3} - 5$$

und $\dfrac{d\Theta}{dy} = -3y^{-4} = -3\sqrt[3]{(\Theta+5)^4}$.

Demnach ist

$$\frac{dy}{d\Theta} = -\frac{1}{3\sqrt[3]{(\Theta+5)^4}},$$

wie wir auf anderem Wege auch gefunden hätten.
Der Kunstgriff, zur Differentiation die inverse Funktion zu benutzen, wird sich später als sehr wertvoll herausstellen. Inzwischen wollen wir uns mit seiner Anwendung vertraut machen, indem wir die Übungen I, 5, 6, 7, die Aufgaben Nr. 1, 2, 4 auf Seite 59 und 60 und die Übungen VI, 1, 2, 3, 4 nochmals durchrechnen.
Mittels der eben gefundenen Beziehung

$$\frac{dy}{dx} = \frac{1}{\frac{dx}{dy}}$$

beweisen wir nun noch, daß die Regel zur Differentiation von Ausdrücken mit gebrochenem Exponenten dieselbe ist wie für solche mit ganzzahligem Exponenten.
Es sei ganz allgemein

$$y = x^{\frac{1}{p}};$$

nunmehr potenzieren wir diese Gleichung mit p, wodurch wir die inverse Funktion erhalten, und es wird

$$y^p = x$$

und

$$\frac{dx}{dy} = p y^{p-1}$$
$$= p y^p \cdot \frac{1}{y}.$$

Setzen wir jetzt für y^p und y die zugehörigen Werte von x ein und kehren zur ursprünglichen Funktion zurück, so ergibt sich

$$\frac{dx}{dy} = p \cdot x \cdot \frac{1}{x^{\frac{1}{p}}}$$

und

$$\frac{1}{\frac{dx}{dy}} = \frac{dy}{dx} = \frac{1}{p} \cdot \frac{1}{x} \cdot x^{\frac{1}{p}}$$

$$\frac{dy}{dx} = \frac{1}{p} \cdot x^{\frac{1}{p}-1}$$

Dieses Ergebnis hätten wir aber ebenfalls erhalten, wenn wir unsere gewöhnliche Regel zur Differentiation einer Potenz verwendet hätten.
Es sei ferner

$$y = x^{\frac{q}{p}} = \left(x^{\frac{1}{p}}\right)^q.$$

Nach unserer alten Regel ist

$$\frac{dy}{dx} = \frac{q}{p} \cdot x^{\frac{q}{p}-1};$$

XIII. Partialbruchzerlegung

aber die Richtigkeit dieses Ergebnisses haben wir noch nicht erwiesen!
Zuerst wenden wir unseren neuen Kunstgriff an; setzen wir

$$w = x^{\frac{1}{p}} \quad \text{und} \quad \frac{dw}{dx} = \frac{1}{p} \cdot x^{\frac{1}{p}-1},$$

so wird

$$y = w^q \quad \text{und} \quad \frac{dy}{dw} = qw^{q-1};$$

dann ist also

$$\frac{dy}{dx} = \frac{dy}{dw} \cdot \frac{dw}{dx} = qw^{q-1} \cdot \frac{1}{p} \cdot x^{\frac{1}{p}-1}$$

$$= \frac{q}{p}\left(x^{\frac{1}{p}}\right)^{q-1} \cdot x^{\frac{1}{p}-1}$$

$$= \frac{q}{p} x^{\frac{q}{p}-\frac{1}{p}+\frac{1}{p}+1} = \frac{q}{p} x^{\frac{q}{p}-1}$$

wie vorher.
Dieses und das vorangehende Kapitel werden bei uns sicherlich den Eindruck hinterlassen haben, daß unsere Rechnerei in vieler Hinsicht keine Wissenschaft, sondern eine Kunst ist: Eine Kunst, die wie alle anderen Künste nur durch Übung erlernt werden kann. Daher müssen wir viele Aufgaben rechnen und uns selber neue Aufgaben stellen und deren Lösung suchen, bis wir diese herrliche Kunst in allen Einzelheiten und Kleinigkeiten meistern!

XIV

Die Zinseszinsen und das Gesetz vom organischen Wachstum

Das Wachstum einer gegebenen Größe möge — während einer gegebenen Zeit — stets der Größe selbst proportional sein. Dieser Vorgang hat mit der Verzinsung eines Kapitals gewisse Ähnlichkeit; je größer das Kapital ist, um so mehr Zinsen bringt es in einer gewissen Zeit.

Bei unseren Betrachtungen müssen wir scharf zwei Fälle auseinanderhalten. In den Büchern für kaufmännisches Rechnen wird nämlich zwischen „einfachen Zinsen" und „Zinseszinsen" unterschieden. Im ersten Falle bleibt das Kapital unverändert, während im zweiten Falle die Zinsen zu dem Kapital geschlagen werden, das deshalb immer mehr anwächst.

(1) **Einfache Zinsen.** Um ein konkretes Beispiel zu haben, denken wir an ein Kapital von 100 Mark, das mit 10 Prozent im Jahre verzinst wird; das Kapital wird also seinem Eigentümer nach Jahresfrist 10 Mark abwerfen. Angenommen, er hebt alljährlich die Zinsen ab und hortet sie in seinem Sparstrumpf oder Geldschrank, dann hat er nach 10 Jahren 10mal 10 Mark kassiert. Das ergibt zusammen mit dem ursprünglichen Kapital 200 Mark. In 10 Jahren hat sich also sein Vermögen verdoppelt. Bekommt er aber nur 5 Prozent Zinsen, so wird sich erst nach 20 Jahren sein Besitz verdoppelt haben. Bei 2 Prozent Zinsen muß er gar 50 Jahre lang die Zinsen aufheben. Wenn die jährlichen Zinsen $\frac{1}{n}$ vom Kapital betragen, so muß er n Jahre warten, um sein Vermögen zu verdoppeln.

Ist das ursprüngliche Kapital y und sind die Jahreszinsen $\frac{y}{n}$, so wird nach n Jahren das Vermögen

$$y + n\frac{y}{n} = 2y$$

betragen und sich also verdoppelt haben.

XIV. Die Zinseszinsen und das Gesetz vom organischen Wachstum

(2) **Zinseszinsen.** Wie vorher soll der Eigentümer des Kapitals von 100 Mark im Jahre 10 Prozent Zinsen erhalten; anstatt jedoch das Geld abzuheben, soll es Jahr für Jahr zum Kapital geschlagen werden, so daß sich dieses dauernd vergrößert. Nach einem Jahre wird das Kapital dann 110 Mark betragen und beim Ablauf des zweiten Jahres (bei demselben Satz von 10 Prozent) 11 Mark Zinsen bringen. Am Anfang des dritten Jahres fangen wir dann mit 121 Mark an und erhalten 12 Mark 10 Pfennig Zinsen. Im vierten Jahr ist das Kapital bereits 133 Mark 10 Pfennig groß usw. — Man kann leicht ausrechnen, daß nach 10 Jahren das gesamte Kapital 259 Mark und 38 Pfennig beträgt. Wir haben ja in der Tat festgestellt, daß nach jedem Jahr eine Mark uns $\frac{1}{10}$ Mark einbrachte, da diese Summe immer dem Kapital zugefügt wurde, wuchs es jährlich auf $\frac{11}{10}$; wurde dieses Verfahren 10 Jahre hindurch fortgesetzt, so müssen wir mit dem entsprechenden Faktor 10mal — d. h. mit 2,59375 — multiplizieren.

Wir wollen diesen Sachverhalt in Formeln ausdrücken. Nennen wir das ursprüngliche Kapital y_0, $\frac{1}{n}$ den Bruchteil, der nach jeder der n Verzinsungen hinzugefügt wurde, und y_n das Kapital nach der n-ten Verzinsung, dann ist

$$y_n = y_0\left(1+\frac{1}{n}\right)^n.$$

Diese jährliche Zinseszinsrechnung ist aber noch nicht gerecht, denn das Kapital arbeitet schon während des ganzen ersten Jahres, wird aber selbst nach Ablauf dieses Jahres verzinst. Nach einem halben Jahre sollte das Kapital doch 105 Mark betragen, und es wäre sicherlich richtig, das Kapital für das zweite halbe Jahr zu 105 Mark zu veranschlagen. Ein solcher Ansatz würde einem Zinsfuß von 5 Prozent für das halbe Jahr entsprechen; man müßte also nach jedem halben Jahre die jeweils vorhandene Summe mit $\frac{21}{20}$ multiplizieren. Rechnen wir nach diesem Verfahren, so ist das Kapital nach 10 Jahren auf 265 Mark 40 Pfennig angewachsen, denn:

$$\left(1+\frac{1}{20}\right)^{20} = 2{,}645.$$

Aber auch dieser Vorschlag wird noch nicht der Sachlage ganz gerecht; schon nach einem Monat sind Zinsen vorhanden, und die halbjährliche Zinsrechnung setzt ein Kapital voraus, das 6 Monate unverändert bleibt. Teilen wir etwa das Jahr in 10 Teile und nehmen wir für jedes Zehntel 1 Prozent Zinsen, so müssen wir in 10 Jahren 100mal mit $\frac{101}{100}$ multiplizieren, oder es ist

$$y_n = 100\left(1+\frac{1}{100}\right)^{100} \text{ Mark} = 270{,}40 \text{ Mark}.$$

Aber damit sind wir noch nicht am Ende. Wir teilen die 10 Jahre in 1000 Stückchen, von denen jedes $\frac{1}{100}$ eines Jahres lang ist und wählen während einer solchen Periode $\frac{1}{10}$ Prozent als Zinsfuß, dann ist

$$y_n = 100\left(1+\frac{1}{1000}\right)^{1000} \text{ Mark} = 271{,}71 \text{ Mark}.$$

Jetzt machen wir es noch genauer, teilen die 10 Jahre in 10 000 Teile, jedes ist $\frac{1}{1000}$ Jahr lang bei $\frac{1}{100}$ Prozent Zinsen; dann ist

$$y_n = 100\left(1+\frac{1}{10000}\right)^{10000} \text{ Mark} = 271{,}82 \text{ Mark}.$$

Schließlich finden wir, daß der Ausdruck $\left(1+\frac{1}{n}\right)^n$ sicher größer als 2 ist; er wird um so mehr und um so langsamer einem Grenzwert zustreben, je größer wir n wählen. Wie groß man auch n nehmen mag, der Wert von $\left(1+\frac{1}{n}\right)^n$

XIV. Die Zinseszinsen und das Gesetz vom organischen Wachstum

nähert sich immer mehr der Zahl

$$2{,}718\,281\,828\ldots$$

Diese Zahl sollte man nie vergessen![1]

Diese Verhältnisse wollen wir in ihrer geometrischen Bedeutung noch ein wenig betrachten. In Fig. 36 steht OP für den ursprünglichen Wert. OT bedeutet die Gesamtzeit, während der das Kapital wächst. Sie ist in 10 Teile geteilt, die alle den gleichen Zuwachs erfahren. $\frac{dy}{dx}$ ist hier also konstant; beträgt jeder Zuwachs den zehnten Teil von OP,

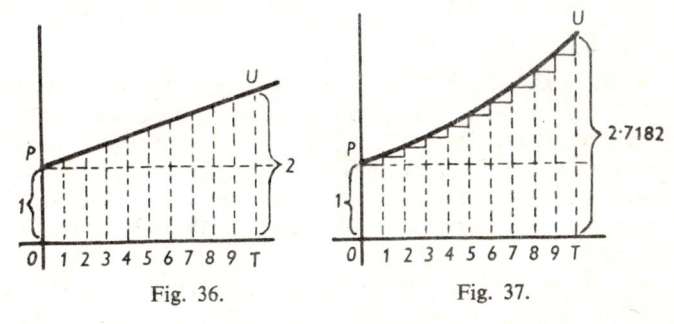

Fig. 36.   Fig. 37.

so hat sich nach 10 solchen Zunahmen die Höhe verdoppelt. Hätten wir die Strecke 20mal unterteilt, so wäre jeder Zuwachs nur halb so groß gewesen und die Höhe am Ende gerade wieder auf das Doppelte der ursprünglichen gestiegen. Auch n Schritte, von denen jeder $\frac{1}{n}$ von OP beträgt, hätten die Höhe gerade verdoppelt. Dies ist bei der einfachen Zinsrechnung der Fall.

In Fig. 37 haben wir die entsprechende Erläuterung für das geometrische Wachstum. Jede Ordinate ist nun $1+\frac{1}{n}$, d. h. $\frac{n+1}{n}$-mal höher als die vorangehende. Die Zunahmen

---

[1]) Sie merkt sich sehr leicht, wenn man sie folgendermaßen ausspricht: Siebenundzwanzig achtzehn achtundzwanzig achtzehn achtundzwanzig.   D. Ü.

sind nicht mehr gleich, weil jeder kleine Zuwachs nun $\frac{1}{n}$ von der Größe des Ordinatenwertes an dieser Stelle beträgt. Wenn wir buchstäblich 10 Schritte hätten, mit $\left(1+\frac{1}{10}\right)$ als multiplizierendem Faktor, würde der Zuwachs schließlich das $\left(1+\frac{1}{10}\right)^{10}$-fache oder das 2,594-fache des ursprünglichen Maßes ausmachen. Wählen wir nun n genügend groß (und das entsprechende $\frac{1}{n}$ genügend klein), dann wird der Endwert von $\left(1+\frac{1}{n}\right)^n$ auf das 2,71 828-fache der Einheit anwachsen.

Die Zahl e. Die Mathematiker haben die merkwürdige Zahl 2,7182 818 ... mit dem lateinischen Buchstaben e bezeichnet. Jeder Tertianer weiß, daß der griechische Buchstabe π (ausgesprochen „pi") die Zahl 3,141 592 ... bedeuten soll; wie viele aber werden wissen, daß mit e die Zahl 2,71828 gemeint ist, die eigentlich die Zahl π an Bedeutung weit übertrifft!

Was hat es mit der Zahl e für eine Bewandtnis?

Wir lassen die Zahl 1 nach einfachem Zinsverhältnis wachsen, bis aus der 1 eine 2 geworden ist; dann lassen wir unter denselben Bedingungen die Zahl 1 mit Zinseszinsen (anstatt wie vorher mit einfachen Zinsen) die gleiche Zeit anwachsen — und erhalten nicht die Zahl 2, sondern die Zahl e.

Diesen Vorgang, bei dem die Zunahme der in jedem Augenblick vorhandenen Menge proportional ist, nennt man l o g a r i t h m i s c h e s oder auch o r g a n i s c h e s W a c h s t u m. Für das organische Wachsen ist nämlich unter bestimmten Verhältnissen charakteristisch, daß der Zuwachs, den der betreffende Organismus erfährt, seiner Größe proportional ist.

Nehmen wir also etwa an, daß eine Größe bei a r i t h m e t i s c h e m Wachstum in einer bestimmten Zeit sich von dem Wert a bis zu dem Wert $2a$ ändert, so wird sie bei l o g a r i t h m i s c h e m Wachstum bis zu dem Wert 2,7182818 ... a anwachsen.

XIV. Die Zinseszinsen und das Gesetz vom organischen Wachstum

Einige Betrachtungen über die Zahl e. Wir müssen vor allem, wie wir weiter oben gesehen haben, den Wert von $\left(1+\frac{1}{n}\right)^n$ bestimmen, wenn n über alle Grenzen wächst. Im folgenden ist eine Reihe von Werten angegeben (die man leicht mit Hilfe einer Logarithmentafel nachprüfen kann), wenn $n = 2; n = 5; n = 10$ und so fort bis $n = 10\,000$ gesetzt wird.

$$\left(1+\frac{1}{2}\right)^2 = 2{,}25.$$

$$\left(1+\frac{1}{5}\right)^5 = 2{,}489.$$

$$\left(1+\frac{1}{10}\right)^{10} = 2{,}594.$$

$$\left(1+\frac{1}{20}\right)^{20} = 2{,}653.$$

$$\left(1+\frac{1}{100}\right)^{100} = 2{,}704.$$

$$\left(1+\frac{1}{1000}\right)^{1000} = 2{,}7171.$$

$$\left(1+\frac{1}{10\,000}\right)^{10\,000} = 2{,}7182.$$

Es ist indessen der Mühe wert, noch einen anderen Weg zur Berechnung dieser ungemein wichtigen Größe zu suchen.

Wir wollen dazu den binomischen Satz verwenden und den Ausdruck $\left(1+\frac{1}{n}\right)^n$ in bekannter Weise entwickeln.

Nach dem binomischen Satz ist[1])

$$(a+b)^n = a^n + n\frac{a^{n-1} \cdot b}{1!} + n(n-1)\frac{a^{n-2} \cdot b^2}{2!}$$
$$+ n(n-1)(n-2)\frac{a^{n-3} \cdot b^3}{3!} + \ldots.$$

---

[1]) Die Schreibweise $n!$ bedeutet bekanntlich das Produkt $1 \cdot 2 \cdot 3 \cdot 4 \ldots (n-2) \cdot (n-1) \cdot n$ und wird n-Fakultät gesprochen.

D.Ü.

XIV. Die Zinseszinsen und das Gesetz vom organischen Wachstum

Setzt man $a = 1$ und $b = \frac{1}{n}$, so wird

$$\left(1+\frac{1}{n}\right)^n = 1+\frac{1}{1!}+\frac{1}{2!}\cdot\frac{(n-1)}{n}+\frac{1}{3!}\cdot\frac{(n-1)(n-2)}{n^2}$$
$$+\frac{1}{4!}\cdot\frac{(n-1)(n-2)(n-3)}{n^3}+\cdots.$$

Lassen wir n jetzt außerordentlich groß werden, vielleicht eine Billion, oder gar eine Billion Billionen, so wird $n-1$, $n-2$ und $n-3$ usw. praktisch gleich n; wir erhalten dann

$$e = 1+\frac{1}{1!}+\frac{1}{2!}+\frac{1}{3!}+\frac{1}{4!}+\cdots.$$

Brechen wir diese rasch konvergierende Reihe bei dem entsprechenden Gliede ab, so liefert uns die Summe aller Glieder den Wert e mit der gewünschten Genauigkeit. Ein Beispiel für 10 Glieder gibt uns die folgende Zusammenstellung:

				1,000 000
1	dividiert	durch	1! =	1,000 000
1	„	„	2! =	0,500 000
1	„	„	3! =	0,166 667
1	„	„	4! =	0,041 667
1	„	„	5! =	0,008 333
1	„	„	6! =	0,001 389
1	„	„	7! =	0,000 198
1	„	„	8! =	0,000 025
1	„	„	9! =	0,000 002
		Summe		2,718 281

Die Zahl e ist ebenso wie die Zahl π ein unendlicher, nicht periodischer Dezimalbruch.

Die Exponentialreihen. Wir lernen noch einige andere Reihen kennen.

Zunächst benutzen wir wieder den binomischen Satz und entwickeln den Ausdruck $\left(1+\frac{1}{n}\right)^{nx}$; dieser ist mit e_x

XIV. Die Zinseszinsen und das Gesetz vom organischen Wachstum 127

identisch, falls n über alle Grenzen wächst.

$$e^x = 1^{nx} + nx \frac{1^{nx-1}\left(\frac{1}{n}\right)}{1!} + nx(nx-1)\frac{1^{nx-2}\left(\frac{1}{n}\right)^2}{2!}$$

$$+ nx(nx-1)(nx-2)\frac{1^{nx-3}\left(\frac{1}{n}\right)^3}{3!} + \ldots$$

$$= 1 + x + \frac{1}{2!} \cdot \frac{n^2 x^2 - nx}{n^2}$$

$$+ \frac{1}{3!} \cdot \frac{n^3 x^3 - 3n^2 x^2 + 2nx}{n^3} + \ldots$$

$$= 1 + x + \frac{x^2 - \frac{x}{n}}{2!} + \frac{x^3 - \frac{3x^2}{n} + \frac{2x}{n^2}}{3!} + \ldots$$

Wird n genügend groß, so vereinfacht sich die Gleichung zu

$$e^x = 1 + x + \frac{x^2}{2!} + \frac{x^3}{3!} + \frac{x^4}{4!} + \ldots$$

Diese Reihe heißt E x p o n e n t i a l r e i h e.

Die Funktion e^x besitzt nun eine höchst bemerkenswerte Eigenschaft, die sonst keine andere Funktion von x aufweist: d i f f e r e n z i e r t m a n s i e n ä m l i c h, s o b l e i b t i h r W e r t u n v e r ä n d e r t; mit anderen Worten, der D i f f e r e n t i a l q u o t i e n t d e r F u n k t i o n e^x i s t d i e s e s e l b s t[1]). Man kann diese Tatsache leicht durch Differentiation nachprüfen:

$$\frac{de^x}{dx} = 0 + 1 + \frac{2x}{1 \cdot 2} + \frac{3x^2}{1 \cdot 2 \cdot 3} + \frac{4x^3}{1 \cdot 2 \cdot 3 \cdot 4} + \frac{5x^4}{1 \cdot 2 \cdot 3 \cdot 4 \cdot 5} + \ldots$$

$$= 1 + x + \frac{x^2}{1 \cdot 2} + \frac{x^3}{1 \cdot 2 \cdot 3} + \frac{x^4}{1 \cdot 2 \cdot 3 \cdot 4} + \ldots,$$

das ist aber wieder die ursprüngliche Reihe.

---

[1]) Für diese Tatsache sei im folgenden noch eine exaktere Ableitung gegeben; es sei etwa

$x = \log y$ (s. S. 130ff.),

128 *Die Zinseszinsen und das Gesetz vom organischen Wachstum*

Auch einen anderen Weg können wir noch einschlagen, indem wir uns fragen: wie heißt die Funktion von x, deren Differentialquotient die Funktion selbst ist? Oder wir können die Frage stellen, ob es einen Ausdruck gibt, der nur Potenzen von x enthält und durch Differentiation nicht verändert wird? Wir wollen demgemäß einen Ausdruck von

---

dann ist

$$x + \Delta x = \log(y + \Delta y)$$
$$\Delta x = \log(y + \Delta y) - \log y$$
$$\frac{\Delta x}{\Delta y} = \frac{1}{\Delta y} \cdot \log \frac{y + \Delta y}{y}$$
$$= \frac{1}{y} \cdot \frac{y}{\Delta y} \log\left(1 + \frac{\Delta y}{y}\right)$$
$$= \frac{1}{y} \cdot \log\left(1 + \frac{\Delta y}{y}\right)^{\frac{y}{\Delta y}}.$$

Für

$$\frac{\Delta y}{y} = \frac{1}{n}$$

wird

$$\frac{\Delta x}{\Delta y} = \frac{1}{y} \cdot \log\left(1 + \frac{1}{n}\right).$$

Man kann nun zeigen (s. S. 122), daß die Größe $\left(1 + \frac{1}{n}\right)^n$ nach einem bestimmten Grenzwerte — eben der Zahl e — strebt, wenn n über alle Grenzen wächst; dann ist

$$\frac{dx}{dy} = \frac{1}{y} \cdot \log e.$$

Wählt man nun zur Basis des Logarithmensystems die Zahl e selbst, so wird $\log e = 1$ und

$$\frac{dx}{dy} = \frac{1}{y}.$$

Geht man jetzt von der Gleichung

$$x = \log y$$

zur inversen Funktion über,

$$y = e^x,$$

und setzt diesen Wert ein, so wird

$$\frac{dx}{dy} = \frac{1}{e^x} \quad \text{und} \quad \frac{dy}{dx} = e^x.$$

D.Ü.

XIV. Die Zinseszinsen und das Gesetz vom organischen Wachstum

der Form

$$y = A + Bx + Cx^2 + Dx^3 + Ex^4 + \ldots$$

annehmen (die Koeffizienten A, B, C, D, E usw. müssen noch bestimmt werden) und ihn differenzieren.

$$\frac{dy}{dx} = B + 2Cx + 3Dx^2 + 4Ex^3 + \ldots$$

Ist nun dieser neu gefundene Ausdruck mit dem ursprünglichen wirklich identisch, so muß sicher $A = B$; $C = \frac{B}{2} = \frac{A}{1 \cdot 2}$; $D = \frac{C}{3} = \frac{A}{1 \cdot 2 \cdot 3}$; $E = \frac{D}{4} = \frac{A}{1 \cdot 2 \cdot 3 \cdot 4}$ usw. sein.

Benutzen wir diese Werte, so wird

$$y = A\left(1 + \frac{x}{1} + \frac{x^2}{1 \cdot 2} + \frac{x^3}{1 \cdot 2 \cdot 3} + \frac{x^4}{1 \cdot 2 \cdot 3 \cdot 4} + \ldots\right).$$

A wird jetzt der Einfachheit halber gleich 1 gesetzt; dann ist

$$y = 1 + \frac{x}{1} + \frac{x^2}{1 \cdot 2} + \frac{x^3}{1 \cdot 2 \cdot 3} + \frac{x^4}{1 \cdot 2 \cdot 3 \cdot 4} + \ldots$$

Differenzieren wir diese Reihe, so erhalten wir wieder die Reihe selbst.

Nehmen wir jetzt noch den Sonderfall an, daß $A = 1$ ist und berechnen danach die Reihe, so ergibt sich

für $x = 1$ ist $y = 2{,}718\,281\ldots$ oder $y = e$,
für $x = 2$ ist $y = (2{,}718\,281\ldots)^2$ oder $y = e^2$,
für $x = 3$ ist $y = (2{,}718\,281\ldots)^3$ oder $y = e^3$,

und deshalb auch

für $x = x$ ist $y = (2{,}718\,281\ldots)^x$ oder $y = e^x$,

so daß schließlich wird

$$e^x = 1 + \frac{x}{1} + \frac{x^2}{1 \cdot 2} + \frac{x^3}{1 \cdot 2 \cdot 3} + \frac{x^4}{1 \cdot 2 \cdot 3 \cdot 4} + \ldots$$

[Hinweis für alle, die im stillen Kämmerlein studieren: e^x

XIV. Die Zinseszinsen und das Gesetz vom organischen Wachstum

liest man „e hoch x", manche sagen auch „Exponentielle von x", geschrieben „exp. (x)".]

Natürlich folgt hieraus, daß e^y ungeändert bleibt, wenn man nach y differenziert. Aus e^{ax} — gleichbedeutend mit $(e^a)^x$ — wird bei der Differentiation nach x sogleich $a \cdot e^{ax}$, wenn a eine Konstante bedeutet.

Die natürlichen Logarithmen. Eine andere Beziehung, für die e von ausschlaggebender Bedeutung ist, wurde von Napier, dem Erfinder der Logarithmen, aufgestellt. Ist y der Wert von e^x, so nennt man x den L o g a r i t h m u s von y in bezug auf die Basis e. Oder, es ist $y = e^x$ und

$$x = {}^e\log y = \ln y$$

Die beiden Kurven in den Fig. 38 und 39 veranschaulichen diese Gleichungen.

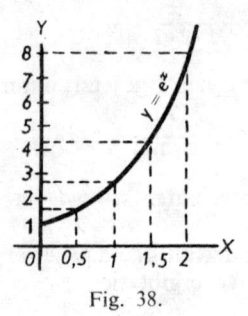

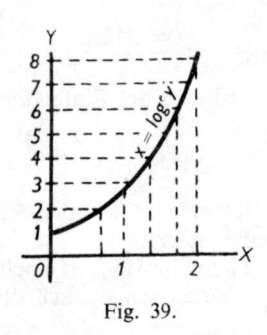

Fig. 38. Fig. 39.

Die eingetragenen Punkte wurden in folgender Weise berechnet:

Für Fig. 38:

x	0	0,5	1	1,5	2
y	1	1,65	2,71	4,50	7,69

Für Fig. 39:

y	1	2	3	4	8
x	0	0,69	1,10	1,39	2,08

XIV. Die Zinseszinsen und das Gesetz vom organischen Wachstum

Man sieht augenscheinlich, daß trotz der verschiedenen Berechnung der eingezeichneten Werte doch die Ergebnisse gleich sind. Die beiden Gleichungen sind also wirklich identisch.

An dieser Stelle mag bemerkt werden, daß man statt $^e\log x$ auch abgekürzt $\ln x$ schreibt und dann liest: „Logarithmus naturalis x" statt „Logarithmus von x bezogen auf die Basis e". Das Zeichen l o g wird im allgemeinen für den Briggschen Logarithmus verwendet (der sich auf die Basis 10 bezieht und in den gewöhnlichen Logarithmentafeln enthalten ist).

Allen, die mit gewöhnlichen Logarithmen rechnen, die sich auf die Basis 10 anstatt auf die Basis e beziehen, sind „natürliche" Logarithmen nicht recht geläufig; deshalb mag folgendes über die Beziehung der beiden Logarithmensysteme noch gesagt sein. Die Regel, daß die Addition von Logarithmen den Logarithmus des Produktes ergibt, gilt nach wie vor:

$$\ln a + \ln b = \ln ab.$$

Dasselbe ist mit der Regel über Potenzen der Fall:

$$n \cdot \ln a = \ln a^n.$$

Die natürlichen Logarithmen lassen sich in gewöhnliche Logarithmen einfach durch Multiplikation mit 0,4343 verwandeln[1]):

$$\log x = 0{,}4343 \cdot \ln x.$$

---

[1]) Zwischen Logarithmen derselben Zahl mit verschiedener Basis bestehen nämlich folgende Beziehungen:
Es sei

$$a^n = x \quad \text{und} \quad b^m = x,$$

dann ist $n = \log^a x$ und $m = \log^b x$, ferner ist $a^n = b^m$.

Nehmen wir jetzt in dieser letzten Gleichung auf beiden Seiten die Logarithmen für die Basis a, so wird

$$n = m \log^a b.$$

Setzen wir nun die Werte für n und m ein, so folgt:

$$\log^a x = \log^b x \cdot \log^a b$$

Eine Tabelle von „Natürlichen Logarithmen"

(Auch Napiersche Logarithmen oder hyperbolische Logarithmen genannt)

Numerus	ln	Numerus	ln
1	0,0000	6	1,7918
1,1	0,0953	7	1,9459
1,2	0,1823	8	2,0794
1,5	0,4055	9	2,1972
1,7	0,5306	10	2,3026
2,0	0,6931	20	2,9957
2,2	0,7885	50	3,9120
2,5	0,9163	100	4,6052
2,7	0,9933	200	5,2983
2,8	1,0296	500	6,2146
3,0	1,0986	1 000	6,9078
3,5	1,2528	2 000	7,6010
4,0	1,3863	5 000	8,5172
4,5	1,5041	10 000	9,2104
5,0	1,6094	20 000	9,9035

Logarithmische und Exponentialfunktionen. Jetzt wollen wir unser Glück mit der Differentiation von bestimmten Ausdrücken versuchen, die Logarithmen oder Exponentialfunktionen enthalten.

Es sei z. B.:
$$y = \ln x.$$

Diese Gleichung formen wir um:
$$e^y = x;$$

da der Differentialquotient von e^y nach y den ungeänderten

---

oder
$$\log^b x = \frac{\log^a x}{\log^a b}.$$

In unserem Falle ist also
$$\log x = \ln x \cdot \frac{1}{\ln 10} = \ln x \cdot \frac{1}{2,3026} = \ln x \cdot 0,4343.$$

Die Zahl $\log e = 0,4343$ nennt man den **Modul** des Briggschen Logarithmus; sie stellt also einen Umrechnungsfaktor dar

D.Ü.

Funktionswert darstellt (siehe S. 126/127), ist

$$\frac{dx}{dy} = e^y,$$

oder, wenn wir zur ursprünglichen Funktion zurückkehren,

$$\frac{dy}{dx} = \frac{1}{\frac{dx}{dy}} = \frac{1}{e^y} = \frac{1}{x}.$$

Dieses Ergebnis ist recht beachtenswert. Man kann nämlich schreiben

$$\frac{d(\ln x)}{dx} = x^{-1}$$

Den Wert x^{-1} konnten wir durch die Regel für die Differentiation von Potenzen nicht erhalten, nach der man bekanntlich mit der Potenz multiplizieren und diese um 1 erniedrigen muß. So ergab x^3 differenziert $3x^2$; und x^2 ergab $2x^1$. Die Differentiation von x^0 aber ergibt $0 \cdot x^{-1} = 0$, weil $x^0 = 1$ ist und eine Konstante darstellt. Auf die Tatsache, daß dem Differentialquotienten von $\ln x$ der Wert $\frac{1}{x}$ zukommt, werden wir in dem Kapitel über Integration zurückkommen.

Versuche weiter,

$$y = \ln(x+a)$$

zu differenzieren, d. h. also

$$e^y = x+a;$$

wir haben $\frac{d(x+a)}{dy} = e^y$, denn der Differentialquotient von e^y nach y bleibt e^y.

Dieses gibt weiter

$$\frac{dx}{dy} = e^y = x+a;$$

der es wird
$$\frac{dy}{dx} = \frac{1}{\frac{dx}{dy}} = \frac{1}{x+a}.$$

Es sei $y = \log x$.
Durch Multiplikation mit dem „Modul" 0,4343 bekommen wir zunächst natürliche Logarithmen:
$$y = 0{,}4343 \ln x \quad \text{oder} \quad \frac{dy}{dx} = \frac{0{,}4343}{x}.$$

Das nächste Beispiel ist nicht ganz so leicht:
$$y = a^x.$$

Zuerst logarithmieren wir beide Seiten:
$$\ln y = x \ln a$$
oder
$$x = \frac{\ln y}{\ln a} = \frac{1}{\ln a} \cdot \ln y.$$

Der Wert von $\frac{1}{\ln a}$ ist aber konstant; so wird
$$\frac{dx}{dy} = \frac{1}{\ln a} \cdot \frac{1}{y} = \frac{1}{a^x \cdot \ln a};$$
nach der Rückkehr zur inversen Funktion
$$\frac{dy}{dx} = \frac{1}{\frac{dx}{dy}} = a^x \cdot \ln a.$$

Wir finden
$$\frac{dx}{dy} \cdot \frac{dy}{dx} = 1 \quad \text{und} \quad \frac{dx}{dy} = \frac{1}{y} \cdot \frac{1}{\ln a}; \quad \frac{1}{y} \cdot \frac{dy}{dx} = \ln a.$$

Ist also ein Ausdruck wie etwa $\ln y =$ einer Funktion von x, so stellt immer $\frac{1}{y}\frac{dy}{dx}$ den Differentialquotienten der Funktion von x dar, so daß wir sofort für $\ln y = x \ln a$ hätten schrei-

XIV. Die Zinseszinsen und das Gesetz vom organischen Wachstum

ben können

$$\frac{d \ln y}{dx} = \frac{1}{y}\frac{dy}{dx} = \ln a \quad \text{und} \quad \frac{dy}{dx} = a^x \ln a.$$

Wir wollen jetzt einige weitere Beispiele durchführen.

(1) $y = e^{-ax}$. Setze $-ax = z$ und $y = e^z$.

$\frac{dy}{dz} = e^z; \quad \frac{dz}{dx} = -a;$ dann ist $\frac{dy}{dx} = -ae^{-ax}$.

Oder auch:

$$\ln y = -ax; \quad \frac{1}{y}\frac{dy}{dx} = -a; \quad \frac{dy}{dx} = -ay = -ae^{-ax}.$$

(2) $y = e^{\frac{x^2}{3}}$. Setze: $\frac{x^2}{3} = z$; es ist $y = e^z$.

$$\frac{dy}{dx} = e^z; \quad \frac{dz}{dx} = \frac{2x}{3}; \quad \frac{dy}{dx} = \frac{2x}{3} e^{\frac{x^2}{3}}.$$

Oder:

$$\ln y = \frac{x^2}{3}; \quad \frac{1}{y}\frac{dy}{dx} = \frac{2x}{3}; \quad \frac{dy}{dx} = \frac{2x}{3} e^{\frac{x^2}{3}}.$$

(3) $y = e^{\frac{2x}{x+1}}$.

$$\ln y = \frac{2x}{x+1}; \quad \frac{1}{y}\frac{dy}{dx} = \frac{2(x+1)-2x}{(x+1)^2};$$

hieraus

$$\frac{dy}{dx} = \frac{2y}{(x+1)^2} = \frac{2}{(x+1)^2} e^{\frac{2x}{x+1}}.$$

Prüfe das Ergebnis, indem $\frac{2x}{x+1} = z$ gesetzt wird.

(4) $y = e^{\sqrt{x^2+a}}; \quad \ln y = (x^2+a)^{\frac{1}{2}}.$

$$\frac{1}{y}\frac{dy}{dx} = \frac{x}{(x^2+a)^{\frac{1}{2}}} \quad \text{und} \quad \frac{dy}{dx} = \frac{x \cdot e^{\sqrt{x^2+a}}}{(x^2+a)^{\frac{1}{2}}}.$$

Setze: $(x^2+a)^{\frac{1}{2}} = u$ und $x^2+a = v$, $u = v^{\frac{1}{2}}$,

$$\frac{du}{dv} = \frac{1}{2v^{\frac{1}{2}}}; \quad \frac{dv}{dx} = 2x; \quad \frac{du}{dx} = \frac{x}{(x^2+a)^{\frac{1}{2}}}.$$

Prüfe durch den Ansatz $z = \sqrt{x^2+a}$!

(5) $\quad y = \ln(a+x^3)$.

Setze: $a+x^3 = z$; dann ist $y = \ln z$.

$$\frac{dy}{dz} = \frac{1}{z}; \quad \frac{dz}{dx} = 3x^2 \text{ und } \frac{dy}{dx} = \frac{3x^2}{a+x^3}.$$

(6) $\quad y = \ln\{3x^2 + \sqrt{a+x^2}\}$.

Es sei $3x^2 + \sqrt{a+x^2} = z$; $y = \ln z$.

$$\frac{dy}{dz} = \frac{1}{z}; \quad \frac{dz}{dx} = 6x + \frac{x}{\sqrt{x^2+a}};$$

$$\frac{dy}{dx} = \frac{6x + \dfrac{x}{\sqrt{x^2+a}}}{3x^2 + \sqrt{a+x^2}} = \frac{x(1+6\sqrt{x^2+6})}{(3x^2+\sqrt{x^2+a})\sqrt{x^2+a}}.$$

(7) $\quad y = (x+3)^2 \sqrt{x-2}$.

$$\ln y = 2\ln(x+3) + \frac{1}{2}\ln(x-2)$$

$$\frac{1}{y}\frac{dy}{dx} = \frac{2}{(x+3)} + \frac{1}{2(x-2)};$$

$$\frac{dy}{dx} = (x+3)^2 \sqrt{x-2}\left\{\frac{2}{x+3} + \frac{1}{2(x-2)}\right\} = \frac{5(x+3)(x-1)}{2\sqrt{x-2}}$$

(8) $\quad y = (x^2+3)^3 (x^3-2)^{\frac{2}{3}}$.

$$\ln y = 3\ln(x^2+3) + \frac{2}{3}\ln(x^3-2);$$

$$\frac{1}{y}\frac{dy}{dx} = 3\frac{2x}{x^2+3} + \frac{2}{3}\frac{3x^2}{x^3-2} = \frac{6x}{x^2+3} + \frac{2x^2}{x^3-2}.$$

Setze: $u = \ln(x^2+3)$, $x^2+3 = z$, dann ist $u = \ln z$.

$$\frac{du}{dz} = \frac{1}{z}; \quad \frac{dz}{dx} = 2x; \quad \frac{du}{dx} = \frac{2x}{x^2+3}.$$

XIV. Die Zinseszinsen und das Gesetz vom organischen Wachstum

In gleicher Weise ist für

$$v = \ln(x^3 - 2); \quad \frac{dv}{dx} = \frac{3x^2}{x^3 - 2} \quad \text{und}$$

$$\frac{dy}{dx} = (x^2+3)^3 (x^3-2)^{\frac{2}{3}} \left\{ \frac{6x}{x^2+3} + \frac{2x^2}{x^3-2} \right\}.$$

(9) $\quad y = \dfrac{\sqrt[2]{x^2+a}}{\sqrt[3]{x^3-a}}.$

$$\ln y = \frac{1}{2} \ln(x^2+a) - \frac{1}{3} \ln(x^3-a).$$

$$\frac{1}{y}\frac{dy}{dx} = \frac{1}{2}\frac{2x}{x^2+a} - \frac{1}{3}\frac{3x^2}{x^3-a} = \frac{x}{x^2+a} - \frac{x^2}{x^3-a}$$

und

$$\frac{dy}{dx} = \frac{\sqrt[2]{x^2+a}}{\sqrt[3]{x^3-a}} \left\{ \frac{x}{x^2+a} - \frac{x^2}{x^3-a} \right\}.$$

(10) $\quad y = \dfrac{1}{\ln x}.$

$$\frac{dy}{dx} = \frac{\ln x \cdot 0 - 1 \cdot \frac{1}{x}}{\ln^2 x} = -\frac{1}{x \ln^2 x}.$$

(11) $\quad y = \sqrt[3]{\ln x} = (\ln x)^{\frac{1}{3}}.$ Setze $z = \ln x; \quad y = z^{\frac{1}{3}}.$

$$\frac{dy}{dz} = \frac{1}{3} z^{-\frac{2}{3}}; \quad \frac{dz}{dx} = \frac{1}{x}; \quad \frac{dy}{dx} = \frac{1}{3x\sqrt[3]{\ln^2 x}}.$$

(12) $\quad y = \left(\dfrac{1}{a^x}\right)^{ax}$

$$\ln y = -ax \ln a^x = -ax^2 \cdot \ln a.$$

$$\frac{1}{y}\frac{dy}{dx} = -2ax \ln a$$

und

$$\frac{dy}{dx} = -2ax\left(\frac{1}{a^x}\right)^{ax} \cdot \ln a = -2xa^{1-ax^2} \cdot \ln a.$$

Rechne folgende Aufgaben:

Übungen XII

(Lösungen siehe S. 257)

(1) Differenziere:
$$y = b(e^{ax} - e^{-ax}).$$

(2) Suche für den Ausdruck
$$u = at^2 + 2\ln t$$
den Differentialquotienten.

(3) Welchen Wert hat $\dfrac{d(\ln y)}{dt}$ für $y = n^t$?

(4) Zeige, daß die Gleichung
$$y = \frac{1}{b} \cdot \frac{a^{bx}}{\ln a}$$
den Differentialquotienten a^{xb} hat.

(5) Für $w = pv^n$ ist $\dfrac{dw}{dv}$ gesucht.

Differenziere:

(6) $y = \ln x^n$.

(7) $y = 3e^{-\frac{x}{x-1}}$.

(8) $y = (3x^2+1)e^{-5x}$.

(9) $y = \ln(x^a + a)$.

(10) $y = (3x^2-1)\left(\sqrt{x+1}\right)$.

(11) $y = \dfrac{\ln(x+3)}{x+3}$.

(12) $y = a^x \cdot x^a$.

(13) Lord Kelvin hat nachgewiesen, daß die Geschwindigkeit, mit der man durch ein Unterwasserkabel telegraphieren kann, von der Größe des Verhältnisses von Kabeldurchmesser und Leitungsdrahtdurchmesser abhängt. Ist dieses Verhältnis y, so wird die Anzahl Signale, die in einer Minute übermittelt werden können, durch die Gleichung

$$S = ay^2 \ln \frac{1}{y} \text{ bestimmt;}$$

XIV. Die Zinseszinsen und das Gesetz vom organischen Wachstum 139

a ist hierbei eine Konstante, die von der Drahtlänge und dem verwendeten Material abhängt. Zeige, daß für $y = \dfrac{1}{\sqrt{e}}$ der Wert von S ein Maximum erreicht.

(14) Suche das Maximum oder Minimum von
$$y = x^3 - \ln x.$$
Differenziere:

(15) $\qquad\qquad y = \ln(ax \cdot e^x).$

(16) $\qquad\qquad y = \ln(ax)^3.$

Die logarithmische Kurve. Wir wollen uns jetzt wieder der Kurve zuwenden, deren Ordinaten in geometrischer

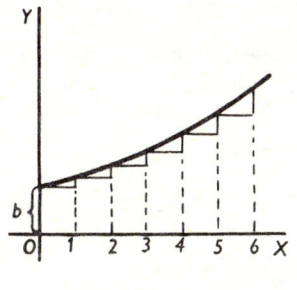

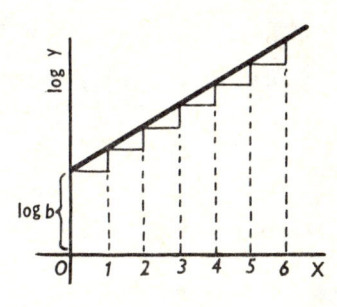

Fig. 40. $\qquad\qquad$ Fig. 41.

Progression wachsen, so wie etwa die Gleichung $y = b \cdot p^x$ es verlangt.

Dann stellt b den Anfangswert von y dar, wie wir sofort sehen, wenn wir $x = 0$ setzen.

Außerdem ist für

$\qquad x = 1 \qquad\qquad y = bp$
$\qquad x = 2 \qquad\qquad y = bp^2$
$\qquad x = 3 \qquad\qquad y = bp^3$ usw.

Wir bemerken ferner, daß p den numerischen Wert für den Quotienten aus einer Ordinate und der dieser vorangehenden darstellt. In Fig. 40 ist p zu $\frac{6}{5}$ angenommen; jede Ordinate ist deshalb um $\frac{6}{5}$ höher als die vorangehende.

Sind zwei aufeinanderfolgende Ordinaten durch die eben geschilderte Beziehung miteinander verknüpft, so haben ihre Logarithmen eine konstante Differenz; zeichnen wir jetzt eine neue Kurve, in der die Werte von log y als Ordinaten eingetragen sind, so resultiert eine gleichmäßig ansteigende gerade Linie (Fig. 41). Aus der ursprünglichen Gleichung folgt in der Tat, daß

$$\ln y = \ln b + x \ln p$$

ist, oder

$$\ln y - \ln b = x \cdot \ln p.$$

Den Wert von $\ln p$ können wir gleich a setzen, denn er stellt ja nur eine gewöhnliche Zahl dar. Dann ist

$$\ln \frac{y}{b} = ax,$$

und unsere Gleichung erhält die neue Form

$$y = be^{ax}.$$

Die Abklingkurve

Erteilen wir p den Wert eines echten Bruches (also kleiner als eins), so senkt sich augenscheinlich die Kurve wie etwa in Fig. 42, wo jede Ordinate $\frac{3}{4}$ von der Höhe der vorangehenden hat.

Dabei gilt noch immer die Beziehung $y = bp^x$; aber $\ln p$ stellt jetzt eine negative Größe dar, da p kleiner als eins ist, und muß mit $-a$ bezeichnet werden; daher ist $p = e^{-a}$, und unsere Kurvengleichung erscheint in der Form

$$v = be^{-ax}.$$

XIV. Die Zinseszinsen und das Gesetz vom organischen Wachstum

Ist die unabhängige Variable in diesem Ausdruck die Zeit, so kommt dieser Gleichung eine hervorragende Bedeutung zu, da sie eine große Reihe von physikalischen Vorgängen, bei denen ein allmähliches Abklingen stattfindet, exakt darzustellen vermag. Für N e w t o n s A b k ü h - l u n g s g e s e t z nimmt sie die Form

$$\Theta_t = \Theta_0 e^{-at}$$

an, wobei Θ_0 den ursprünglichen Temperaturüberschuß eines heißen Körpers über seine Umgebung und Θ_t die End-

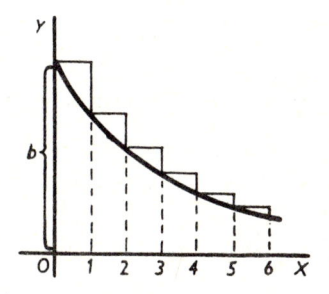

Fig. 42.

temperatur nach Ablauf der Zeit t bedeuten; auch hierbei stellt a eine Konstante dar — und zwar eine Abklingkonstante, deren Größe von der Oberflächenbeschaffenheit des Körpers, seiner Wärmeleitfähigkeit und seiner Wärmekapazität usw. bedingt ist.

In ähnlicher Weise kann die Gleichung

$$Q_t = Q_0 e^{-at}$$

zur Bestimmung der Ladung eines aufgeladenen Körpers benutzt werden; dieser hat zunächst die Ladung Q_0. Er verliert jedoch dauernd einen Bruchteil der angehäuften Elektrizitätsmenge, da das zu seiner Isolierung verwendete Material stets eine gewisse Leitfähigkeit zeigt, so daß nach der Zeit t nur noch die Menge Q_t vorhanden ist; die

XIV. Die Zinseszinsen und das Gesetz vom organischen Wachstum

Abklingkonstante *a* hängt in diesem Falle von der Kapazität des Körpers und dem Widerstand des Leitungsweges ab.

Wenn eine elastische Feder Schwingungen ausführt, die allmählich aufhören, so kann das Abklingen der Schwingungsamplitude in entsprechender Weise dargestellt werden.

Der Ausdruck e^{-at} stellt in der Tat einen **A b k l i n g -
f a k t o r** für alle die Erscheinungen dar, bei denen die Abnahme einer Größe der immer kleiner werdenden Größe selbst proportional ist; oder anders ausgedrückt: der Wert von $\frac{dy}{dx}$ ist in jedem Augenblick dem jeweiligen Werte von *y* proportional. Wir brauchen uns nur die Kurve (Fig. 42) zu betrachten, um sofort zu sehen, daß die Steigung $\frac{dy}{dx}$ der Höhe *y* proportional ist; die Kurve wird um so flacher, je kleiner *y* wird. In unseren Zeichen ausgedrückt, ist

$$y = be^{-ax}$$

oder

$$\ln y = \ln b - ax \ln e = \ln b - ax,$$

und differenziert ist

$$\frac{1}{y}\frac{dy}{dx} = -a,$$

also $\quad \dfrac{dy}{dx} = -ay = be^{-ax} \cdot (-a);$

d.h. in Worten: die Steigung der Kurve ist negativ — d.h. die Kurve fällt — und der Größe *y* und der Konstanten *a* proportional.

Dasselbe Ergebnis hätte uns auch die Gleichung

$$y = bp^x$$

geliefert; dann ist einfach

$$\frac{dy}{dx} = bp^x \cdot \ln p.$$

XIV. Die Zinseszinsen und das Gesetz vom organischen Wachstum

Aber
$$\ln p = -a,$$
so daß wir wie zuvor erhalten
$$\frac{dy}{dx} = y \cdot (-a) = -ay.$$

Die Zeitkonstante. In diesem Ausdruck für den „Abklingfaktor" e^{-at} ist die Größe a der reziproke Wert einer anderen Größe, die „die Zeitkonstante" heißt und mit dem Zeichen T bezeichnet wird. Der Abklingungsfaktor wird dann $e^{-\frac{t}{T}}$ geschrieben; für $t = T$ hat offensichtlich T $\left(\text{oder } \frac{1}{a}\right)$ die Bedeutung der Zeitspanne, in der die ursprüngliche Größe (in unseren Beispielen Θ_0 oder Q_0) auf den e-ten Teil — d. h. auf den 0,3678-ten — ihres ursprünglichen Wertes abgenommen hat.

Die Werte von e^x und e^{-x} werden in verschiedenen Zweigen der Physik immer wieder gebraucht, sind aber nur in wenigen mathematischen Tabellen angeführt. Zur bequemen Übersicht ist eine Auswahl von Werten hier aufgenommen.

Um für die Benutzung dieser Tafel ein Beispiel zu haben, denken wir uns einen erhitzten Körper, der anfangs 72° wärmer als seine Umgebung ist (zur Zeit $t = 0$), und wenden N e w t o n s Abkühlungsgesetz auf ihn an (vgl. S. 141). Die Zeitkonstante für die Abkühlung sei 20 Minuten (d. h. nach 20 Minuten ist die Temperatur auf den e-ten Teil von 72° gefallen); dann können wir berechnen, wie hoch die Temperatur nach der Zeit t noch sein wird. Ist t gleich 60 Minuten, so ist $\frac{t}{T} = \frac{60}{20} = 3$; wir brauchen jetzt nur noch den Wert von e^{-3} zu finden und unseren Ausgangswert von 72° mit ihm zu multiplizieren. Nach der Tabelle ist e^{-3} gleich 0,0498, so daß die Temperatur nach 60 Minuten auf

$$72° \cdot 0{,}0498 = 3{,}586°$$

gefallen sein wird.

x	e^x	e^{-x}	$1-e^{-x}$
0,00	1,0000	1,0000	0,0000
0,10	1,1052	0,9048	0,0952
0,20	1,2214	0.8187	0,1813
0,50	1,6487	0,6065	0,3935
0,75	2,1170	0,4724	0,5276
0,90	2,4596	0,4066	0,5934
1,00	2,7183	0,3679	0,6321
1,10	3,0042	0,3329	0,6671
1,20	3,3201	0,3012	0,6988
1,25	3,4903	0,2865	0,7135
1,50	4,4817	0,2231	0,7769
1,75	5,754	0,1738	0,8262
2,00	7,389	0,1353	0,8647
2,50	12,183	0,0821	0,9179
3,00	20,085	0,0498	0,9502
3,50	33,115	0,0302	0,9698
4.00	54,598	0,0183	0,9817
4,50	90,017	0,0111	0,9889
5,00	148,41	0,0067	0,9933
5,50	244,69	0,0041	0,9959
6,00	403,43	0,00248	0,99752
7,50	1808,04	0,00053	0,99947
10,00	22026,5	0,000045	0,999955

Weitere Beispiele. (1) Die elektrische Stromstärke, die in einem Leiter t Sekunden nach Anlegen der Spannung herrscht, wird durch den Ausdruck

$$I = \frac{U}{R}\left(1-e^{-\frac{Rt}{L}}\right)$$

bestimmt.

Die Zeitkonstante ist $\frac{L}{R}$.

Ferner sei $U = 10$, $R = 1$, $L = 0,01$; für sehr großes t wird dann der Ausdruck $1-e^{-\frac{Rt}{L}}$ gleich 1 und $I = \frac{U}{R} = 10$, und $\frac{L}{R} = T = 0,01$.

Zu der Zeit t ist dann

$$I = 10 - 10\, e^{-\frac{t}{0,01}}$$

XIV. Die Zinseszinsen und das Gesetz vom organischen Wachstum

da ja die Zeitkonstante gleich 0,01 ist. Das bedeutet also, daß nach 0,01 sec die veränderliche Größe auf $\frac{1}{e} = 0{,}3678$ ihres Anfangswertes $10\,e^{-\frac{0}{0,01}} = 10$ gesunken ist.

Wie groß ist nun die Stromstärke für $t = 0{,}001$ sec, d. h. für $\frac{t}{T} = 0{,}1$, $e^{-0{,}1} = 0{,}9048$ (aus der Tabelle)?

Nach 0,001 sec hat die veränderliche Größe den Wert $0{,}9048 \cdot 10 = 9{,}048$ und die Stromstärke beträgt

$$10 - 9{,}048 = 0{,}952.$$

Ebenso ist nach 0,1 sec

$$\frac{t}{T} = 10; \quad e^{-10} = 0{,}000045;$$

der Strom beträgt dann $10 - 10 \cdot 0{,}000045 = 9{,}9995$.

(2) Die Intensität I eines Lichtstrahls, der ein Medium von der Dicke l durchsetzt hat, beträgt nach dem L a m - b e r t-schen Gesetz $I = I_0 e^{-kl}$, wobei I_0 die Einfallsintensität des Strahls und k eine „Absorptionskonstante" darstellt.

Diese Konstante wird gewöhnlich experimentell bestimmt. Hat man z. B. gefunden, daß die Intensität eines Lichtstrahls nach dem Durchgang durch eine 10 cm dicke Schicht um 18 Prozent vermindert worden ist, so wird $82 = 100 \cdot e^{-k \cdot 10}$ oder $e^{-10k} = 0{,}82$ sein. Nach der Tabelle ist $10k$ nahezu $= 0{,}20$ und $k = 0{,}02$.

Um die Schichtdicke zu finden, die die Intensität auf die Hälfte absinken läßt, muß man den Wert von l aufsuchen, der die Gleichung $50 = 100 \cdot e^{-0{,}02 l}$ oder $0{,}5 = e^{-0{,}02 l}$ befriedigt. Logarithmiert man diese Gleichung, so wird

$$\log 0{,}5 = -0{,}02 \cdot l \cdot \log e,$$

oder es ist

$$l = \frac{-0{,}3010}{-0{,}02 \cdot 0{,}4343} = 34{,}5 \text{ cm}.$$

(3) Die Menge Q einer radioaktiven Substanz, die noch nicht zerfallen ist, ist mit der ursprünglichen

146 *XIV. Die Zinseszinsen und das Gesetz vom organischen Wachstum*

Menge Q_0 durch die Beziehung $Q = Q_0 e^{-\lambda t}$ verknüpft; dabei bedeutet λ eine Konstante und t die Zeit in Sekunden, welche seit Beginn des Zerfalls verstrichen ist.

Eine experimentelle Untersuchung zeigt für „Radium A", daß $\lambda = 3{,}85 \cdot 10^{-3}$ ist, wenn man — wie angegeben — die Zeit in Sekunden mißt. Nach welchem Zeitraum ist die Hälfte der Substanz zerfallen? (Diese Zeit heißt „Halbwertszeit" der Substanz.)

Wir haben

$$0{,}5 = e^{-0{,}00385\, t}$$

$$\log 0{,}5 = -0{,}00385\, t \cdot \log e$$

und $t = 3$ min (annähernd).

Übungen XIII

(Lösungen siehe S. 258)

(1) Zeichne die Kurve $y = b e^{-\frac{t}{T}}$, wenn $b = 12$, $T = 8$ ist und t verschiedene Werte zwischen 0 und 20 annimmt.

(2) Wenn sich ein erhitzter Körper in 24 min auf die halbe Anfangstemperatur abgekühlt hat, so berechne die Zeitkonstante und die Zeit, die vergeht, bis seine Temperatur auf 1 Prozent des Anfangswertes gesunken ist.

(3) Zeichne die Kurve $y = 100(1 - e^{-2t})$.

(4) Folgende Gleichungen ergeben ähnliche Kurven:

$$y = \frac{ax}{x+b}$$

$$y = a\left(1 - e^{-\frac{x}{b}}\right)$$

$$y = \frac{a}{90°} \operatorname{arc tg}\left(\frac{x}{b}\right).$$

Trage diese Kurven in Millimeterpapier ein für $a = 100$ mm und $b = 30$ mm.

XIV. Die Zinseszinsen und das Gesetz vom organischen Wachstum

(5) Bestimme den Differentialquotienten für

(a) $y = x^x$

(b) $y = (e^x)^x$

(c) $y = e^{x^x}$.

(6) Für „Thorium A" hat λ den Wert 5; bestimme die „Halbwertszeit"! Es ist das nach unserem analogen Beispiel die Zeit, welche verstreicht, bis die Menge Q von „Thorium A" gleich der Hälfte der anfänglich vorhandenen Menge Q_0 geworden ist. Hier gilt ebenfalls die Beziehung

$$Q = Q_0 \cdot e^{-\lambda t},$$

wenn t in Sekunden gemessen wird.

(7) Ein Kondensator von der Kapazität $C = 4 \cdot 10^{-6}$ Farad wird auf das Potential $V_0 = 20$ Volt aufgeladen und entlädt sich über einen Widerstand von 10 000 Ω. Wie groß ist das Potential a) nach 0,1 sec; b) nach 0,01 sec, wenn der Potentialabfall durch die Gleichung

$$V = V_0 e^{-\frac{t}{RC}}$$

geregelt wird?

(8) Die Ladung Q einer aufgeladenen, isoliert aufgestellten Metallkugel sinkt von 20 auf 16 Einheiten in 10 min. Wie groß ist der Verlustkoeffizient, falls

$$Q = Q_0 \cdot e^{-\mu t}$$

ist und Q_0 die Anfangsladung bedeutet, während t in Sekunden gerechnet wird? Nach welcher Zeit ist die Ladung auf den halben Wert gesunken?

(9) Die Dämpfung in einer Telephonleitung kann durch die Gleichung $i = i_0 e^{-\beta l}$ wiedergegeben werden, wenn i die Stromstärke des Telegraphiestromes von der Anfangsstärke i_0 bedeutet, mit l die Länge der Leitung in Kilometern und mit β eine Konstante bezeichnet wird. Für das französisch-englische Seekabel, das im Jahre 1910 gelegt wurde, ist $\beta = 0{,}0114$. Wie groß ist die Dämpfung am Ende des

40 km langen Kabels? Wie lang dürfte das Kabel sein, damit der resultierende Strom 8 Prozent des ursprünglichen beträgt? (Dies wäre zugleich die Grenze für ausreichende Verständigung.)

(10) In einer Höhe von h km beträgt der atmosphärische Druck $p = p_0 e^{-kh}$; p_0 bezeichnet den Luftdruck für das Meeresniveau (760 mm).

Wenn die Drucke in 10, 20 und 50 km Höhe 199,2, 42,2 und 0,32 mm sind, wie groß ist dann k in jedem Falle? Wie groß ist der jeweilige prozentuale Fehler, wenn man die Werte für k mittelt?

Suche das Maximum oder Minimum für

(11) $$y = x^x.$$

(12) $$y = x^{\frac{1}{x}}.$$

(13) $$y = x \cdot a^{\frac{1}{x}}.$$

XV

Der Differentialquotient der Sinus- und Kosinusfunktion

Wir wollen dem Gebrauch der Winkelbenennung mit griechischen Buchstaben folgen und einen veränderlichen Winkel mit Θ („theta") bezeichnen.

Im folgenden betrachten wir die Funktion

$$y = \sin \Theta$$

und wollen den Wert $\frac{d(\sin \Theta)}{d\Theta}$ aufsuchen, oder, anders ausgedrückt, wir wollen die Beziehung zwischen dem Zuwachs, den der Sinus des Winkels und den der Winkel selbst erfährt, finden, wenn beide Zunahmen unbegrenzt klein sind. In Fig. 43 stellt die Höhe y den Sinus des Winkels Θ dar, wenn der Kreis den Radius eins hat. Nehmen wir nun an, daß der Winkel Θ um den kleinen Winkel $d\Theta$ — um ein

XV. Der Differentialquotient der Sinus- und Kosinusfunktion

Winkelelement also — größer wird, so erfährt die Höhe y, der Sinus des Winkels, ebenfalls einen Zuwachs, den wir wie immer dy nennen. Die neue Höhe $y+dy$ stellt dann den Sinus des neuen Winkels $\Theta+d\Theta$ dar, oder, als Gleichung ausgedrückt:

$$y + dy = \sin(\Theta + d\Theta);$$

zieht man jetzt die ursprüngliche Gleichung ab, so wird

$$dy = \sin(\Theta + d\Theta) - \sin\Theta.$$

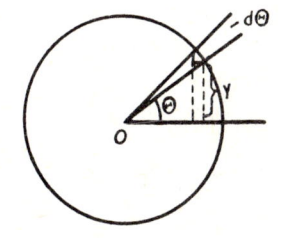

Fig. 43.

Auf der rechten Seite steht nun die Differenz zweier Sinusfunktionen, die wir in bekannter Weise umformen können. Für zwei beliebige Winkel α und β gilt nämlich die Beziehung

$$\sin\alpha - \sin\beta = 2\cos\frac{\alpha+\beta}{2} \cdot \sin\frac{\alpha-\beta}{2}.$$

Schreiben wir jetzt $\alpha = \Theta + d\Theta$ als einen Winkel und $\beta = \Theta$ als den anderen, so wird

$$dy = 2\cos\frac{\Theta + d\Theta + \Theta}{2} \cdot \sin\frac{\Theta + d\Theta - \Theta}{2},$$

oder

$$dy = 2\cos\left(\Theta + \frac{1}{2}d\Theta\right) \cdot \sin\frac{1}{2}d\Theta.$$

Wird der Zuwachs $d\Theta$ unbegrenzt klein, so kann $\frac{1}{2}d\Theta$ gegenüber dem ganzen Winkel Θ sicherlich vernachlässigt

XV. Der Differentialquotient der Sinus- und Kosinusfunktion

und $\sin \frac{1}{2} d\Theta$ gleich $\frac{1}{2} d\Theta$ gesetzt werden[1]). Oder es ist

$$dy = 2 \cos \Theta \cdot \frac{1}{2} d\Theta$$

$$dy = \cos \Theta \cdot d\Theta,$$

und schließlich

$$\frac{dy}{d\Theta} = \cos \Theta.$$

Die beiden Kurven in den Fig. 44 und 45 geben graphisch die Werte von $y = \sin \Theta$ und $\frac{dy}{d\Theta} = \cos \Theta$ für die entsprechenden Werte von Θ wieder.

Als zweites Problem behandeln wir die Differentiation der Kosinusfunktion.

Es sei $\qquad y = \cos \Theta.$
Nun ist aber

$$\cos \Theta = \sin \left(\frac{\pi}{2} - \Theta\right).$$

Deshalb wird

$$dy = d\left(\sin\left(\frac{\pi}{2} - \Theta\right)\right) = \cos\left(\frac{\pi}{2} - \Theta\right) \cdot d(-\Theta),$$

$$= \cos\left(\frac{\pi}{2} - \Theta\right) \cdot (-d\Theta),$$

$$\frac{dy}{d\Theta} = -\cos\left(\frac{\pi}{2} - \Theta\right).$$

Und hieraus folgt: $\frac{dy}{d\Theta} = -\sin \Theta.$

---

[1]) Dies kann leicht bewiesen werden. Für einen Winkel δ gilt nämlich die Ungleichung

$$\cos \delta < \frac{\delta}{\sin \delta} < \frac{1}{\cos \delta};$$

läßt man nun δ gegen Null konvergieren, so nehmen offenbar $\cos \delta$ und $\frac{1}{\cos \delta}$ den Grenzwert eins an; dann muß aber auch der Quotient $\frac{\delta}{\sin \delta}$, der ja stets der Größe nach zwischen $\cos \delta$ und $\frac{1}{\cos \delta}$ liegt, diesen Wert annehmen. Damit wird also $\sin \delta = \delta$, wenn δ unbegrenzt klein wird.   D. Ü.

XV. Der Differentialquotient der Sinus- und Kosinusfunktion

Wir untersuchen nun noch die Tangensfunktion. Es sei

$$y = \operatorname{tg} \Theta,$$

$$= \frac{\sin \Theta}{\cos \Theta}.$$

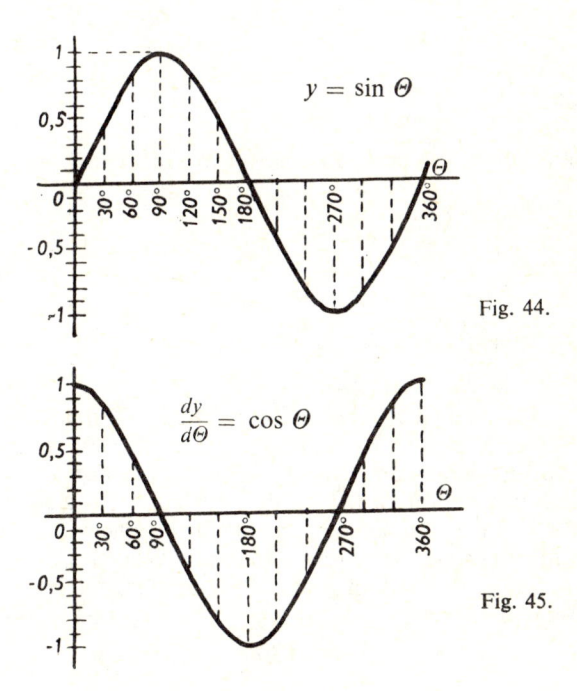

Fig. 44.

Fig. 45.

Der Differentialquotient von $\sin \Theta$ heißt $\frac{d(\sin \Theta)}{d\Theta}$, und der Differentialquotient von $\cos \Theta$ ist $\frac{d(\cos \Theta)}{d\Theta}$. Jetzt wenden wir noch unsere Regel zur Differentiation eines

XV. Der Differentialquotient der Sinus- und Kosinusfunktion

Quotienten zweier Funktionen an und bekommen

$$\frac{dy}{d\Theta} = \frac{\cos\Theta \dfrac{d(\sin\Theta)}{d\Theta} - \sin\Theta \dfrac{d(\cos\Theta)}{d\Theta}}{\cos^2\Theta}$$

$$= \frac{\cos^2\Theta + \sin^2\Theta}{\cos^2\Theta}$$

$$= \frac{1}{\cos^2\Theta},$$

oder $\quad\dfrac{dy}{d\Theta} = \sec^2\Theta.$

Wir schreiben diese Ergebnisse in eine Tabelle:

y	$\dfrac{dy}{d\Theta}$
$\sin\Theta$	$\cos\Theta$
$\cos\Theta$	$-\sin\Theta$
$\text{tg}\,\Theta$	$\sec^2\Theta$

Bei manchen mechanischen und physikalischen Problemen, wie z. B. bei harmonischen Bewegungen und Wellenbewegungen, treten Winkel auf, deren Größe der Zeit proportional ist. Erfordert die Vollendung einer ganzen **Periode** die Zeit T, entsprechend einem Umlauf beim Einheitskreise, so wird, wenn der Winkel für eine Umdrehung 2π Radian oder $360°$ beträgt, in der Zeit t der Winkel

$$\Theta = 2\pi \frac{t}{T} \text{ Radian}$$

oder $\qquad\Theta = 360 \dfrac{t}{T}$ Grad durchlaufen.

Bezeichnet v die **Frequenz** oder Zahl der Perioden in einer Sekunde, so wird $v = \dfrac{1}{T}$, und wir können schreiben

$$\Theta = 2\pi v t.$$

XV. Der Differentialquotient der Sinus- und Kosinusfunktion

Ferner wird dann
$$y = \sin 2\pi v t.$$

Wollen wir jetzt wissen, wie der Sinus mit der Zeit variiert, so müssen wir nach t und nicht nach Θ differenzieren. Zu diesem Zweck wenden wir den im 9. Kapitel, S. 59, erläuterten Kunstgriff an und schreiben

$$\frac{dy}{dt} = \frac{dy}{d\Theta} \cdot \frac{d\Theta}{dt}.$$

$\frac{d\Theta}{dt}$ ist augenscheinlich gleich $2\pi v$, und es wird

$$\frac{dy}{dt} = \cos \Theta \cdot 2\pi v = 2\pi v \cdot \cos 2\pi v t.$$

In entsprechender Weise zeigt man, daß

$$\frac{d(\cos 2\pi v t)}{dt} = -2\pi v \cdot \sin 2\pi v t$$

ist.

Der zweite Differentialquotient der Sinus- und Kosinusfunktion

Wir haben gesehen, daß $\sin \Theta$ nach Θ differenziert $\cos \Theta$ ergibt; $\cos \Theta$ aber gibt nach Θ differenziert $-\sin \Theta$; oder auch

$$\frac{d^2(\sin \Theta)}{d\Theta^2} = -\sin \Theta.$$

Wir machen die merkwürdige Entdeckung, daß eine Funktion nach zweimaliger Differentiation wieder dieselbe Funktion, nur mit umgekehrtem Vorzeichen, ergibt.

Ebenso verhält sich die Kosinusfunktion; der Differentialquotient von $\cos \Theta$ ergibt $-\sin \Theta$ und $-\sin \Theta$ wird differenziert zu $-\cos \Theta$; also

$$\frac{d^2(\cos \Theta)}{d\Theta^2} = -\cos \Theta.$$

Die Sinus- und Kosinusfunktion sind die einzigen Funktionen, deren zwei-

XV. Der Differentialquotient der Sinus- und Kosinusfunktion

ter Differentialquotient gleich der ursprünglichen Funktion mit umgekehrtem Vorzeichen ist.

Beispiele. Mit unseren neuen Kenntnissen können wir Ausdrücke komplizierterer Natur ohne Schwierigkeit differenzieren.

(1) $$y = \arcsin x.$$

Ist y der Bogen, dessen Sinus x heißt, so ist $x = \sin y$,

$$\frac{dx}{dy} = \cos y.$$

Kehren wir jetzt von der inversen Funktion zur ursprünglichen zurück, so wird

$$\frac{dy}{dx} = \frac{1}{\frac{dx}{dy}} = \frac{1}{\cos y}.$$

Nun ist aber

$$\cos y = \sqrt{1-\sin^2 y} = \sqrt{1-x^2};$$

und daher ergibt sich

$$\frac{dy}{dx} = \frac{1}{\sqrt{1-x^2}}$$

als unerwartetes Ergebnis.

(2) $$y = \cos^3 \Theta.$$

Für diesen Ausdruck können wir auch schreiben $y = (\cos \Theta)^3$. Ferner sei $\cos \Theta = v$; dann ist $y = v^3$ und $\frac{dy}{dv} = 3v^2$.

$$\frac{dv}{d\Theta} = -\sin \Theta.$$

$$\frac{dy}{d\Theta} = \frac{dy}{dv} \cdot \frac{dv}{d\Theta} = -3\cos^2 \Theta \sin \Theta.$$

(3) $$y = \sin(x+a).$$

XV. Der Differentialquotient der Sinus- und Kosinusfunktion

Setze $x+a = v$; also $y = \sin v$

$$\frac{dy}{dv} = \cos v; \quad \frac{dv}{dx} = 1 \text{ und } \frac{dy}{dx} = \cos(x+a).$$

(4) $\qquad y = \ln \sin \Theta.$

Schreibe $\sin \Theta = v$; $y = \ln v$.

$$\frac{dy}{dv} = \frac{1}{v}; \quad \frac{dv}{d\Theta} = \cos \Theta;$$

$$\frac{dy}{d\Theta} = \frac{1}{\sin \Theta} \cdot \cos \Theta = \operatorname{ctg} \Theta.$$

(5) $y = \operatorname{ctg} \Theta = \dfrac{\cos \Theta}{\sin \Theta}.$

$$\frac{dy}{d\Theta} = \frac{-\sin^2 \Theta - \cos^2 \Theta}{\sin^2 \Theta} = -(1 + \operatorname{ctg}^2 \Theta) = -\operatorname{cosec}^2 \Theta.$$

(6) $y = \operatorname{tg} 3\Theta.$

Setze $3\Theta = v$; $y = \operatorname{tg} v$; $\dfrac{dy}{dv} = \sec^2 v$; $\dfrac{dv}{d\Theta} = 3$;

$$\frac{dy}{d\Theta} = 3 \sec^2 \Theta.$$

(7) $y = \sqrt{1 + 3 \operatorname{tg}^2 \Theta}$; $y = (1 + 3 \operatorname{tg}^2 \Theta)^{\frac{1}{2}}.$

Es sei $3 \operatorname{tg}^2 \Theta = v$.

$$y = (1+v)^{\frac{1}{2}}; \quad \frac{dy}{dv} = \frac{1}{2\sqrt{1+v}} \quad \text{(siehe S. 61)};$$

$$\frac{dv}{d\Theta} = 6 \operatorname{tg} \Theta \sec^2 \Theta$$

(ist nämlich $\operatorname{tg} \Theta = u$, so wird

$v = 3u^2$; $\dfrac{dv}{du} = 6u$; $\dfrac{du}{d\Theta} = \sec^2 \Theta$; und $\dfrac{dv}{d\Theta} = 6 \operatorname{tg} \Theta \sec^2 \Theta$);

schließlich ist:

$$\frac{dy}{d\Theta} = \frac{6 \operatorname{tg} \Theta \sec^2 \Theta}{2\sqrt{1 + 3 \operatorname{tg}^2 \Theta}}.$$

XV. Der Differentialquotient der Sinus- und Kosinusfunktion

(8) $y = \sin x \cos x$.

$$\frac{dy}{dx} = \sin x(-\sin x) + \cos x \; \cos x = \cos^2 x - \sin^2 x.$$

Nahe verwandt mit den Funktionen $\cos x$, $\sin x$, $\operatorname{tg} x$ sind 3 andere nützliche Funktionen, nämlich ,,cosinus hyperbolicus", ,,sinus hyperbolicus" und ,,tangens hyperbolicus", geschrieben: cosh, sinh, tgh.

Diese Funktionen sind wie folgt definiert:

$$\sinh x = \frac{1}{2}(e^x - e^{-x})$$

$$\cosh x = \frac{1}{2}(e^x + e^{-x})$$

$$\operatorname{tgh} x = \frac{\sinh x}{\cosh x} = \frac{e^x - e^{-x}}{e^x + e^{-x}}$$

Zwischen $\cosh x$ und $\sinh x$ besteht eine wichtige Beziehung; denn es ist

$$\cosh^2 x - \sinh^2 x = \frac{1}{4}(e^x + e^{-x})^2 - \frac{1}{4}(e^x - e^{-x})^2 =$$

$$= \frac{1}{4}(e^{2x} + 2 + e^{-2x} - e^{2x} + 2 - e^{-2x}) = 1$$

Weiter ist

$$\frac{d}{dx}(\sinh x) = \frac{1}{2}(e^x + e^{-x}) = \cosh x$$

$$\frac{d}{dx}(\cosh x) = \frac{1}{2}(e^x - e^{-x}) = \sinh x$$

$$\frac{d}{dx}(\operatorname{tgh} x) = \frac{\cosh x \dfrac{d}{dx}(\sinh x) - \sinh x \dfrac{d}{dx}(\cosh x)}{\cosh^2 x}$$

$$= \frac{\cosh^2 x - \sinh^2 x}{\cosh^2 x} = \frac{1}{\cosh^2 x}$$

(wegen $\cosh^2 x - \sinh^2 x = 1$).

Übungen XIV

(Lösungen siehe S. 258)

(1) Differenziere:

(a) $y = A \sin \left(\Theta - \frac{\pi}{2}\right)$.
(b) $y = \sin^2 \Theta$; und $y = \sin 2\Theta$.
(c) $y = \sin^3 \Theta$; und $y = \sin 3\Theta$.

(2) Für welchen Wert von Θ ist das Produkt $\sin \Theta \cdot \cos \Theta$ ein Maximum?

(3) Differenziere $y = \frac{1}{2\pi} \cos 2\pi n t$.

(4) Suche den Differentialquotienten der Funktion $y = \sin a^x$!

Differenziere:

(5) $y = \ln \cos x$.
(6) $y = 18{,}2 \sin (x + 26°)$.

(7) Zeichne die Kurve $y = 100 \sin (\Theta - 15°)$; zeige, daß die Kurvensteigung für $\Theta = 75°$ die Hälfte der maximalen Steigung beträgt.

(8) Wie groß ist $\frac{dy}{d\Theta}$, wenn $y = \sin \Theta \cdot \sin 2\Theta$ ist?

(9) Wie heißt für die Funktion $y = a \cdot \operatorname{tg}^m (\Theta^n)$ der Differentialquotient von y nach Θ?

(10) Differenziere $y = e^x \cdot \sin x$!

(11) Differenziere die drei Gleichungen von Übung XIII (S. 146), Nr. 4 und vergleiche ihre Differentialquotienten, ob sie gleich oder nicht gleich sind, für sehr kleine oder für sehr große Werte von x oder für solche in der Nähe von $x = 30$.

(12) Differenziere folgende Gleichungen:

(a) $y = \sec x$.
(b) $y = \arccos x$.
(c) $y = \operatorname{arc\,tg} x$.
(d) $y = \operatorname{arc\,sec} x$.
(e) $y = \operatorname{tg} x \cdot \sqrt{3 \sec x}$.

(13) Differenziere $y = \sin(2\Theta+3)^{2,3}$.
(14) Differenziere $y = \Theta^3 + 3\sin(\Theta+3) - 3^{\sin\Theta} - 3^{\Theta}$.
(15) Suche Maximum oder Minimum der Funktion $y = \Theta \cdot \cos \Theta$!

Nun nehme man sich noch die Aufgaben 4—8 auf Seite 67 vor.

XVI
Partielle Differentiation

Bisweilen treffen wir Größen, die Funktionen von mehr als einer unabhängigen Variablen sind. So kann y beispielsweise von zwei anderen variablen Größen abhängig sein, die wir u und v nennen wollen. In Zeichen geschrieben ist dann

$$y = f(u, v).$$

Wir wählen ein einfaches Beispiel.
Es sei

$$y = u \cdot v.$$

Wie behandeln wir wohl diesen Ausdruck? Betrachten wir etwa v als Konstante und differenzieren wir dann nach u, so würden wir

$$dy_v = v\, du$$

erhalten; betrachten wir aber u als Konstante, so ergibt sich bei der Differentiation nach v

$$dy_u = u\, dv.$$

Die kleinen Buchstaben, welche wir hier als Indizes angeführt haben, sollen angeben, welche Größe bei der betreffenden Operation als konstant angesehen wurde.

Eine andere Möglichkeit, um anzudeuten, daß die Differentiation nur t e i l w e i s e oder p a r t i e l l ausgeführt worden ist, daß sie nur in bezug auf die e i n e unabhängige Variable vorgenommen wurde, bietet die Schreibweise mit

XVI. Partielle Differentiation

griechischem ∂ statt mit lateinischem d. Dann ist einfach

$$\frac{\partial y}{\partial u} = v$$

und

$$\frac{\partial y}{\partial v} = u$$

Setzen wir diese Werte für v und u ein, so erhalten wir

$$\left.\begin{array}{l} dy_v = \dfrac{\partial y}{\partial u}\, du \\ dy_u = \dfrac{\partial y}{\partial v}\, dv \end{array}\right\} \text{ als partielle Differentiale.}$$

Wir müssen uns jedoch stets vor Augen halten, daß die gesamte Änderung von y von diesen beiden Größen gleichzeitig abhängt; d. h. also, daß das wirkliche Differential dy, wenn sich beide unabhängigen Variablen ändern,

$$dy = \frac{\partial y}{\partial u}\, du + \frac{\partial y}{\partial v}\, dv$$

geschrieben werden muß; man nennt es das **totale Differential**.

Das totale Differential ist die Summe der partiellen Differentiale.

Bisweilen schreibt man auch

$$dy = \left(\frac{dy}{du}\right)_v du + \left(\frac{dy}{dv}\right)_u dv.$$

Aufgabe (1). Die partiellen Differentialquotienten des Ausdrucks $w = 2ax^2 + 3bxy + 4cy^3$ sind gesucht. Die Antwort lautet:

$$\left.\begin{array}{l} \dfrac{\partial w}{\partial x} = 4ax + 3by \\ \dfrac{\partial w}{\partial y} = 3bx + 12cy^2. \end{array}\right\}$$

Der erste ergibt sich, wenn man y konstant hält; der zweite, wenn x als konstant angesehen wird; ferner ist

$$dw = (4ax + 3by)\,dx + (3bx + 12cy^2)\,dy.$$

Aufgabe (2). Es sei $z = x^y$. Man erhält dann in ganz entsprechender Weise, wenn man zunächst y, dann x konstant hält:

$$\left.\begin{aligned}\frac{\partial z}{\partial x} &= yx^{y-1}, \\ \frac{\partial z}{\partial y} &= x^y \cdot \ln x;\end{aligned}\right\}$$

es ist also $dz = yx^{y-1}dx + x^y \cdot \ln x\, dy$.

Aufgabe (3). Das Volumen V eines Kegels von der Höhe h beträgt $V = \frac{1}{3}\pi r^2 h$, wenn r den Radius des Grundkreises bedeutet. Bleibt die Höhe konstant, während r sich ändert, so ist diese Volumänderung verschieden von der Änderung des Volumens, wenn etwa bei konstant gehaltenem Radius die Höhe variiert; also ist

$$\left.\begin{aligned}\frac{\partial V}{\partial r} &= \frac{2\pi}{3} rh \\ \frac{\partial V}{\partial h} &= \frac{\pi}{3} r^2\end{aligned}\right\}$$

Die Gleichung $dV = \frac{2\pi}{3} rh\, dr + \frac{\pi}{3} r^2\, dh$ gibt die Volumänderung des Kegels wieder, wenn Radius und Höhe zugleich sich ändern.

Aufgabe (4). In dem folgenden Beispiel bezeichnen F und f irgend zwei beliebige Funktionen. Es können beispielsweise Sinusfunktionen oder Exponentialfunktionen oder einfach nur algebraische Funktionen der beiden Unbekannten t und x sein. Unter dieser Annahme wollen wir den Ausdruck

$$y = F(x+at) + f(x-at)$$

oder

$$y = F(w) + f(v)$$

untersuchen, wobei $w = x+at$ und $v = x-at$ ist.

Dann ist aber

$$\frac{\partial y}{\partial x} = \frac{dF(w)}{dw} \cdot \frac{\partial w}{\partial x} + \frac{df(v)}{dv} \cdot \frac{\partial v}{\partial x} = F'(w) \cdot 1 + f'(v) \cdot 1$$

XVI. Partielle Differentiation

(die Zahl 1 ist einfach der Koeffizient von x in den Gleichungen für w und v), und

$$\frac{\partial^2 y}{\partial x^2} = F''(w) + f''(v).$$

Also auch

$$\frac{\partial y}{\partial t} = \frac{dF(w)}{dw} \cdot \frac{\partial w}{\partial t} + \frac{df(v)}{dv} \cdot \frac{\partial v}{\partial t} = F'(w) \cdot a - f'(v)a,$$

und

$$\frac{\partial^2 y}{\partial t^2} = F''(w)a^2 + f''(v)a^2,$$

oder schließlich

$$\frac{\partial^2 y}{\partial t^2} = a^2 \frac{\partial^2 y}{\partial x^2}.$$

Diese Differentialgleichung ist für die mathematische Behandlung physikalischer Probleme von außerordentlicher Wichtigkeit (siehe auch S. 219 Beispiel 8).

Maxima und Minima von Funktionen zweier unabhängiger Variablen

Aufgabe (5). Wir greifen auf Aufgabe (4) von S. 98 aus den Übungen IX zurück.

Es sollen x und y die Längen zweier Schnurstücke darstellen. Die Länge des dritten beträgt dann $30-(x+y)$; der Flächeninhalt des Dreiecks ist

$$A = \sqrt{s(s-x)(s-y)(s-30+x+y)},$$

wenn s den halben Umfang bedeutet. Dann ist $A = \sqrt{15P}$; dabei ist

$$P = (15-x)(15-y)(x+y-15)$$
$$= xy^2 + x^2y - 15x^2 - 15y^2 - 45xy + 450x + 450y - 3375.$$

Sicherlich ist auch A ein Maximum, wenn P ein Maximum ist.

$$dP = \frac{\partial P}{\partial x}dx + \frac{\partial P}{\partial y}dy.$$

Bei einem Maximum — um ein Minimum kann es sich hier offensichtlich nicht handeln — muß gleichzeitig

$$\frac{\partial P}{\partial x} = 0 \quad \text{und} \quad \frac{\partial P}{\partial y} = 0 \quad \text{sein};$$

also

$$\left.\begin{array}{l} 2xy - 30x + y^2 - 45y + 450 = 0. \\ 2xy - 30y + x^2 - 45x + 450 = 0. \end{array}\right\}$$

Sogleich ergibt sich $x = y$ als eine Lösung.

Führen wir diese in den Wert für P ein, so finden wir

$$P = (15-x)^2(2x-15) = 2x^3 - 75x^2 + 900x - 3375.$$

Für ein Maximum oder Minimum wird

$$\frac{dP}{dx} = 6x^2 - 150x + 900 = 0,$$

hieraus folgt $x = 15$ oder $x = 10$.

Offensichtlich gibt $x = 15$ den Flächeninhalt Null; $x = 10$ gibt das Maximum; denn es ist

$$\frac{d^2P}{dx^2} = 12x - 150,$$

man erhält $+30$ für $x = 15$ und -30 für $x = 10$.

Aufgabe (6). Berechne die Ausmaße eines Kohlentenders von rechteckigem Querschnitt, dessen Seiten und Boden bei einem gegebenen Volumen V zusammen so klein wie möglich gehalten werden sollen.

Der Tenderraum ist ein rechteckiger, oben offener Kasten. Ist seine Länge x, seine Breite y, so ist er $\frac{V}{xy}$ tief.

Seine Gesamtoberfläche ist

$$S = xy + \frac{2V}{x} + \frac{2V}{y}.$$

$$dS = \frac{\partial S}{\partial x}dx + \frac{\partial S}{\partial y}dy = \left(y - \frac{2V}{x^2}\right)dx + \left(x - \frac{2V}{y^2}\right)dy.$$

Für ein Minimum ist (ein Maximum kommt nicht in Frage)

$$y - \frac{2V}{x^2} = 0, \qquad x - \frac{2V}{y^2} = 0.$$

Hieraus ergibt sich sofort $x = y$; es ist also

$$S = x^2 + \frac{4V}{x}, \quad \frac{dS}{dx} = 2x - \frac{4V}{x^2} = 0$$

für ein Minimum und daraus

$$x = \sqrt[3]{2V}.$$

Übungen XV

(Lösungen siehe S. 259)

(1) Differenziere den Ausdruck $\frac{x^3}{3} - 2x^3y - 2y^2x + \frac{y}{3}$ zunächst nach x; dann noch nach y.

(2) Wie heißen die partiellen Differentialquotienten nach x, y und z des Ausdrucks

$$x^2yz + xy^2z + xyz^2 + x^2y^2z^2?$$

(3) Es sei

$$r^2 = (x-a)^2 + (y-b)^2 + (z-c)^2.$$

Suche den Wert für

$$\frac{\partial r}{\partial x} + \frac{\partial r}{\partial y} + \frac{\partial r}{\partial z} \quad \text{und für} \quad \frac{\partial^2 r}{\partial x^2} + \frac{\partial^2 r}{\partial y^2} + \frac{\partial^2 r}{\partial z^2}.$$

(4) Bestimme das totale Differential für $y = u^v$.

(5) Wie heißen die totalen Differentiale von

(a) $\qquad y = u^3 \sin v,$
(b) $\qquad y = (\sin x)^u,$
(c) $\qquad y = \frac{\ln u}{v}?$

(6) Beweise, daß die Summe dreier Größen x, y und z, deren Produkt eine Konstante K ist, ein Minimum darstellt, wenn diese drei Größen einander gleich sind.

(7) Bestimme das Maximum oder Minimum der Funktion

$$u = x + 2xy + y!$$

(8) Nach den englischen Postbestimmungen darf kein Paket aufgegeben werden, dessen Länge plus Umfang mehr als 6 Fuß ausmacht. Welches Volumen ist das größte, das von der Post noch befördert wird, a) wenn das Paket rechteckigen, b) wenn das Paket kreisförmigen Querschnitt hat?

(9) Teile die Zahl π so in 3 Teile, daß das Produkt ihrer Sinusfunktionen ein Maximum oder Minimum darstellt!

Suche das Maximum oder Minimum für die Funktionen:

(10) $$u = \frac{e^{x+y}}{x \cdot y}.$$

(11) $$u = y + 2x - 2 \ln y - \ln x.$$

(12) Ein Trog von gegebenem Volumen und prismatischer Gestalt, dessen Querschnitt die Form eines gleichschenkligen Dreiecks hat, ist so aufgestellt, daß eine Kante sich unten befindet, während die gegenüberliegende Seite geöffnet ist. Bestimme seine Ausmaße so, daß man zu seiner Konstruktion möglichst wenig Eisenblech braucht!

XVII

Integration

Das große Geheimnis von der Bedeutung des rätselhaften Zeichens $\int$ ist bereits verraten worden; dieses Zeichen stellt nichts weiter als ein langgezogenes S vor und bedeutet einfach „die Summe von" oder „die Summe aller kleinen Größen wie…" Es ähnelt also einem anderen Zeichen, nämlich dem griechischen $\sum$ (S i g m a), das ja auch ein Summationssymbol ist. Man macht aber im praktischen Gebrauch dieser beiden Zeichen den Unterschied, daß das $\sum$ allgemein benutzt wird, um die Summe einer Anzahl end-

XVII. Integration

licher Größen anzugeben; das Integralzeichen $\int$ dient dagegen zur Bezeichnung einer Summe von unbegrenzt vielen und unbegrenzt kleinen Größen, eben den sogenannten „Elementen", die in ihrer Gesamtheit den gesuchten Wert darstellen. So ist $\int dy = y$ und ebenso $\int dx = x$.

Man kann sich leicht vorstellen, daß irgendein Gegenstand aus einer Anzahl einzelner Bestandteile zusammengesetzt werden kann; und je kleiner diese sind, um so mehr werden auch vorhanden sein. So kann man beispielsweise einen Zentimeter als aus 10 Stücken bestehend ansehen, von denen jedes $\frac{1}{10}$ cm lang ist, aber er kann auch aus 100 Stücken gebildet werden, von denen jedes $\frac{1}{100}$ cm ausmacht; oder aus 1 000 000 Stückchen, von denen dann jedes $\frac{1}{1\,000\,000}$ cm lang ist; schließlich kann man jedes Vorstellungsvermögen beiseite lassen und ihn aus einer unbegrenzten Anzahl von Elementen aufbauen, von denen dann eben jedes unbegrenzt klein ist.

Gewiß — wird man sagen, aber wozu brauchen wir überhaupt solche Vorstellungen? Weshalb soll man diese Strecke von einem Zentimeter nicht einfach als Ganzes betrachten? Der Grund ist einfach genug; in vielen Fällen kann man eben die Größe irgendeines Begriffes nicht als Ganzes erkennen, ohne erst die Summe einer Menge kleiner Bruchteile gebildet zu haben. Der Vorgang des „Integrierens" ermöglicht es uns, Größen zu berechnen, die wir auf direktem Wege oder in anderer Weise nicht bestimmen können.

Ein oder zwei leichte Beispiele sollen uns mit der Summation einer Menge einzelner Teile vertraut machen.

Zunächst betrachten wir die Reihe

$$1 + \frac{1}{2} + \frac{1}{4} + \frac{1}{8} + \frac{1}{16} + \frac{1}{32} + \frac{1}{64} + \cdots$$

Jedes Glied dieser Reihe ist halb so groß wie das vorangehende. Welchem Grenzwert strebt diese Reihe zu, wenn ich eine unbegrenzte Anzahl von Gliedern addiere? Wie sich inzwischen herumgesprochen haben sollte: dem Wert 2.

Wir denken etwa an eine Strecke (Fig. 46) und fangen mit einem Zentimeter an; fügen dann einen halben Zentimeter zu, dann ein Viertel, dann ein Achtel und so fort. Hören wir schließlich bei irgendeinem Gliede auf, so wird noch ein Rest übrigbleiben, den wir zufügen müssen, um die 2 zu erreichen; dabei wird das fehlende Stück immer ebenso groß wie das zuletzt hinzugefügte sein. Fügen wir etwa 1, $\frac{1}{2}$ und $\frac{1}{4}$ zusammen und hören wir jetzt schon auf, so wird in der Tat gerade $\frac{1}{4}$ fehlen. Haben wir zuletzt jedoch $\frac{1}{64}$ hinzugefügt, so wird gerade noch $\frac{1}{64}$ fehlen. Der Rest ist also immer gleich der zuletzt hinzugefügten Größe. Erst nach unbeschränkter Wiederholung der Addition werden wir wirklich den Wert 2 erhalten. Praktisch wird das jedoch bereits der Fall sein, wenn die Stückchen so klein werden,

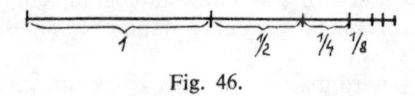

Fig. 46.

daß sie sich nicht mehr zeichnen lassen — also vielleicht be dem zehnten Gliede, das elfte würde $\frac{1}{1024}$ heißen. Wollen wir so weit gehen, daß selbst das Mikroskop einer Teilmaschine den Fehler nicht sichtbar macht, so brauchen wir einfach nur 20 Glieder aneinanderzureihen. Schon das 18. wäre nicht mehr wahrnehmbar! In diesem Falle ist es also mit der gefürchteten „unbegrenzten" Anzahl von Operationen nicht so schlimm, wie es auf den ersten Blick scheinen mag. Das I n t e g r a l stellt die G e s a m t h e i t dar. Wie wir sehen werden, führt uns die Integration zu dem g e n a u e n Wert der gesuchten Größen, die wir als Summenergebnis einer unbegrenzten Anzahl von Operationen aufzufassen haben. In allen diesen Fällen führt die Integralrechnung r a s c h und s i c h e r zum Ziel, das wir auf andere Weise höchst mühsam und umständlich erstreben müßten. Deshalb wollen wir auch weiter keine Zeit verlieren und zusehen, wie man integriert!

Kurven und Kurvensteigung

Zunächst stellen wir eine kleine Voruntersuchung über die Steigung von Kurven an. Früher haben wir gesehen, daß die Differentiation einer Kurve uns zu einem allgemeinen Ausdruck ihrer Steigung oder zu den Werten für die verschiedenen Steigungen an den verschiedenen Punkten verhilft. Können wir aber auch den umgekehrten Vorgang vollziehen? Wie findet man die Form einer Kurve, wenn man uns ihre Steigung (oder auch Steigungen) vorschreibt?

Wir greifen auf den Fall 2 auf S. 74 zurück. Wir haben hier die denkbar einfachste Kurve, eine ansteigende Gerade (Fig. 47), die durch die Beziehung

$$y = ax + b$$

beschrieben wird.

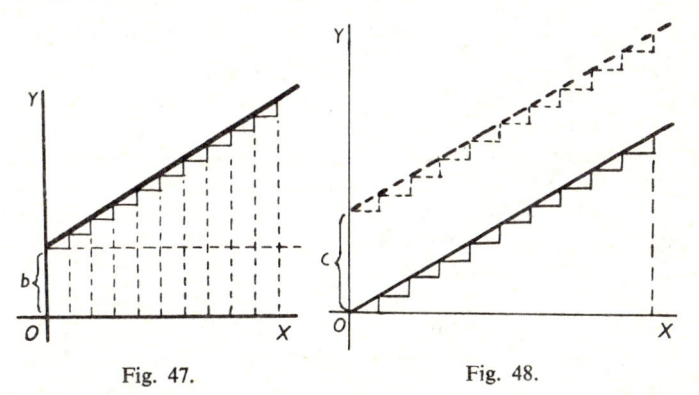

Fig. 47.   Fig. 48.

Wie wir wissen, bedeutet hierbei b den Wert von y für $x = 0$, während a mit dem Differentialquotienten identisch ist, d. h. also mit der Steigung der Geraden. In diesem Falle ist die Steigung der „Kurve" konstant, und für das Elementardreieck hat das Verhältnis von Höhe zu Grundlinie überall denselben Wert. Wir wollen nun diese dx und dy endlich groß machen und uns 10 solche kleinen Dreiecke aussuchen.

△△△△△△△△△△

Was müssen wir machen, wenn wir jetzt die „Kurve" wieder herstellen und dabei einfach von der Beziehung $\frac{dx}{dy} = a$ ausgehen sollen? Wir können zu diesem Zwecke die kleinen d's endlich groß wählen, 10 von ihnen mit gleicher Steigung aufzeichnen und dann eines an das andere fügen, wie z. B. in dem Schaubild Fig. 48, S. 167.

Da aber die Steigung überall gleich ist, kann man wie in Fig. 48 alle diese kleinen Stückchen durch eine Gerade verbinden, welche die gleiche Neigung $\frac{dy}{dx} = a$ aufweist. Sicherlich ist aber $\frac{y}{x} = a$, wenn wir y als die Gesamtheit aller dy und x als die Gesamtheit aller dx auffassen, und wenn wir die dy und die dx als begrenzt oder schließlich auch als unbegrenzt klein ansehen. Aber an welcher Stelle muß die Gerade die y-Achse schneiden? Muß man vom Koordinatenanfangspunkt O ausgehen oder von weiter oben? Da uns nur die Steigung der gesuchten Kurve bekannt ist, können wir über die Höhe, in der die Kurve die y-Achse schneiden wird, nichts aussagen; sie ist u n b e s t i m m t. Die Steigung der Kurve ist ja auch in der Tat von dem Abschnitt auf der y-Achse unabhängig; wir lassen diesen deshalb am besten unbestimmt und schreiben

$$y = ax + C,$$

dann geht die Kurve in der Entfernung C von O aus ab. Man sieht auch ohne weiteres, daß y den Wert C erhält, wenn $x = 0$ ist.

Einen schwierigeren Fall bietet bereits eine Kurve, deren Steigung nicht konstant bleibt, sondern sich mehr oder weniger ändert. Wir wollen annehmen, daß die Aufwärtsbiegung zunimmt, wenn x anwächst. Oder in Zeichen aus-

XVII. Integration

gedrückt, es sei:

$$\frac{dy}{dx} = ax.$$

Um einen bestimmten Fall zu wählen, setzen wir $a = \frac{1}{5}$ und haben dann

$$\frac{dy}{dx} = \frac{1}{5}x.$$

Am besten berechnen wir gleich einige Werte für die Steigung bei verschiedenem x und zeichnen uns entsprechende kleine Figuren.

Für $\quad x = 0, \quad \frac{dy}{dx} = 0,$

$\quad\quad\quad x = 1, \quad \frac{dy}{dx} = 0{,}2,$

$\quad\quad\quad x = 2, \quad \frac{dy}{dx} = 0{,}4,$

$\quad\quad\quad x = 3, \quad \frac{dy}{dx} = 0{,}6,$

$\quad\quad\quad x = 4, \quad \frac{dy}{dx} = 0{,}8,$

$\quad\quad\quad x = 5, \quad \frac{dy}{dx} = 1{,}0.$

Nun versuchen wir diese Stücke zusammenzusetzen, indem wir sie so hinlegen, daß die Mitten ihrer Grundlinien um die Länge der Grundlinie voneinander entfernt sind, während sie mit den Ecken zusammenstoßen; Fig. 49 veranschaulicht diesen Fall. Das Ergebnis ist natürlich keine gleichmäßige Kurve; aber sie ist es doch annähernd. Nehmen wir doppelt so viele Werte und halb so große Schritte, wie in Fig. 50, so ist die Übereinstimmung mit einer glatten Kurve schon besser. Die wahre Kurve erhalten wir aber erst, wenn unbegrenzt viele Werte vorliegen und jedes dx und jedes entsprechende dy unbegrenzt klein werden.

Wie könnte man aber zu irgendeinem Werte y gelangen? Sicherlich wird der Wert von y an einem Punkte P der Kurve durch die Summe von den vielen kleinen dy zwischen

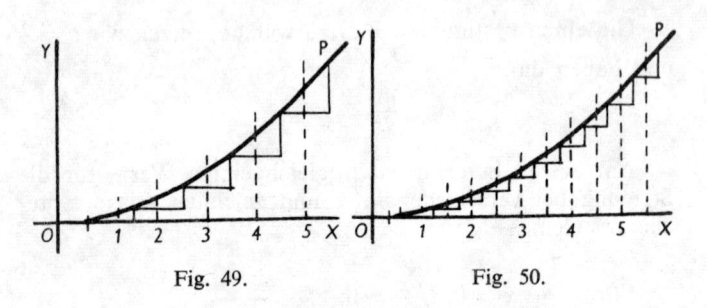

Fig. 49. Fig. 50.

0 und der betreffenden Höhe gebildet, also ist $\int dy = y$. Jedes dy ist aber gleich $\frac{1}{5} x \cdot dx$; deshalb ist das ganze y gleich der Summe von den vielen Stückchen $\frac{1}{5} x \cdot dx$ oder, wie wir es schreiben, gleich $\int \frac{1}{5} x \cdot dx$.

Wäre jetzt x konstant, so würde $\int \frac{1}{5} x \cdot dx$ dasselbe sein wie $\frac{1}{5} x \int dx$ oder wie $\frac{1}{5} x^2$. Aber x fing mit dem Werte 0 an

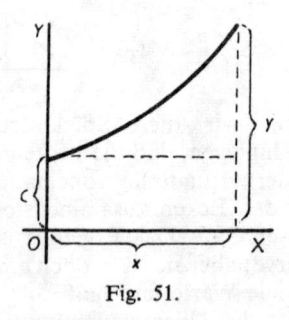

Fig. 51.

und wuchs bis zu dem betreffenden x-Wert beim Punkte P; sein mittlerer Wert zwischen x und P ist $\frac{1}{2} x$.

Folglich ist
$$y = \int \frac{1}{5} x \, dx = \frac{1}{10} x^2.$$

Genau wie in dem vorangehenden Fall ist auch hier die Hinzufügung einer unbestimmten Konstanten C notwendig, da ja nichts über die Stelle bekannt ist, von der die Kurve für $x = 0$ ihren Anfang nimmt. Deshalb schreiben wir die in Fig. 51 gezeichnete Kurve als Gleichung

$$y = \frac{1}{10} x^2 + C.$$

Übungen XVI

(Lösungen siehe S. 260)

(1) Welchem Grenzwert strebt die Reihe

$$\frac{2}{3} + \frac{1}{3} + \frac{1}{6} + \frac{1}{12} + \frac{1}{24} + \cdots$$

zu?

(2) Zeige, daß die Reihe

$$1 - \frac{1}{2} + \frac{1}{3} - \frac{1}{4} + \frac{1}{5} - \frac{1}{6} + \cdots$$

konvergent ist; bilde die Summe ihrer ersten 8 Glieder!

(3) Für

$$\ln(1 + x) = x - \frac{x^2}{2} + \frac{x^3}{3} - \frac{x^4}{4} + \cdots$$

berechne ln 1,3.

XVIII

Integration als Umkehrung der Differentiation

Differentiation nennt man den Vorgang, der den Wert $\frac{dy}{dx}$ liefert, wenn y als eine Funktion von x gegeben ist.

Der Prozeß des Differenzierens kann wie jede andere mathematische Operation umgekehrt werden. So erhält

XVIII. Integration als Umkehrung der Differentiation

man durch Differentiation der Beziehung $y = x^4$ den Ausdruck $\frac{dy}{dx} = 4x^3$; ist umgekehrt die Gleichung $\frac{dy}{dx} = 4x^3$ gegeben, so würde die umgekehrte Operation uns $y = x^4$ ergeben — möchte man meinen. Aber hier bereitet zunächst ein merkwürdiger Umstand Schwierigkeiten. Wir werden nämlich stets den Wert $\frac{dy}{dx} = 4x^3$ erhalten, wenn wir von i r g e n d e i n e m der folgenden Ausdrücke ausgehen: x^4 oder $x^4 + a$ oder $x^4 + c$ oder $x^4 +$ i r g e n d e i n e r Konstanten. Deshalb muß man auch, wenn rückwärts y aus dem Werte $\frac{dy}{dx}$ aufgesucht wird, die Möglichkeit ins Auge fassen, daß eine solche additive Konstante auftritt, deren Wert unbestimmt bleibt, bis man ihn auf andere Weise ermittelt hat. Differenziert man etwa x^n zu nx^{n-1} und geht dann wieder von $\frac{dy}{dx} = nx^{n-1}$ zurück, so erhält man $y = x^n + C$; hierbei bedeutet C die noch unbestimmte, möglicherweise auftretende Konstante.

Die Regel für die Behandlung von Potenzen von x bei der Umkehrung des Differentiationsvorganges wird nach alledem heißen: erhöhe die Potenz um 1, dividiere durch die erhöhte Potenz und füge die unbestimmte Konstante hinzu.

Ist also etwa $\frac{dy}{dx} = x^n$, so ergibt sich rückwärts

$$y = \frac{1}{n+1} x^{n+1} + C.$$

Differenzieren wir die Gleichung $y = ax^n$, so wird

$$\frac{dy}{dx} = anx^{n-1};$$

fangen wir aber mit der Beziehung

$$\frac{dy}{dx} = anx^{n-1}$$

an und kehren wir den Vorgang um, so erhalten wir

$$y = ax^n.$$

XVIII. Integration als Umkehrung der Differentiation

Bei der Umkehrung der Differentiation bleibt eine multiplikative Konstante also unverändert erhalten.

Ist etwa $\frac{dy}{dx} = 4x^2$, so ergibt der Umkehrungsprozeß $y = \frac{4}{3} x^3$.

Aber dieses Ergebnis ist noch unvollkommen. Wären wir nämlich von der Beziehung

$$y = ax^n + C$$

ausgegangen, in der C eine Konstante bedeutet, so hätten wir ebenfalls erhalten

$$\frac{dy}{dx} = anx^{n-1}.$$

Man darf dabei also nicht vergessen, eine unbestimmte Konstante hinzuzufügen (auch wenn ihr genauer Wert noch nicht bekannt ist).

Diesen Vorgang, die Umkehrung des Differenzierens, nennt man „I n t e g r i e r e n"; bei ihm sucht man den Wert von der gesamten Größe y zu ermitteln, wenn nur ein Ausdruck für dy oder $\frac{dy}{dx}$ bekannt ist. Bis jetzt haben wir dy und dx meistens in Form des Differentialquotienten geschrieben; in Zukunft werden wir die beiden Differentiale häufig trennen.

Ein einfaches Beispiel soll das erläutern. Es sei

$$\frac{dy}{dx} = x^2.$$

Hierfür können wir auch schreiben

$$dy = x^2 dx.$$

Dies ist eine Differentialgleichung, die besagt, daß ein Element von y gleich dem entsprechenden Element von x multipliziert mit x^2 ist. Wir brauchen nun das Integral dieses Ausdrucks; deshalb schreiben wir die Gleichung in

XVIII. Integration als Umkehrung der Differentiation

der Form[1]):

$$\int dy = \int x^2 \, dx.$$

Bis jetzt haben wir noch nicht integriert; dazu ist nur die Anweisung gegeben worden, die wir ausführen müssen — wenn wir können. Probieren geht über Studieren! Wenn es so viele andere können — warum nicht auch wir? Die linke Seite ist ganz einfach. Die Summe aller kleinen Stücke von y ist einfach y. Deshalb schreiben wir zunächst

$$y = \int x^2 \, dx.$$

Wollen wir jetzt auch die rechte Seite berechnen, so müssen wir uns zunächst vergegenwärtigen, daß die zu bildende Summe nicht aus all den dx besteht, sondern aus solchen Werten wie $x^2 \, dx$; das ist jedoch keineswegs dasselbe wie $x^2 \int dx$, denn x^2 ist keine Konstante. Manche von diesen dx werden mit großen Werten von x^2, manche mit kleinen Werten von x^2 multipliziert, je nachdem, wie groß x gerade ist. Wir müssen an die Tatsachen denken, die uns über die Integration als Umkehrung der Differentiation bekannt sind. Nun, unsere Regel über diesen Umkehrungsprozeß (siehe S. 172) lautete für den Ausdruck x^n, „die Potenz um eine Einheit erhöhen und dann durch die neue Potenz dividieren". Danach müßte man also $x^2 \, dx$ in $\frac{1}{3} x^3$ umwandeln[2]). Dieses Ergebnis schreiben wir in eine Gleichung, ohne die „Integrationskonstante" C zu vergessen. Dann ergibt sich;

$$y = \frac{1}{3} x^3 + C.$$

---

[1]) Man liest diese Gleichung: „Integral de-ypsilon gleich Integral ix quadrat de-ix".

[2]) Vielleicht wird man hier fragen: Was wird schließlich aus dem kleinen dx? Nun, wir brauchen uns nur zu erinnern, daß es ein Bestandteil des Differentialquotienten war, der auf die rechte Seite gebracht in dem Ausdruck $x^2 \, dx$ andeutete, daß x die unabhängige Variable war, auf die sich der ganze Prozeß bezog. Mit der Zeit werden uns diese Verhältnisse ganz vertraut werden.

XVIII. Integration als Umkehrung der Differentiation

Jetzt ist die Integration ausgeführt. Wie leicht!
Noch ein anderes einfaches Beispiel bietet die Gleichung

$$\frac{dy}{dx} = ax^{12},$$

dabei ist a eine multiplikative Konstante. Früher haben wir festgestellt (siehe S. 24), daß bei einer Differentiation jeder konstante Faktor ungeändert in dem Werte von $\frac{dy}{dx}$ wieder erscheint. Bei dem umgekehrten Vorgang der Integration wird er also in dem Werte für y ebenfalls auftreten. Es ergibt sich also, geradeso wie zuvor:

$$dy = ax^{12} \cdot dx,$$
$$\int dy = \int ax^{12} \cdot dx,$$
$$\int dy = a \int x^{12} \, dx,$$
$$y = a \cdot \frac{1}{13} x^{13} + C.$$

Damit ist die Aufgabe erledigt. Schwer?

Wir sehen also, daß man durch Integration wieder gutmachen kann, was man einer Funktion durch Differentiation angetan hat. Durch Differentiation erhielten wir stets einen bestimmten Ausdruck — in diesem Falle ax^{12} —, die Integration lehrt uns dagegen den Wert erkennen, aus dem dieser Differentialquotient abgeleitet wurde. Ein bekannter Lehrer hat den Unterschied zwischen diesen beiden Prozessen durch folgendes Beispiel klargemacht. Ein Fremder befindet sich zum ersten Male in Berlin und steht am Brandenburger Tor; er soll, ohne daß er um Rat fragt, zum Zoo gehen; dieser Versuch erscheint geradezu hoffnungslos. Hätte ihn aber zuvor jemand vom Zoo nach dem Brandenburger Tor begleitet, so wäre es vergleichsweise einfach, den Weg zum Zoo zurückzufinden.

Integration von Summe oder Differenz zweier Funktionen

Es sei

$$\frac{dy}{dx} = x^2 + x^3,$$

dann ist
$$dy = x^2\,dx + x^3\,dx.$$

Die beiden Ausdrücke auf der rechten Seite können ohne weiteres getrennt integriert werden: Auf S. 29ff. haben wir gezeigt, daß bei der Differentiation der Summe zweier getrennter Funktionen der Differentialquotient einfach die Summe der beiden getrennt durchgeführten Differentiationen war. Gehen wir zur Integration zurück, so ist ganz entsprechend das Integral über der Summe gleich der Summe der getrennt durchgeführten Integrationen.

Demnach haben wir:
$$\begin{aligned}\int dy &= \int (x^2+x^3)\,dx \\ &= \int x^2\,dx + \int x^3\,dx, \\ y &= \tfrac{1}{3}x^3 + \tfrac{1}{4}x^4 + C.\end{aligned}$$

Hat dabei ein Summand negatives Vorzeichen, so ist das entsprechende Integral ebenfalls negativ. Differenzen werden also genau wie Summen behandelt.

Was wird aus Konstanten?

Wir wollen den Ausdruck
$$\frac{dy}{dx} = x^n + b$$

integrieren. Das ist ganz leicht. Erinnern wir uns nämlich, daß bei der Differentiation der Gleichung $y = ax$ das Ergebnis $\frac{dy}{dx} = a$ war, so wissen wir sofort, daß jede Konstante nach der Integration mit x multipliziert wieder zum Vorschein kommt. Es ergibt sich also
$$\begin{aligned}dy &= x^n\,dx + b\,dx, \\ \int dy &= \int x^n\,dx + \int b\,dx, \\ y &= \frac{1}{n+1}x^{n+1} + bx + C.\end{aligned}$$

XVIII. Integration als Umkehrung der Differentiation

Eine Reihe von Beispielen soll unsere neuen Kenntnisse noch festigen.

Aufgaben. (1) Gegeben ist $\frac{dy}{dx} = 24 x^{11}$. Wie groß ist y?

Antwort: $$y = 2x^{12} + C.$$

(2) Berechne $\int (a+b)(x+1)\,dx.$

Es ist $(a+b) \int (x+1)\,dx = (a+b)\,[\int x\,dx + \int dx]$
$$= (a+b)\left(\frac{x^2}{2} + x\right) + C.$$

(3) Gegeben ist $\frac{du}{dt} = gt^{\frac{1}{2}}$. Wie groß ist u?

Antwort: $u = \frac{2}{3} g t^{\frac{3}{2}} + C.$

(4) $\frac{dy}{dx} = x^3 - x^2 + x$; gesucht ist y.

$$dy = (x^3 - x^2 + x)\,dx$$

oder
$$dy = x^3\,dx - x^2\,dx + x\,dx;$$
$$y = \int x^3\,dx - \int x^2\,dx + \int x\,dx;$$
$$y = \frac{1}{4} x^4 - \frac{1}{3} x^3 + \frac{1}{2} x^2 + C.$$

(5) Integriere $9{,}75 x^{2,25}\,dx$.

Antwort: $$y = 3 x^{3,25} + C.$$

Diese Beispiele sind sehr leicht. Wir versuchen ein anderes; es sei
$$\frac{dy}{dx} = a x^{-1}.$$

Wie vorher schreiben wir dann
$$dy = a x^{-1} \cdot dx, \qquad \int dy = a \int x^{-1}\,dx.$$

Schön — aber wie groß ist das Integral von $x^{-1}\,dx$? Wenn wir uns zunächst umschauen und die Differentialquotienten verschiedener Potenzen von x, wie etwa x^2, x^3, x^n usw. betrachten, so werden wir finden, daß der Wert x^{-1} unter ihnen nicht vertreten ist. Aus x^3 ergibt sich $3x^2$; aus x^2 entsprechend $2x$; aus x^1 (was dasselbe wie x ist) erhielten wir 1; aus x^0 dagegen nicht x^{-1} — und zwar aus zwei wichtigen Gründen. Erstens ist $x^0 = 1$, also gleich einer Konstanten, und hat somit keinen Differentialquotienten. Zweitens wäre der Differentialquotient — falls man ihn bilden würde, indem man blind der bekannten Regel folgt — $0 \cdot x^{-1}$; jede Zahl mit Null multipliziert ergibt aber Null! Versuchen wir deshalb den Ausdruck $x^{-1} dx$ zu integrieren, so darf man diese Rechnung nicht nach der allgemeinen Regel durchführen, die durch die Gleichung beschrieben wird:

$$\int x^n \, dx = \frac{1}{n+1} x^{n+1};$$

dieser Fall macht eben eine Ausnahme.

Wir müssen es anders probieren. Zur Lösung unserer Aufgabe schauen wir uns die Differentialquotienten der verschiedenen Funktionen an, ob wir bei ihnen nicht den Wert x^{-1} entdecken können. Und unsere Nachsuche wird belohnt: man erhält nämlich den Wert $\frac{dy}{dx} = x^{-1}$ als Ergebnis der Differentiation der Funktion $y = \ln x$ (siehe S. 133).

Da wir nun wissen, daß die Differentiation von $\ln x$ x^{-1} ergibt, so liefert natürlich der umgekehrte Prozeß, die Integration von $dy = x^{-1} dx$, die Gleichung $y = \ln x$. Den konstanten Faktor (siehe die Ausgangsgleichung) darf man jetzt auch wieder ebensowenig vergessen wie die unbestimmte Integrationskonstante. Die Lösung heißt also

$$y = a \ln x + C.$$

Bemerkung. Hier haben wir eine bemerkenswerte Entdeckung gemacht: In unserem letzten Beispiel hätten wir die Integration nicht ausführen können, wenn uns nicht zufällig die entsprechende Differentiation bekannt gewesen wäre. Hätte niemand gewußt, daß x^{-1} der Differentialquotient von $\ln x$ ist, so wäre es unmöglich gewesen, der

XVIII. *Integration als Umkehrung der Differentiation* 179

Lösung des Problems auch nur einen Schritt näher zu kommen. Man muß rückhaltlos zugeben, daß eine der Merkwürdigkeiten der Integralrechnung die Unmöglichkeit ist, eine Integration durchzuführen, wenn man nicht die Funktion kennt, die den vorgelegten Differentialquotienten liefert. Niemand kennt bis heute das allgemeine Integral des Ausdrucks

$$\frac{dy}{dx} = a^{-2},$$

weil die Funktion unbekannt ist (oder nicht in einem geschlossenen Ausdruck existiert), deren Differentialquotient a^{-x^2} ist.

Ein anderer einfacher Fall

Wie groß ist
$$\int (x+1)(x+2)\,dx?$$

Die zu integrierende Funktion besteht hier aus dem Produkt zweier Funktionen von x. Solch ein Produkt als Differentialquotient ist uns nicht bekannt. Man findet die Lösung leicht, indem man ausmultipliziert und das neu erhaltene Integral in bekannter Weise weiter behandelt:

$$\int (x^2+3x+2)\,dx = \int x^2\,dx + \int 3x\,dx + \int 2\,dx.$$

Führt man jetzt die einzelnen Integrationen aus, so ergibt sich
$$\frac{1}{3}x^3 + \frac{3}{2}x^2 + 2x + C$$
als Lösung.

Einige andere Integrale

Da wir die Integration als Umkehrung der Differentiation kennengelernt haben, wollen wir uns einige Funktionen und ihre Ableitungen zusammenstellen; damit erhalten wir

XVIII. Integration als Umkehrung der Differentiation

eine Tabelle einiger wichtiger Grundintegrale:

x^{-1} (S. 133); $\int x^{-1} dx = \ln x + C$.

$\dfrac{1}{x+a}$ (S. 133); $\int \dfrac{1}{x+a} dx = \ln(x+a) + C$.

e^x (S. 127); $\int e^x dx = e^x + C$.

e^{-x} $\int e^{-x} dx = -e^{-x} + C$.

$\left(\text{es ist nämlich } y = -\dfrac{1}{e^x}, \dfrac{dy}{dx} = -\dfrac{e^x \cdot 0 - 1 \cdot e^x}{e^{2x}} = e^{-x}\right)$

$\sin x$ (S. 150); $\int \sin x\, dx = -\cos x + C$.

$\cos x$ (S. 150); $\int \cos x\, dx = \sin x + C$.

Auch folgendes Integral können wir lösen:

$\ln x$; $\int \ln x\, dx = x(\ln x - 1) + C$

$\left(\text{denn } y = x \ln x - x, \dfrac{dy}{dx} = \dfrac{x}{x} + \ln x - 1 = \ln x\right)$.

$\log x$; $\int \log x\, dx = 0{,}4343\, x(\ln x - 1) + C$.

a^x (S. 134); $\int a^x dx = \dfrac{a^x}{\ln a} + C$.

$\cos ax$; $\int \cos ax\, dx = \dfrac{1}{a} \sin ax + C$

$\left(\text{es ist nämlich } y = \sin ax; \dfrac{dy}{dx} = a \cos ax; \text{ um also } \cos ax\right.$
zu erhalten, muß man $y = \dfrac{1}{a} \sin ax$ differenzieren $\bigg)$.

$\sin ax$; $\int \sin ax\, dx = -\dfrac{1}{a} \cos ax + C$.

Um $\cos^2 \Theta$ zu integrieren, wendet man vorteilhaft einen kleinen Kunstgriff an:

$$\cos 2\Theta = \cos^2 \Theta - \sin^2 \Theta = 2\cos^2 \Theta - 1;$$

$$\cos^2 \Theta = \tfrac{1}{2}(\cos 2\Theta + 1),$$

$$\begin{aligned}\int \cos^2 \Theta\, d\Theta &= \tfrac{1}{2} \int (\cos 2\Theta + 1) d\Theta \\ &= \tfrac{1}{2} \int \cos 2\Theta\, d\Theta + \tfrac{1}{2} \int d\Theta. \\ &= \dfrac{\sin 2\Theta}{4} + \dfrac{\Theta}{2} + C.\end{aligned}$$

(Siehe auch S. 202.)

XVIII. Integration als Umkehrung der Differentiation

Beachte auch die Formeltabelle auf S. 267 ff. Stelle dir selbst eine Tabelle aus den wichtigsten Funktionen, die hier öfter differenziert worden sind, zusammen! Erweitere sie ständig!

Doppelte und dreifache Integrale

In vielen Fällen muß man einen Ausdruck mit zwei oder mehreren Variablen integrieren; in diesen Fällen erhält dann jede Variable ihr Integralzeichen. Es bedeutet daher

$$\int \int f(x, y)\, dx\, dy,$$

daß eine Funktion der Veränderlichen x und y für jede dieser Veränderlichen zu integrieren ist. Die Reihenfolge, in der man dabei vorgeht, ist beliebig. Die gegebene Funktion sei beispielsweise x^2+y^2. Zunächst integrieren wir hinsichtlich der Variablen x und erhalten

$$\int (x^2+y^2)\, dx = \frac{1}{3}x^3 + xy^2.$$

Integrieren wir nun noch hinsichtlich der Variablen y so ergibt sich als Resultat:

$$\int \left(\frac{1}{3}x^3 + xy^2\right) dy = \frac{1}{3}x^3 y + \frac{1}{3}xy^3,$$

zu dem noch eine Integrationskonstante addiert werden muß. Wären wir in anderer Reihenfolge vorgegangen, so hätten wir dasselbe Ergebnis erhalten.

Wenn man Oberflächen von Körpern berechnen will, muß man oft nach Länge und Breite gleichzeitig integrieren; die allgemeine Form eines solchen Integrals heißt

$$\int \int u \cdot dx\, dy,$$

wobei u eine Funktion ist, die in jedem Punkt von x und y abhängt. Ein solcher Ausdruck heißt auch ein **Oberflächenintegral**. Es bedeutet, daß alle kleinen Elemente wie $u \cdot dx \cdot dy$ — eigentlich lauter kleine Rechtecke

182   *XVIII. Integration als Umkehrung der Differentiation*

von der Länge dx und der Breite dy — über die gesamte Länge und die gesamte Breite zusammengezählt werden sollen.

Ähnlich verhält es sich mit Körpern, bei denen drei Dimensionen auftreten. Jedes Volumenelement besteht aus einem Quaderchen, dessen Kanten dx, dy und dz lang sind. Die Gestalt eines festen Körpers sei durch die Funktion $f(x, y, z)$ festgelegt; das allgemeine V o l u m e n i n t e g r a l für diesen Körper lautet dann:

$$\text{Volumen} = \iiint f(x, y, z)\, dx \cdot dy \cdot dz.$$

Solche Integrationen können allerdings nur zwischen festgelegten Grenzen[1]) ausgeführt werden; man kann eine solche Integration nicht durchführen, ohne zu wissen, für welchen Bereich x, y und z Geltung haben sollen. Erstreckt sich beispielsweise x von x_1 bis x_2; y von y_1 bis y_2 und z von z_1 bis z_2, so ist das

$$\text{Volumen} = \int\limits_{z_1}^{z_2}\int\limits_{y_1}^{y_2}\int\limits_{x_1}^{x_2} f(x, y, z) \cdot dx \cdot dy \cdot dz.$$

Diese Integrale sind freilich häufig schwierig und mühsam zu lösen; die Bedeutung der Zeichen aber, die angeben, wie eine Integration über eine bestimmte Oberfläche oder über ein bestimmtes Volumen ausgeführt werden soll, ist ganz klar.

Übungen XVII

(Lösungen siehe S. 260)

(1) Berechne den Wert von y für

  (a) $\dfrac{dy}{dx} = \dfrac{1}{4}x$.   (b) $\dfrac{dy}{dx} = \cos x$.

(2) $\dfrac{dy}{dx} = 2x + 3$; wie groß ist y?

---

[1]) Über „bestimmte Integrale" siehe S. 185.

Löse folgende Integrale:

(3) $\int y\, dx$, wenn $y^2 = 4ax$ ist.

(4) $\int \dfrac{3}{x^4} dx$.   (5) $\int \dfrac{1}{a} x^3 dx$.

(6) $\int (x^2 + a)\, dx$.   (7) $\int 5x^{-\tfrac{7}{2}} dx$.

(8) $\int (4x^3 + 3x^2 + 2x + 1)\, dx$.

(9) Wie groß ist y für $\dfrac{dy}{dx} = \dfrac{ax}{2} + \dfrac{bx^2}{3} + \dfrac{cx^3}{4}$?

(10) $\int \left(\dfrac{x^2 + a}{x + a}\right) dx$.   (11) $\int (x + 3)^3 dx$.

(12) $\int (x + 2)(x - a)\, dx$.   (13) $\int (\sqrt{x} + \sqrt[3]{x})\, 3a^2\, dx$.

(14) $\int \left(\sin\Theta - \dfrac{1}{2}\right) \dfrac{d\Theta}{3}$.   (15) $\int \cos^2 a\Theta\, d\Theta$.

(16) $\int \sin^2 \Theta\, d\Theta$.   (17) $\int \sin^2 a\Theta\, d\Theta$.

(18) $\int e^{3x} dx$.   (19) $\int \dfrac{dx}{1 + x}$.

(20) $\int \dfrac{dx}{1 - x}$.

XIX

Berechnung von Flächeninhalten durch Integration

Die Integralrechnung gestattet, den Inhalt von Flächenstücken zu berechnen, die von Kurven begrenzt werden.

Wir wollen Schritt für Schritt vorgehen.

Es sei AB (Fig. 52) eine Kurve, deren Gleichung uns bekannt ist. Der Wert von y ist dann als eine Funktion des Wertes von x festgelegt. Wir fassen ein Kurvenstück, etwa von P bis Q, genauer ins Auge.

Zunächst errichten wir auf der x-Achse die Lote PM und QN; ferner sei $OM = x_1$ und $ON = x_2$; die entsprechenden Ordinaten seien $PM = y_1$ und $QN = y_2$. Das Flächenstück *PQNM* unterhalb des Kurvenstückes *PQ* ist schraffiert gezeichnet. Unsere Frage lautet nun: Wie kann dieser Flächeninhalt berechnet werden?

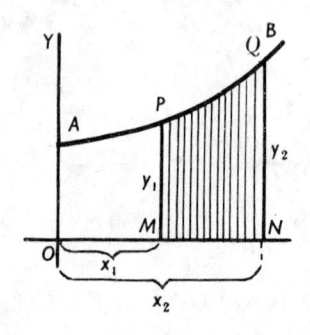

Fig. 52.

Um dieses Problem zu lösen, braucht man nur die Fläche in eine Anzahl schmaler Streifen zu zerlegen, von denen jeder dx breit ist. Es werden um so mehr Streifen zwischen x_1 und x_2 auftreten, je kleiner dx gewählt wurde. Der gesamte Flächeninhalt ist nun sicherlich gleich der Summe der Flächeninhalte aller Streifen. Deshalb läuft unsere Aufgabe darauf hinaus, einen Ausdruck für den Flächeninhalt eines jeden schmalen Streifens zu finden und darüber zu integrieren, also alle Streifen zusammenzuzählen. Wir betrachten einen solchen Streifen. Er sieht etwa so aus: Er wird von zwei senkrechten Seiten, dem Stückchen dx unten und einem Kurvenstückchen oben begrenzt. Nehmen wir an, daß seine d u r c h s c h n i t t l i c h e Höhe y beträgt, so ist seine Fläche $y \cdot dx$ groß, da er ja dx breit ist. Seine durchschnittliche Höhe wird gleich der Höhe in der Mitte des Streifens werden, wenn wir ihn schmäler und schmäler und schließlich beliebig schmal machen. Der unbekannte Wert des gesuchten Flächeninhaltes sei S; der Flächeninhalt eines Streifens wird dann einfach ein Stück von dem Gesamtflächeninhalt betragen

XIX. Berechnung von Flächeninhalten durch Integration

und deshalb dS sein. Wir können schreiben:

Fläche eines Streifens = $dS = y \cdot dx$.

Fügen wir alle Streifen zusammen, so wird die Gesamtfläche

$$S = \int dS = \int y\, dx.$$

Den gesuchten Flächeninhalt kann man also berechnen, wenn man $y\, dx$ in dem Falle integrieren kann, wo y als Funktion von x bekannt ist.

Angenommen, es handelt sich um die Kurve $y = b + ax^2$, so kann dieser Wert ohne weiteres in den obigen Ausdruck eingesetzt werden: Wir müssen dann eben das Integral $\int (b + ax^2)\, dx$ lösen.

Das ist alles schön und gut; ein wenig Nachdenken belehrt uns aber, daß unser Ergebnis noch nicht vollständig ist. Der gesamte Flächeninhalt ist nämlich nicht die gesamte zwischen der x-Achse und der Kurve gelegene Fläche – es handelt sich vielmehr nur um ein Stück dieser Fläche, das links durch PM und rechts durch QN begrenzt wird; deshalb müssen wir auch im Ergebnis andeuten, daß es sich um eine Fläche handelt, die durch „G r e n z e n" eingeschlossen ist.

Diese Tatsache zwingt uns zur Einführung einer neuen Bezeichnung, zur Einführung des I n t e g r a l s z w i s c h e n G r e n z e n. Für gewöhnlich darf x alle Werte annehmen; jetzt aber sollen Werte von x, die kleiner als x_1 (d. h. als OM) und größer als x_2 (d. h. als ON) sind, ausgeschlossen sein. Ist ein Integral durch zwei Grenzen festgelegt, so heißt der kleinere dieser beiden Grenzwerte „d i e u n t e r e G r e n z e", der größere „d i e o b e r e G r e n z e". Das Integral selbst heißt „b e s t i m m t e s I n t e g r a l", zum Unterschied vom „a l l g e m e i n e n" oder „u n b e s t i m m t e n I n t e g r a l", bei dem die Grenzen fehlen.

Die Grenzen werden – um ein bestimmtes Integral anzudeuten – an das Integralzeichen oben und unten angeschrieben. So wird das Integral

$$\int_{x=x_1}^{x=x_2} y \cdot dx$$

folgendermaßen gelesen: gesucht ist das Integral zwischen den Grenzen $x = x_1$ und $x = x_2$ über $y \cdot dx$.
Gewöhnlich schreibt man kürzer und einfacher:

$$\int_{x_1}^{x_2} y \cdot dx.$$

Wie berechnet man aber ein bestimmtes Integral?
Wir werfen noch rasch einen Blick auf Fig. 52 (S. 184). Zunächst nehmen wir einmal an, daß wir das große Flächenstück $AQNO$ unterhalb der Kurve von A bis Q, also von $x=0$ bis $x=x_2$, berechnen könnten. Ferner soll es möglich sein, die Fläche $APMO$ unter dem kleineren Stück der Kurve von A bis P, also von $x = 0$ bis $x = x_1$, zu berechnen. Ziehen wir dann die kleinere Fläche von der größeren ab, so bleibt als Rest die Fläche $PQMN$ übrig, die wir gerade berechnen wollen. Damit ist das Problem gelöst: Das bestimmte Integral ist gleich der D i f f e r e n z der Integrale an der oberen und unteren Grenze.

Jetzt bietet sich das Ergebnis fast von selbst dar; zunächst muß das unbestimmte Integral

$$\int y \, dx$$

und, da $y = b + ax^2$ die Gleichung der Kurve Fig. 52 ist,

$$\int (b + ax^2) \, dx$$

berechnet werden.

Wir führen die Integration aus (siehe S. 175ff.) und erhalten

$$bx + \frac{a}{3} x^3 + C;$$

dies ist der gesamte Flächeninhalt von 0 bis zu irgendeinem Wert von x, den wir selbst festsetzen können.

XIX. Berechnung von Flächeninhalten durch Integration

Der Inhalt der größeren Fläche für die obere Grenze x_2 ist also

$$bx_2 + \frac{a}{3}x_2^3 + C;$$

das kleinere Flächenstück bis zur unteren Grenze x_1 berechnet sich zu

$$bx_1 + \frac{a}{3}x_1^3 + C.$$

Ziehen wir nun noch das kleinere vom größeren ab, so bleibt die Fläche S übrig, und wir bekommen

$$\text{Fläche } S = b(x_2 - x_1) + \frac{a}{3}(x_2^3 - x_1^3).$$

Das ist die gesuchte Lösung. Wir wählen ein Zahlenbeispiel Es sei $b = 10$, $a = 0{,}06$ und $x_2 = 8$ und $x_1 = 6$. Dann ist S gleich

$$10(8-6) + \frac{0{,}06}{3}(8^3 - 6^3)$$
$$= 20 + 0{,}02(512 - 216)$$
$$= 20 + 0{,}02 \cdot 296$$
$$= 20 + 5{,}92$$
$$= 25{,}92.$$

In Formelzeichen kann man unser Ergebnis folgendermaßen ausdrücken:

$$\int_{x=x_1}^{x=x_2} y\, dx = Y_2 - Y_1,$$

wenn Y_2 das Integral von $y\, dx$ für $x = x_2$ und Y_1 das für $x = x_1$ bedeutet.

Jede Integration zwischen bestimmten Grenzen führt zu einer Differenz zweier Werte. Deshalb verschwindet bei der Subtraktion die additive Integrationskonstante C von selbst.

Aufgaben

(1) Um uns mit der Methode, Flächen durch Integration zu bestimmen, vertraut zu machen, wählen wir ein Beispiel, dessen Lösung wir bereits kennen. Welchen Flächeninhalt hat ein Dreieck (Fig. 53), dessen Grundlinie $x = 12$ und dessen Höhe $y = 4$ ist? Wie wir wohl von früher her wissen, muß die Antwort lauten: 24 Flächeneinheiten.

Hier haben wir es mit einer „Kurve" zu tun, deren Gleichung

$$y = \frac{x}{3} \text{ lautet.}$$

Die gesuchte Fläche berechnet sich zu

$$\int_{x=0}^{x=12} y \cdot dx = \int_{x=0}^{x=12} \frac{x}{3} \cdot dx.$$

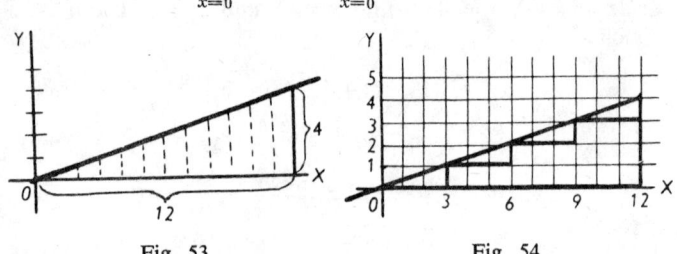

Fig. 53.   Fig. 54.

Wir integrieren $\frac{x}{3} dx$ (siehe S. 174) und schreiben den Wert für das unbestimmte Integral in eckige Klammern; die Grenzen fügen wir oben und unten bei. Es ist

$$\begin{aligned}
\text{die Fläche} &= \left[\frac{1}{3} \cdot \frac{1}{2} x^2 + C\right]_{x=0}^{x=12} \\
&= \left[\frac{x^2}{6} + C\right]_{x=0}^{x=12} \\
&= \left[\frac{12^2}{6} + C\right] - \left[\frac{0^2}{6} + C\right] \\
&= \frac{144}{6} = 24.
\end{aligned}$$

XIX. Berechnung von Flächeninhalten durch Integration 189

Auch hier verschwindet, wie schon bemerkt, die Konstante C bei der Subtraktion.

Von der Richtigkeit dieser trickreichen Rechnung können wir uns noch durch den Augenschein überzeugen. Wir nehmen ein Stück Millimeterpapier und tragen die Gleichung

$$y = \frac{x}{3}$$

graphisch auf. Dazu benutzen wir folgende Werte:

x	0	3	6	9	12
y	0	1	2	3	4

In Figur 54 ist diese Kurve dargestellt.

Die Fläche unter der Kurve können wir jetzt sehr leicht dadurch bestimmen, daß wir die kleinen Quadrate von

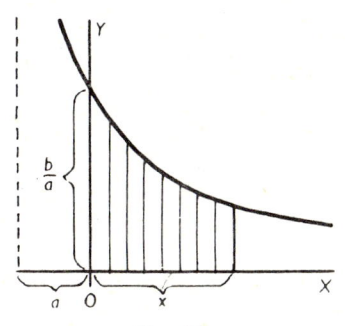

Fig. 55.

$x = 0$ bis $x = 12$ zusammenzählen. Außer 18 ganzen Quadraten sind noch 4 Dreiecke vorhanden, von denen jedes $1\frac{1}{2}$ Quadrate groß ist; oder zusammen 24 Quadrate. 24 Flächeneinheiten ist also wirklich der numerische Wert des Integrals über $\frac{x}{3} dx$ zwischen der unteren Grenze $x = 0$ und der oberen Grenze $x = 12$.

XIX. Berechnung von Flächeninhalten durch Integration

Zur weiteren Übung weise nach, daß der Wert desselben Integrals zwischen $x = 3$ und $x = 15$ als Grenzen 36 Flächeneinheiten ist.

(2) Wie groß ist die Fläche, welche die Kurve $y = \dfrac{b}{x+a}$ (Fig. 55) zwischen den Grenzen $x = x_1$ und $x = 0$ und der x-Achse einschließt?

Die Fläche ist $= \displaystyle\int_{x=0}^{x=x_1} y \cdot dx = \int_{x=0}^{x=x_1} \dfrac{b}{x+a}\, dx$

$= b\,[\ln(x+a) + C]_0^{x_1}$

$= b\,[\ln(x_1+a) + C - \ln(0+a) - C]$

$= b \ln \dfrac{x_1+a}{a}.$

Das Verfahren, eine Fläche als Differenz zweier Flächen zu bestimmen, wird häufig angewandt. Wie berechnet man z. B. die Fläche eines konzentrischen Kreisringes (Fig. 56) mit den Radien r_2 und r_1? Der Flächeninhalt des

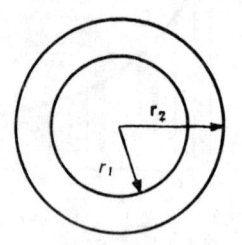

Fig. 56.

Außenkreises ist πr_2^2, der des Innenkreises ist πr_1^2; zieht man letzteren von ersterem ab, so erhält man die Fläche des Kreisringes $= \pi(r_2^2 - r_1^2)$; hierfür kann man aber schreiben

$$\pi (r_2 + r_1)(r_2 - r_1).$$

= mittlerer Ringumfang · Ringbreite.

XIX. Berechnung von Flächeninhalten durch Integration

(3) Ein anderes Beispiel bietet die **Abklingkurve** (siehe S. 140). Bestimme die Fläche zwischen $x = 0$ und $x = a$ für die Kurve (Fig. 57),

$$y = b \cdot e^{-x}.$$

Fläche $= b \int\limits_{x=0}^{x=a} e^{-x} \cdot dx.$

Durch Integration folgt (S. 180)

$$= b\left[-e^{-x}\right]_0^a$$
$$= b\left[-e^{-a} - (-e^{-0})\right]$$
$$= b(1 - e^{-a}).$$

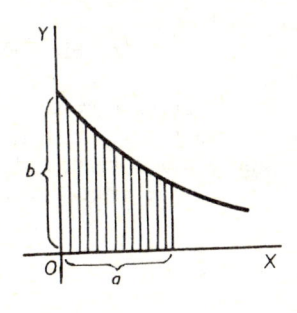

Fig. 57. 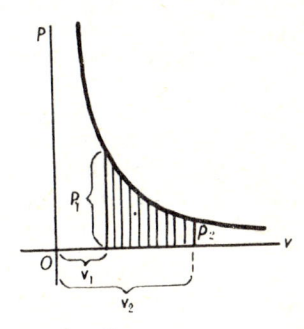   Fig. 58.

(4) Ein lehrreiches Beispiel ist die Poissonsche Gleichung, die für adiabatische Zustandsänderungen eines idealen Gases gilt; es ist nämlich $p \cdot v^n = c$; hier bedeutet p den Druck des Gases, wenn sein Volumen v ist; n hat etwa den Wert 1,42 und ist mit dem Verhältnis der spezifischen Wärmen bei konstantem Druck und konstantem Volumen identisch (Fig. 58).

Gesucht ist die Fläche unterhalb der Kurve, wenn das Volumen plötzlich von v_2 auf v_1 komprimiert wird; diese Fläche ist der dabei zu leistenden Arbeit proportional.

Wir haben hier

$$\text{die Fläche} = \int_{v=v_1}^{v=v_2} cv^{-n} \cdot dv$$
$$= c\left[\frac{1}{1-n}v^{1-n}\right]_{v_1}^{v_2}$$
$$= c\frac{1}{1-n}(v_2^{1-n} - v_1^{1-n})$$
$$= \frac{-c}{0{,}42}\left(\frac{1}{v_2^{0{,}42}} - \frac{1}{v_1^{0{,}42}}\right).$$

Eine Übung

Beweise die bekannte Formel, daß der Flächeninhalt F eines Kreises mit dem Radius R gleich πR^2 ist.

Wir betrachten einen sehr schmalen Ring (Fig. 59) von der Breite dr, der sich in der Entfernung r vom Mittelpunkt befindet. Die gesamte Fläche läßt sich in solche schmale Zonen zerlegen; sie wird daher durch das Integral über alle schmalen Ringe wiedergegeben werden, die zwischen dem Mittelpunkt und dem Rande liegen, also zwischen $r = 0$ und $r = R$.

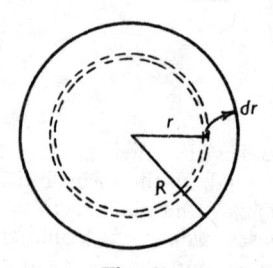

Fig. 59.

Zuerst müssen wir einen allgemeinen Ausdruck für die Elementarfläche dA einer schmalen Zone finden. Wir brauchen nur daran zu denken, daß es sich um einen Streifen von der Breite dr handelt, dessen Länge gleich dem Umfang des Kreises mit dem Radius r, gleich $2\pi r$ ist. Die Fläche einer solchen schmalen Zone wird deshalb durch die Gleichung

$$dF = 2\pi r\, dr$$

wiedergegeben. Durch Integration findet man dann

$$F = \int dF = \int_{r=0}^{r=R} 2\pi r \cdot dr = 2\pi \int_{r=0}^{r=R} r \cdot dr.$$

$$F = 2\pi \left[\frac{1}{2} r^2\right]_{r=0}^{r=R};$$

$$F = 2\pi \left[\frac{1}{2} R^2 - \frac{1}{2} (0)^2\right];$$

und schließlich

$$F = \pi R^2.$$

Eine andere Aufgabe. Wie groß ist die mittlere Höhe der Ordinate für das positive Stück der Kurve $y = x - x^2$, die in Fig. 60 dargestellt ist? Die mittlere Ordinate ist als

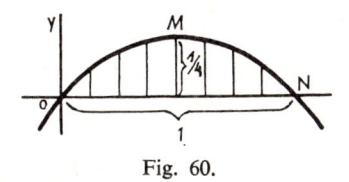

Fig. 60.

Quotient aus der von dem Kurvenstück und der x-Achse eingeschlossenen Fläche OMN und der Strecke ON bestimmt. Bevor wir die Fläche berechnen können, müssen wir also die Länge der Grundlinie festlegen und erfahren damit gleichzeitig die obere Grenze, bis zu der wir integrieren müssen. Die Ordinate y hat an dem Punkte N den Wert Null; den Wert von x können wir also ermitteln, wenn wir diesen Wert in die gegebene Gleichung einsetzen. Sicher ist $y = 0$, wenn auch $x = 0$ ist; die Kurve geht dann durch den Koordinatenanfangspunkt 0; ferner ist $y = 0$ für $x = 1$. Der Wert $x = 1$ kommt daher dem Punkte N zu.

Die gesuchte Fläche ist somit

$$= \int\limits_{x=0}^{x=1} (x - x^2)\, dx = \left[\tfrac{1}{2} x^2 - \tfrac{1}{3} x^3\right]_0^1 = \left[\tfrac{1}{2} - \tfrac{1}{3}\right] - [0 - 0] = \tfrac{1}{6}.$$

Die Länge der Grundlinie ist 1.

Deshalb ist die mittlere Höhe der Ordinate $= \tfrac{1}{6}$.

Bemerkung. Eine einfache, aber wertvolle Ergänzung findet diese Übung, wenn man noch durch Differentiation die größte Ordinate in dem betreffenden Kurvenstück aufsucht. Sie muß jedenfalls größer als die mittlere sein.

Die mittlere Ordinate y_m jeder Kurve berechnet sich in dem Bereich zwischen $x = 0$ und $x = x_1$ zu

$$y_m = \frac{1}{x_1} \int\limits_{x=0}^{x=x_1} y \cdot dx.$$

Sucht man aber die mittlere Ordinate in einem Kurvenstück, dessen Anfang bei der Abszisse x_1 und dessen Ende bei x_2 liegt, so wird

$$y_m = \frac{1}{x_2 - x_1} \int\limits_{x=x_1}^{x=x_2} y\, dx.$$

Flächen in Polarkoordinaten

Ist die Gleichung für den Inhalt einer Fläche als Funktion des Abstandes r eines Punktes von einem festen Punkt O (siehe Fig. 61), dem sogenannten P o l, und des Winkels, den r mit der positiven horizontalen Richtung OX einschließt, gegeben, so kann man mit einer kleinen Änderung alle

XIX. Berechnung von Flächeninhalten durch Integration

Betrachtungen auch auf diesen Fall anwenden. An Stelle des Flächenstreifchens betrachten wir nun ein kleines Dreieck OAB; der Winkel bei O sei $d\Theta$; die Summe aller dieser kleinen Dreiecke ergibt die gesamte Fläche.

Die Fläche eines solchen Elementardreieckes ist mit um so größerer Annäherung gleich $\frac{AB}{2} \cdot r$ oder $\frac{r \cdot d\Theta}{2} \cdot r$, je kleiner der Winkel $d\Theta$ genommen wird; deshalb ist das

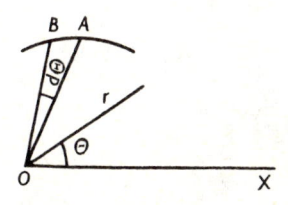

Fig. 61.

Flächenstück, das die Kurve und zwei verschiedene Lagen von r entsprechend den Winkeln Θ_1 und Θ_2 einschließen, gleich

$$\frac{1}{2} \int_{\Theta=\Theta_1}^{\Theta=\Theta_2} r^2 \, d\Theta.$$

Beispiele. (1) Wie groß ist der Flächeninhalt eines Kreissektors von 1 Radian Bogenlänge bei einem Radius von a cm Länge?

Die Polargleichung für den Umfang ist hier offensichtlich $r = a$. Daher ist

$$\frac{1}{2} \int_{\Theta=0}^{\Theta=1} a^2 \, d\Theta = \frac{a^2}{2} \int_{\Theta=0}^{\Theta=1} d\Theta = \frac{a^2}{2}.$$

(2) Wie groß ist der Flächeninhalt des ersten Quadranten für die Kurve, deren Polargleichung $r = a(1 + \cos \Theta)$ lautet („Pascals Schnecke")?

Die Fläche ist

$$= \frac{1}{2} \int\limits_{\Theta=0}^{\Theta=\frac{\pi}{2}} a^2(1+\cos\Theta)^2 \, d\Theta$$

$$= \frac{a^2}{2} \int\limits_{\Theta=2}^{\Theta=\frac{\pi}{2}} (1+2\cos\Theta+\cos^2\Theta) \, d\Theta$$

$$= \frac{a^2}{2} \left[\Theta+2\sin\Theta+\frac{\Theta}{2}+\frac{\sin 2\Theta}{4}\right]_0^{\frac{\pi}{2}}$$

$$= \frac{a^2(3\pi+8)}{8}.$$

Volumenberechnung durch Integration

In ganz entsprechender Weise, wie wir mit der Fläche eines Streifchens von einem Flächenstück verfahren sind, können wir natürlich das Volumen einer dünnen Schicht von einem Körper behandeln. Alle diese dünnen Schichten ergeben zusammen den Gesamtkörper, so daß sein Volumen in derselben Weise zu berechnen ist, wie der Inhalt einer Fläche, die wir aus vielen schmalen Streifen zusammensetzten.

Beispiele. (1) Das Volumen der Kugel mit dem Radius r ist zu ermitteln.

Das Volumen einer dünnen Kugelschale vom Radius x und der Dicke dx ist $4\pi x^2 \, dx$ (siehe Fig. 59, S. 192); zählen wir alle diese vielen konzentrischen Schalen zusammen, so erhalten wir das Kugelvolumen

$$V = \int\limits_{x=0}^{x=r} 4\pi x^2 \, dx = 4\pi \left[\frac{x^3}{3}\right]_0^r = \frac{4}{3}\pi r^3.$$

Man kann auch in anderer Weise vorgehen. Eine dünne Scheibe von der Kugel mit der Dicke dx hat das Volumen $\pi y^2\,dx$ (siehe Fig. 62). Ferner sind x und y durch die Beziehung

$$y^2 = r^2 - x^2$$

verknüpft. Daraus berechnet sich das

$$\text{Kugelvolumen} = 2 \int_{x=0}^{x=r} \pi(r^2 - x^2)\,dx$$

$$= 2\pi \left[\int_{x=0}^{x=r} r^2\,dx - \int_{x=0}^{x=r} x^2\,dx \right]$$

$$= 2\pi \left[r^2 x - \frac{x^3}{3} \right]_0^r = \frac{4\pi}{3} r^3.$$

(2) Wie groß ist das Volumen eines Rotationskörpers, der zwischen den Werten $x = 0$ und $x = 4$ durch Rotation der Kurve $y^2 = 6x$ um die x-Achse gebildet wird?

Das Volumen einer Platte des Körpers ist $\pi y^2\,dx$. Sein Gesamtvolumen ist also

$$V = \int_{x=0}^{x=4} \pi y^2\,dx = 6\pi \int_{x=0}^{x=4} x\,dx$$

$$= 6\pi \left[\frac{x^2}{2} \right]_0^4 = 48\pi = 150{,}8.$$

Das geometrische Mittel

In manchen Zweigen der Physik — besonders bei Untersuchungen von elektrischen Schwingungen — ist es notwendig, mit dem „**geometrischen Mittel**" einer veränderlichen Größe zu rechnen. Unter dem „geometrischen Mittel" versteht man die Quadratwurzel aus dem Mittel der Quadrate für alle zwischen den betrachteten Grenzen vorkommenden Werte (engl. „quadratic mean", franz. „valeur efficace")

Ist y die vorliegende Funktion, und soll das geometrische Mittel zwischen den Grenzen $x = 0$ und $x = l$ genommen

XIX. Berechnung von Flächeninhalten durch Integration

werden, so ergibt es sich zu

$$\sqrt{\frac{1}{l}\int\limits_0^l y^2\,dx}.$$

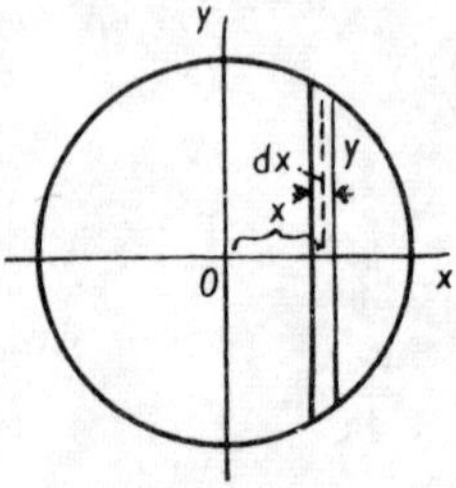

Fig. 62. 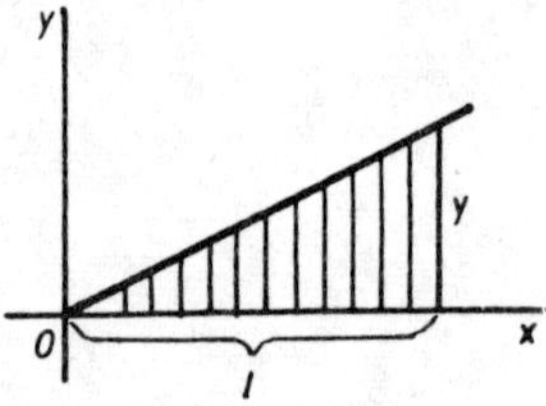   Fig. 63.

Beispiele. (1) Das geometrische Mittel der Funktion $y = ax$ (Fig. 63) ist zu berechnen.

Das Integral lautet

$$\int\limits_0^l a^2x^2\,dx = \frac{1}{3}a^2l^3.$$

Das geometrische Mittel ist dann gleich $\frac{1}{\sqrt{3}}al$.

Hier ist das arithmetische Mittel $\frac{1}{2}al$; das Verhältnis des geometrischen zum arithmetischen Mittel (der sogenannte F o r m f a k t o r) ist dann $\frac{2}{\sqrt{3}} = 1{,}155$.

(2) Das geometrische Mittel der Funktion $y = x^a$ ist gesucht.

Das Integral $\int\limits_{x=0}^{x=l} x^{2a}\,dx$ ist gleich $\frac{l^{2a+1}}{2a+1}$.

Das geometrische Mittel ist $= \sqrt{\frac{l^{2a}}{2a+1}} = \frac{l^a}{\sqrt{2a+1}}$.

(3) Wie heißt das geometrische Mittel der Funktion $y = a^{\frac{x}{2}}$?

Das Integral heißt hier $\int_{x=0}^{x=l} \left(a^{\frac{x}{2}}\right)^2 dx$, das ist also

$$\int_{x=0}^{x=l} a^x \, dx$$

oder

$$\left[\frac{a^x}{\ln a}\right]_{x=0}^{x=l} = \frac{a^l - 1}{\ln a}.$$

Das geometrische Mittel ergibt sich zu

$$\sqrt{\frac{a^l - 1}{l \ln a}}.$$

Übungen XVIII

(Lösungen siehe S. 261)

(1) Berechne die Fläche zwischen der Kurve $y = x^2 + x - 5$, den Abszissen $x = 0$ und $x = 6$ und der x-Achse; berechne die mittlere Ordinate dieses Flächenstückes.

(2) Berechne das von der Parabel $y = 2a\sqrt{x}$ und der x-Achse zwischen $x = 0$ und $x = a$ eingeschlossene Flächenstück. Beweise, daß dieser Flächeninhalt zwei Drittel von dem Inhalt des durch die Grenzordinate und die zugehörige Abszisse gebildeten Rechtecks beträgt.

(3) Berechne die Fläche, die der positive Ast einer Sinuskurve mit der x-Achse einschließt, und die mittlere Ordinate.

(4) Wie groß ist die Fläche des Kurvenstückes zwischen 0 und 180° und der x-Achse, das der Beziehung $y = \sin^2 x$ folgt? Wie groß ist die mittlere Ordinate?

(5) Bestimme die Fläche, welche von den beiden Ästen der Kurve $y = x^2 \pm x^{\frac{5}{2}}$ zwischen $x = 0$ und $x = 1$ umschlossen wird; bestimme außerdem die Fläche zwischen dem positiven Teil des unteren Astes und der x-Achse (siehe Fig. 30, S. 96).

XIX. *Berechnung von Flächeninhalten durch Integration*

(6) Berechne das Volumen eines Kegels von der Höhe h, dessen Grundkreis den Radius r hat.

(7) Bestimme die Fläche der Kurve $y = x^3 - \ln x$ innerhalb der Grenzen $x = 0$ und $x = 1$.

(8) Welchen Inhalt hat der Körper, den die Kurve $y = \sqrt{1+x^2}$ zwischen den Abszissen $x = 0$ und $x = 4$ bei der Rotation um die x-Achse bildet?

(9) Eine Sinuskurve rotiert in dem Bereich zwischen 0 und π um die x-Achse. Welches Volumen hat der gebildete Körper?

(10) Wie groß ist die Fläche, die die Kurve $xy = a$ zwischen $x = 1$ und $x = a$ und der x-Achse bildet? Wie groß ist ihre mittlere Ordinate?

(11) Beweise, daß das geometrische Mittel der Funktion $y = \sin x$ zwischen den Grenzen 0 und π $\dfrac{\sqrt{2}}{2}$ ist! Berechne auch das arithmetische Mittel dieser Funktion für dieselben Grenzen; zeige, daß der Formfaktor $= 1{,}11$ ist!

(12) Berechne das arithmetische und geometrische Mittel der Funktion $x^2 + 3x + 2$ von $x = 0$ bis $x = 3$.

(13) Berechne das geometrische und arithmetische Mittel der Funktion $y = A_1 \sin x + A_3 \sin 3x$ von $x = 0$ bis $x = 2\pi$.

(14) Eine Kurve hat die Gleichung

$$y = 3{,}42 e^{0,21 x}.$$

Berechne die Fläche, die von der Kurve und der x-Achse zwischen den Ordinaten für $x = 2$ und $x = 8$ eingeschlossen wird. Berechne ferner die mittlere Ordinate der Kurve zwischen diesen Punkten.

(15) Unter einer Kardioide versteht man eine Kurve mit der Polargleichung $r = a(1 - \cos \vartheta)$. Zeige, daß die Fläche, die zwischen $\vartheta = 0$ und $\vartheta = 2\pi$ zwischen Kurve und Achse liegt, gerade gleich dem 1,5-fachen der Fläche ist, die ein Kreis vom Radius a hat.

(16) Wie groß ist das Volumen des Körpers, den die Kurve

$$y = \pm \frac{x}{6} \sqrt{x(10-x)}$$

bei ihrer vollen Rotation um die x-Achse bildet?

XX

Erste Hilfe beim Integrieren

Die Hauptarbeit beim Integrieren besteht darin, das gegebene Integral durch geschickte Umformungen auf gängige Typen zurückzuführen. Die Bücher über Integralrechnung — gemeint sind hier die großen mathematischen Werke — enthalten zu diesem Zwecke eine Fülle von Kunstgriffen, Methoden, Entwicklungen und Kniffen. Einige von diesen wollen wir noch im folgenden kennenlernen.

Partielle Integration. Dahinter verbirgt sich folgende Gleichung:

$$\int u \, dv = uv - \int v \, du + C.$$

Diese Beziehung ist sehr nützlich für Fälle, wo $\int v \, du$ bekannt ist, während $\int u \, dv$ gesucht wird. Die Gleichung kann sehr leicht abgeleitet werden. Nach S. 31 ist

$$d(uv) = u \, dv + v \, du$$

oder auch

$$u \, dv = d(uv) - v \, du.$$

Durch Integration folgt dann der eben angegebene Ausdruck.

Beispiele. (1) Finde $\int w \cdot \sin w \, dw$.
Schreibe $u = w$ und $\sin w \, dw = dv$. Dann ist

$$du = dw \quad \text{und} \quad \int \sin w \, dw = v = -\cos w.$$

Setzen wir diese Werte ein, so wird

$$\int w \cdot \sin w \, dw = w(-\cos w) - \int -\cos w \, dw$$
$$= -w \cos w + \sin w + C.$$

(2) Wie groß ist $\int x e^x \, dx$?
Schreibe

$$u = x \quad \text{und} \quad e^x \, dx = dv,$$

dann ist

$$du = dx \quad \text{und} \quad v = e^x,$$

also
$$\int xe^x \, dx = x \cdot e^x - \int e^x \, dx \quad \text{(nach der Formel!)}$$
$$= x \cdot e^x - e^x = e^x(x-1) + C.$$

(3) Berechne $\int \cos^2 \Theta \, d\Theta$.
$$u = \cos \Theta, \quad \cos \Theta \, d\Theta = dv;$$
also
$$du = -\sin \Theta \, d\Theta, \quad v = \sin \Theta,$$
$$\int \cos^2 \Theta \, d\Theta = \cos \Theta \sin \Theta + \int \sin^2 \Theta \, d\Theta$$
$$= \frac{2 \cos \Theta \sin \Theta}{2} + \int (1 - \cos^2 \Theta) \, d\Theta$$
$$= \frac{\sin 2\Theta}{2} + \int d\Theta - \int \cos^2 \Theta \, d\Theta.$$

Dann ist
$$2 \int \cos^2 \Theta \, d\Theta = \frac{\sin 2\Theta}{2} + \Theta$$
und
$$\int \cos^2 \Theta \, d\Theta = \frac{\sin 2\Theta}{4} + \frac{\Theta}{2} + C.$$

(4) Berechne $\int x^2 \sin x \, dx$.

Schreibe $\quad x^2 = u, \sin x \, dx = dv;$
und $\quad du = 2x \, dx, \quad v = -\cos x,$
$$\int x^2 \sin x \, dx = -x^2 \cos x + 2 \int x \cos x \, dx.$$

$\int x \cos x \, dx$ kann wieder durch partielle Integration gefunden werden (siehe oben Beispiel 1):
$$\int x \cos x \, dx = x \sin x + \cos x + C.$$

Schließlich wird
$$\int x^2 \sin x \, dx = -x^2 \cos x + 2x \sin x + 2 \cos x + C'$$
$$= (2 - x^2) \cos x + 2x \sin x + C'.$$

(5) Suche $\int \sqrt{1 - x^2} \, dx$.

XX. Erste Hilfe beim Integrieren

Schreibe
$$u = \sqrt{1-x^2}, \quad dx = dv;$$
dann ist
$$du = -\frac{x\,dx}{\sqrt{1-x^2}} \quad \text{(siehe 9. Kapitel, S. 58ff.)}$$
und $x = v$; also
$$\int \sqrt{1-x^2}\,dx = x\sqrt{1-x^2} + \int \frac{x^2\,dx}{\sqrt{1-x^2}}.$$

Hier wenden wir vorteilhaft einen kleinen Kniff an und schreiben
$$\int \sqrt{1-x^2}\,dx = \int \frac{(1-x^2)\,dx}{\sqrt{1-x^2}} = \int \frac{dx}{\sqrt{1-x^2}} - \int \frac{x^2\,dx}{\sqrt{1-x^2}}.$$

Durch Addition der beiden letzten Gleichungen fällt $\int \frac{x^2\,dx}{\sqrt{1-x^2}}$ weg und wir erhalten:
$$2\int \sqrt{1-x^2}\,dx = x\sqrt{1-x^2} + \int \frac{dx}{\sqrt{1-x^2}}.$$

Bei dem Bruch $\frac{dx}{\sqrt{1-x^2}}$ erinnern wir uns aber — oder wir sollten es wenigstens tun —, daß er bei der Differentiation von $y = \arcsin x$ (siehe S. 154) auftrat; deshalb wird
$$\int \sqrt{1-x^2}\,dx = \frac{x\sqrt{1-x^2}}{2} + \frac{1}{2}\arcsin x + C.$$

Einige Aufgaben dieser Art stehen am Schluß dieses Kapitels; versuche sie zu lösen!

Integration durch Substitution. Dieser Kniff wurde bei der Differentiation bereits erläutert (9. Kapitel, S. 58). An einigen Beispielen werden wir jetzt auch seine Anwendung in der Integralrechnung kennenlernen.

(1) $$\int \sqrt{3+x}\,dx.$$
Setze
$$3+x = u, \quad dx = du;$$

dann ist

$$\int u^{\frac{1}{2}} \, du = \frac{2}{3} u^{\frac{3}{2}} = \frac{2}{3} \left(3+x\right)^{\frac{3}{2}}.$$

(2) $\quad\displaystyle\int \frac{dx}{e^x + e^{-x}}.$

Setze

$$e^x = u, \quad \frac{du}{dx} = e^x \quad \text{und} \quad dx = \frac{du}{e^x};$$

$$\int \frac{dx}{e^x + e^{-x}} = \int \frac{du}{e^x(e^x + e^{-x})} = \int \frac{du}{u\left(u + \frac{1}{u}\right)} = \int \frac{du}{u^2 + 1}.$$

$\dfrac{du}{1+u^2}$ ist der Differentialquotient von arc tg u. Das Integral hat also den Wert arc tg e^x.

(3) $\displaystyle\int \frac{dx}{x^2 + 2x + 3} = \int \frac{dx}{x^2 + 2x + 1 + 2} = \int \frac{dx}{(x+1)^2 + (\sqrt{2})^2}.$

Es sei $\quad x+1 = u, \quad dx = du.$

Dann heißt das Integral $\displaystyle\int \frac{du}{u^2 + (\sqrt{2})^2}$; aber $\dfrac{du}{u^2 + a^2}$ ist das Ergebnis der Differentiation von $\dfrac{1}{a}$ arc tg $\dfrac{u}{a}$.

Das gesuchte Integral ist daher gleich $\dfrac{1}{\sqrt{2}}$ arc tg $\dfrac{x+1}{\sqrt{2}}$.

Unter R e d u k t i o n s f o r m e l n versteht man Beziehungen, die besonders binomische und trigonometrische Ausdrücke auf eine Form zurückführen, deren Integral bekannt ist; solche Funktionen können dann ohne weiteres integriert werden.

In speziellen Fällen sind noch andere Kunstgriffe (z. B. das Faktorisieren des Nenners) anwendbar; wir übergehen sie hier, da sie einer kurzen oder allgemein gehaltenen Erklärung nicht zugänglich sind. Nur durch viel Übung kann man mit diesen Umformungen vertrauter werden.

Das folgende Beispiel zeigt die Anwendung der Zerlegung in Partialbrüche — wir haben sie schon im 13. Kapitel S.106 gelernt — auf die Integralrechnung.

Als Beispiel wählen wir wieder $\int \frac{dx}{x^2+2x-3}$; wir zerlegen $\frac{1}{x^2+2x-3}$ in Partialbrüche und erhalten:

$$\frac{1}{4}\left[\int \frac{dx}{x-1} - \int \frac{dx}{x+3}\right] = \frac{1}{4}\left[\ln(x-1) - \ln(x+3)\right] = \frac{1}{4}\ln\frac{x-1}{x+3}$$

Hier ist zu bemerken, daß dasselbe Integral bisweilen auf verschiedenen Wegen gelöst werden kann. Die erhaltenen Resultate sind natürlich gleichwertig.

Grenzfälle. Der Anfänger übersieht leicht einige sehr wichtige Punkte, die der erfahrene Praktiker ohne weiteres beachtet; man muß z. B. unbedingt vermeiden, mit Faktoren zu rechnen, die mit Null oder unendlich identisch sind, oder mit Brüchen wie $\frac{0}{0}$, denen kein bestimmter Wert zukommt. Für einen solchen Fall gibt es keine allgemeingültige Regel, die aus der Schwierigkeit hilft. Nur durch Übung und scharfes Denken läßt sich eine solche Aufgabe bewältigen. Im 18. Kapitel, S. 177/178, ist uns ein solcher Grenzfall bei der Integration von $x^{-1}dx$ entgegengetreten; wir haben in diesem einen Falle auch gezeigt, wie die vorliegende Schwierigkeit umgangen werden kann.

Die Integralrechnung hat sich besonders in solchen Fällen als wertvoll erwiesen, in denen alle anderen Methoden versagten. Bei der Betrachtung von physikalischen Vorgängen kann man beispielsweise oftmals für das unbekannte Naturgesetz eine Beziehung zwischen den herrschenden Kräften oder sonst auftretenden Größen herleiten, die dann in Form einer D i f f e r e n t i a l g l e i c h u n g erscheint; d.h. in Form einer Gleichung, die Differentialquotienten mit oder ohne andere algebraische Ausdrücke enthält. Hat man die Differentialgleichung aufgestellt, so muß sie noch integriert werden. Im allgemeinen ist es einfacher, die passende Differentialgleichung zu finden, als sie zu lösen; falls die Gleichung so gebaut ist, daß man ihr Integral kennt, bietet die Integration keine Schwierigkeiten und die Lösung ist ohne weiteres zu finden. Dabei wird die Differentialgleichung als gelöst betrachtet, sowie die Integration durchgeführt ist. Die sich bei der Integration einer Differential-

Gleichung ergebende Gleichung nennt man „die Lösung" der Differential-Gleichung. Dabei betrachten viele Mathematiker die Differential-Gleichung schon dann als gelöst, wenn es gelungen ist, die abhängige Variable als Funktion der unabhängigen Variablen anzugeben, ganz gleich, ob dieser Ausdruck eine bekannte Funktion ist, oder ein Integral, das sich nicht auf bekannte Funktionen zurückführen läßt. („Das Integral ist nicht in geschlossener Form darstellbar.")

Das Schlußergebnis sieht der noch unintegrierten Differentialgleichung meist erstaunlich unähnlich. Sie sind zumeist voneinander so verschieden wie der Schmetterling von der Raupe. Wer würde vermuten, daß der einfache Differentialquotient

$$\frac{dy}{dx} = \frac{1}{a^2 - x^2}$$

durch Integration in die Gleichung

$$y = \frac{1}{2a} \ln \frac{a+x}{a-x} + C$$

übergeht? Und doch ist die letzte Gleichung die „L ö s u n g" der ersten.

Wir wollen diese Aufgabe als letztes Beispiel durchrechnen.

Zuerst zerlegen wir in Partialbrüche:

$$\frac{1}{a^2 - x^2} = \frac{1}{2a(a+x)} + \frac{1}{2a(a-x)}.$$

Dann ist
$$dy = \frac{dx}{2a(a+x)} + \frac{dx}{2a(a-x)},$$

$$y = \frac{1}{2a} \left(\int \frac{dx}{a+x} + \int \frac{dx}{a-x} \right)$$

$$= \frac{1}{2a} \left(\ln(a+x) - \ln(a-x) \right)$$

$$= \frac{1}{2a} \ln \frac{a+x}{a-x} + C.$$

Die Rechnung ist also gar nicht so schwierig.

Übungen XIX

(Lösungen siehe S. 262)

Berechne folgende Integrale:

(1) $\int \sqrt{a^2-x^2}\, dx.$

(2) $\int x \ln x\, dx.$

(3) $\int x^a \ln x\, dx.$

(4) $\int e^x \cos e^x\, dx.$

(5) $\int \frac{1}{x} \cos(\ln x)\, dx.$

(6) $\int x^2 e^x\, dx.$

(7) $\int \frac{(\ln x)^a}{x}\, dx.$

(8) $\int \frac{dx}{x \ln x}.$

(9) $\int \frac{5x+1}{x^2+x-2}\, dx.$

(10) $\int \frac{(x^2-3)\, dx}{x^3-7x+6}.$

(11) $\int \frac{b\, dx}{x^2-a^2}.$

(12) $\int \frac{4x\, dx}{x^4-1}.$

(13) $\int \frac{dx}{1-x^4}.$

(14) $\int \frac{x\, dx}{\sqrt{a^2-b^2 x^2}}.$

(15) Mit $\frac{1}{x} = \frac{b}{a} \cosh u$ zeige, daß

$$\int \frac{dx}{x\sqrt{a^2-b^2 x^2}} = \frac{1}{a} \ln \frac{a-\sqrt{a^2-b^2 x^2}}{x} + C.$$

XXI

Das Lösen von Differential-Gleichungen

In diesem Kapitel wollen wir die Lösungen von einigen wichtigen Differentialgleichungen aufsuchen und uns dabei der in dem vorigen Kapitel angedeuteten Hilfsmittel bedienen.

Der Anfänger, der die Einfachheit dieser Prozesse als solche kennengelernt hat, wird hier zu ahnen beginnen, daß das Integrieren e i n e K u n s t ist. Wie bei allen Künsten, macht auch hier Übung den Meister. Um diese Kunst wirklich vollendet zu beherrschen, müssen wir dreierlei tun: Erstens Aufgaben rechnen; zweitens wieder Aufgaben rechnen und drittens immer noch Aufgaben rechnen, so viele wie wir überhaupt in allen möglichen Büchern auftreiben können. Unser Vorhaben hier ist nur, eine kurze Einleitung zum verständnisvollen Studium eines größeren, ernsten Werkes zu bieten.

Beispiel (1). Wie heißt die Lösung der Differentialgleichung $ay + b\frac{dy}{dx} = 0$?

Diese Gleichung kann man auch schreiben

$$b\frac{dy}{dx} = -ay.$$

Bei genauerer Betrachtung stellen wir sofort fest, daß in unserem Falle $\frac{dy}{dx}$ proportional y ist. Denken wir an die Kurve, die y als Funktion von x darstellt, so muß ihre Steigung an jeder Stelle der Ordinate an diesem Punkte proportional sein; für einen positiven Wert von y ist die Steigung dann negativ. Die Abklingkurve (S. 140) hat offensichtlich diese Eigenschaften; in der Lösung wird daher e^{-x} als Faktor vorkommen. Wir wollen aber jetzt ohne Benutzung unserer Weisheit zu Werke gehen.

Da in der Gleichung y und dy auf verschiedenen Seiten vorkommen, müssen wir — um zu integrieren — erst y und dy auf einer Seite vereinigen und dx auf die andere schaffen. Deshalb trennen wir unsere beiden gewöhnlich unzertrennlichen Gefährten dy und dx voneinander:

$$\frac{dy}{y} = -\frac{a}{b}dx.$$

Wie wir sehen, lassen sich beide Seiten ohne weiteres integrieren; denn wir kennen den Wert von $\frac{dy}{y}$ oder $\frac{1}{y}dy$, da der entsprechende Differentialquotient bei den Logarithmen vorkommt (siehe S. 132ff.).

Daher schreiben wir

$$\int \frac{dy}{y} = \int -\frac{a}{b}dx$$

XXI. Das Lösen von Differential-Gleichungen

und erhalten nach Integration

$$\ln y = -\frac{a}{b}x + \ln C;$$

die noch zu bestimmende Integrationskonstante heißt dieses Mal ln C[1]). Geht man zur Exponentialfunktion über, so wird

$$y = Ce^{-\frac{a}{b}x};$$

das ist **die gesuchte Lösung**. Die ursprüngliche Differentialgleichung, von der wir ausgegangen sind, ist in ihr nicht mehr zu erkennen; beide Gleichungen geben aber dem erfahrenen Mathematiker Aufschluß, in welcher Weise y von x abhängt

C ergibt sich aus dem Anfangswert von y. Setzen wir $x = 0$, um den entsprechenden Wert von y zu bestimmen, so wird $y = Ce^{-0}$, und da $e^{-0} = 1$ ist, erscheint C als der Wert[2]) von y für $x = 0$. Dieser Wert wird gewöhnlich mit y_0 bezeichnet; dann ist

$$y = y_0 e^{-\frac{a}{b}}.$$

Beispiel (2). Als Beispiel diene uns die Gleichung

$$ay + b\frac{dy}{dx} = g,$$

wobei g eine Konstante ist. Wie vorher zeigt uns eine Betrachtung der Differentialgleichung, daß erstens wieder ein Ausdruck mit e^x in der Lösung auftreten wird, und daß zweitens die Kurve ein Maximum oder Minimum für y auf-

---

[1]) Man kann die „Integrationskonstante" selbstverständlich in irgendeiner Form hinschreiben; in unserem Falle verdient eben gerade der Ausdruck ln C den Vorzug, da alle anderen Glieder der Gleichung in entsprechender Form vorhanden sind oder sich auch als Logarithmen darstellen lassen. Man erleichtert sich so durch geeignete Wahl der additiven Konstanten die weitere Rechnung wesentlich.

[2]) Vgl. die Bemerkungen über die „Integrationskonstante" anläßlich der Fig. 48 auf S. 167 und der Fig. 51 auf S. 170.

weisen wird, denn für $\frac{dy}{dx} = 0$ ist $y = \frac{g}{a}$. Zunächst trennen wir wieder die Differentiale und versuchen, die Gleichung in eine integrable Form zu bringen:

$$b \frac{dy}{dx} = g - ay;$$

$$\frac{dy}{dx} = \frac{a}{b}\left(\frac{g}{a} - y\right);$$

$$\frac{dy}{y - \frac{g}{a}} = -\frac{a}{b} dx.$$

Damit enthält die eine Seite der Gleichung nur noch y und dy, die andere nur noch dx. Läßt sich aber das Ergebnis der linken Seite integrieren?

Es hat die gleiche Form wie das Resultat auf der S. 133; die Integration läßt sich also folgendermaßen ausführen. (Konstante nicht vergessen!)

$$\int \frac{dy}{y - \frac{g}{a}} = -\int \frac{a}{b} dx;$$

$$\ln\left(y - \frac{g}{a}\right) = -\frac{a}{b} x + \ln C;$$

oder

$$y - \frac{g}{a} = C e^{-\frac{a}{b} x}$$

und schließlich

$$y = \frac{g}{a} + C e^{-\frac{a}{b} x};$$

das ist die Lösung.

Unter der Bedingung, daß $y = 0$ ist für $x = 0$, läßt sich der Wert von C bestimmen. Dann wird nämlich

$$0 = \frac{g}{a} + C \quad \text{und} \quad C = -\frac{g}{a}.$$

XXI. Das Lösen von Differential-Gleichungen

Benutzen wir diesen Wert, so erhält die Lösung die Gestalt

$$y = \frac{g}{a}\left(1 - e^{-\frac{a}{b}x}\right).$$

Ferner wird für unbegrenzt großes x der Wert von y ein Maximum erreichen; für $x = \infty$ hat die Potenz den Wert Null, und es ist $y_{\max} = \frac{g}{a}$. Unter Verwendung dieser Beziehung wird

$$y = y_{\max}\left(1 - e^{-\frac{a}{b}x}\right).$$

Dieses Ergebnis spielt bei physikalischen Betrachtungen eine große Rolle.

Bevor wir das nächste Beispiel durchrechnen, müssen wir noch 2 Integrale besprechen, die in Physik und Technik von großer Bedeutung sind. Sie sind deshalb bemerkenswert, da, löst man eines davon, es sich teilweise in das andere verwandelt. Das hilft uns, ihren Wert zu bestimmen. Wir wollen sie S und C nennen, nämlich

$$S = \int e^{pt} \sin kt \, dt \quad \text{und}$$
$$C = \int e^{pt} \cos kt \, dt,$$

wobei p und k Konstanten sind.

Um mit diesen schrecklich aussehenden Integralen fertig zu werden, erinnern wir uns der partiellen Integration, die nach der allgemeinen Formel

$$\int u \, dv = uv - \int v \, du$$

durchgeführt wird.

Zu diesem Zweck setzen wir $u = e^{pt}$ und

$$dv = \sin kt \, dt \text{ in } S; \text{ dann ist}$$

$$du = pe^{pt} \, dt \quad \text{und} \quad v = \int \sin kt \, dt = -\frac{1}{k}\cos kt,$$

wobei wir im Augenblick die Konstante weglassen. Damit

XXI. Das Lösen von Differential-Gleichungen

erhalten wir für das Integral S:

$$S = \int e^{pt} \sin kt \, dt = -\frac{1}{k} e^{pt} \cos kt - \int -\frac{1}{k} \cos kt \, p e^{pt} \, dt$$

$$= -\frac{1}{k} e^{pt} \cos kt + \frac{p}{k} \int e^{pt} \cos kt \, dt$$

$$= -\frac{1}{k} e^{pt} \cos kt + \frac{p}{k} C. \tag{1}$$

So führt der Kunstgriff der partiellen Integration S teilweise in C über. Nun wollen wir uns C anschauen. Wir setzen wie oben $u = e^{pt}$ und $dv = \cos kt \, dt$, dann ist $v = \frac{1}{k} \sin kt$. Dann folgt nach der Regel für die partielle Integration:

$$C = \int e^{pt} \cos kt \, dt = \frac{1}{k} e^{pt} \sin kt - \frac{p}{k} \int e^{pt} \sin kt \, dt$$

$$= \frac{1}{k} e^{pt} \sin kt - \frac{p}{k} S. \tag{2}$$

Daß S teilweise in C übergeht und C teilweise in S, mag dazu verführen, die Integrale für besonders schwer lösbar zu halten, aber aus den Gleichungen (1) und (2), die man als zwei Gleichungen in S und C auffassen kann, lassen sich beide Integrale leicht ausrechnen.

Setzt man C aus (2) in (1) ein, so folgt:

$$S = -\frac{1}{k} e^{pt} \cos kt + \frac{p}{k} \left(\frac{1}{k} e^{pt} \sin kt - \frac{p}{k} S \right)$$

oder $\quad S \left(\frac{p^2}{k^2} + 1 \right) = \frac{1}{k^2} e^{pt} (p \sin kt - k \cos kt)$

und daraus

$$S = \frac{e^{pt}}{p^2 + k^2} (p \sin kt - k \cos kt).$$

Auf gleiche Weise erhält man C durch Einsetzen von S aus (1) in (2) und erhält als Schlußergebnis

$$C = \frac{e}{p^2 + k^2} (p \cos kt + k \sin kt).$$

XXI. Das Lösen von Differential-Gleichungen

Nun können wir unserer Integraltabelle folgende wichtigen Formeln hinzufügen:

$$\int e^{pt} \sin kt \, dt = \frac{e^{pt}}{p^2+k^2} (p \sin kt - k \cos kt) + E,$$

$$\int e^{pt} \cos kt \, dt = \frac{e^{pt}}{p^2+k^2} (p \cos kt + k \sin kt) + F,$$

wobei E und F Integrationskonstanten sind.

Beispiel (3). Es sei

$$ay + b \frac{dy}{dt} = g \cdot \sin 2\pi nt.$$

Zunächst dividieren wir durch b:

$$\frac{dy}{dt} + \frac{a}{b} y = \frac{g}{b} \sin 2\pi nt.$$

In dieser Form läßt sich die linke Seite nicht integrieren. Wir wenden daher einen Kniff an — kluge Männer erkannten seinen Wert — und multiplizieren mit $e^{\frac{a}{b}t}$:

$$\frac{dy}{dt} e^{\frac{a}{b}t} + \frac{a}{b} y e^{\frac{a}{b}t} = \frac{g}{b} e^{\frac{a}{b}t} \cdot \sin 2\pi nt,$$

denn aus $u = y e^{\frac{a}{b}t}$ folgt

$$\frac{du}{dt} = \frac{dy}{dt} e^{\frac{a}{b}t} + \frac{a}{b} y e^{\frac{a}{b}t}$$

Dann lautet die Gleichung:

$$\frac{du}{dt} = \frac{g}{b} e^{\frac{a}{b}t} \sin 2\pi nt$$

Daraus folgt durch Integration:

$$u \text{ oder } y e^{\frac{a}{b}t} = \frac{g}{b} \int e^{\frac{a}{b}t} \sin 2\pi nt \, dt + K.$$

Das Integral auf der rechten Seite ist vom gleichen Typ wie S, das wir gerade berechnet haben.

Setzt man daher $p = \dfrac{a}{b}$ und $k = 2\pi n$, dann ist:

$$y e^{\frac{a}{b} t} = \frac{g e^{\frac{a}{b} t}}{a^2 + 4\pi^2 n^2 b^2}\, (a \sin 2\pi n t - 2 \pi n b \cos 2\pi n t) + K,$$

oder

$$y = g \left\{ \frac{a \sin 2\pi n t - 2\pi n b \cos 2\pi n t}{a^2 + 4\pi^2 n^2 b^2} \right\} + K e^{-\frac{a}{b} t}.$$

Zur weiteren Vereinfachung denken wir uns einen Winkel φ mit

$$\operatorname{tg} \varphi = \frac{2\pi n b}{a}.$$

Dann ist

$$\sin \varphi = \frac{2\pi n b}{\sqrt{a^2 + 4\pi^2 n^2 b^2}} \quad \text{und} \quad \cos \varphi = \frac{a}{\sqrt{a^2 + 4\pi^2 n^2 b^2}}.$$

Wir benutzen diese Gleichung und erhalten

$$y = g \frac{\cos \varphi \cdot \sin 2\pi n t - \sin \varphi \cdot \cos 2\pi n t}{\sqrt{a^2 + 4\pi^2 n^2 b^2}},$$

oder auch

$$y = g \frac{\sin (2\pi n t - \varphi)}{\sqrt{a^2 + 4\pi^2 n^2 b^2}};$$

das ist die gesuchte Lösung.

Sie ist nichts anderes als die Gleichung eines elektrischen Wechselstromes, wenn man unter g die Amplitude der angelegten Spannung, unter n die Frequenz, a den Widerstand, b den Selbstinduktionskoeffizienten des Leiterkreises und unter φ die Phasenverschiebung versteht.

Beispiel (4). Es sei

$$M\,dx + N\,dy = 0.$$

Diese Gleichung könnte man ohne weiteres integrieren, wenn M nur eine Funktion von x und N nur eine Funktion

XXI. *Das Lösen von Differential-Gleichungen* 215

von y wäre. Wie muß man aber verfahren, wenn M und N Funktionen bedeuten, die von x und y abhängig sind? Liegt hier ein vollständiges Differential vor? Das heißt: sind M und N wirklich durch partielle Differentiation aus einer gemeinsamen Funktion U entstanden? In diesem Falle wäre:

$$\left|\begin{array}{l}\frac{\partial U}{\partial x} = M, \\ \frac{\partial U}{\partial y} = N.\end{array}\right.$$

Und falls eine solche Funktion existiert, ist

$$\frac{\partial U}{\partial x} dx + \frac{\partial U}{\partial y} dy$$

ein totales Differential (siehe S. 159).

Man kann den Sachverhalt leicht prüfen. Liegt ein totales Differential vor, so ist

$$\frac{\partial M}{\partial y} = \frac{\partial N}{\partial x};$$

da notwendigerweise nämlich $\frac{\partial(\partial U)}{\partial x \partial y} = \frac{\partial(\partial U)}{\partial y \partial x}$ sein muß.

Wir wählen als Beispiel die Gleichung

$$(1 + 3xy)\,dx + x^2\,dy = 0.$$

Haben wir hier ein totales Differential vor uns oder nicht? Wir prüfen es:

$$\left\{\begin{array}{l}\frac{\partial(1 + 3xy)}{\partial y} = 3x, \\ \frac{\partial(x^2)}{\partial x} = 2x,\end{array}\right.$$

die beiden Werte stimmen nicht überein. Die Gleichung ist also kein totales Differential; die beiden Funktionen $1 + 3xy$ und x^2 stammen nicht von einer gemeinsamen Grundfunktion ab.

XXI. *Das Lösen von Differential-Gleichungen*

Indessen kann man bisweilen in solchen Fällen einen sogenannten i n t e g r i e r e n d e n F a k t o r ausfindig machen; durch Multiplikation mit diesem Faktor wird dann der Ausdruck sofort ein totales Differential. Es gibt leider keine allgemeine Regel, um einen solchen Faktor zu berechnen, aber durch Probieren läßt er sich gewöhnlich finden. Im vorliegenden Beispiel heißt er $2x$; multiplizieren wir mit dieser Zahl, so ergibt sich

$$(2x + 6x^2y)\, dx + 2x^3\, dy = 0.$$

Wir wenden jetzt unsere Probe an —

$$\begin{cases} \dfrac{\partial(2x + 6x^2y)}{\partial y} = 6x^2, \\ \dfrac{\partial(2x^3)}{\partial x} = 6x^2, \end{cases}$$

— und es stimmt. Wir haben ein totales Differential vor uns und können integrieren. Es sei nun

$$w = 2x^3y, \quad dw = 6x^2y\, dx + 2x^3\, dy,$$

dann ist

$$\int 6x^2y\, dx + \int 2y^3\, dy = w = 2x^3y,$$

so daß wir schließlich erhalten

$$U = x^2 + 2x^3y + C.$$

Beispiel (5). Es sei

$$\frac{d^2y}{dt^2} + n^2y = 0.$$

Diese Gleichung gibt ein Beispiel für eine Differentialgleichung zweiten Grades; y erscheint nämlich nochmals in Form der zweiten Ableitung. Zunächst formen wir um in

$$\frac{d^2y}{dt^2} = -n^2y.$$

Augenscheinlich haben wir es hier mit einer Funktion zu tun, deren zweiter Differentialquotient der **negativen**

XXI. Das Lösen von Differential-Gleichungen

Funktion direkt proportional ist. Im 15. Kapitel haben wir festgestellt, daß der Sinus (oder auch der Kosinus) diese Eigenschaft besitzt. Die Lösung wird daher von der allgemeinen Form sein: $y = A \sin(pt+q)$. Doch machen wir uns zunächst an die Durchführung der Rechnung.

Wir multiplizieren beide Seiten der Gleichung mit $2\frac{dy}{dt}$ und integrieren:

$$2\frac{d^2y}{dt^2}\frac{dy}{dt} + 2n^2 y\frac{dy}{dt} = 0,$$

$$2\frac{d^2y}{dt^2}\frac{dy}{dt} = \frac{d\left(\frac{dy}{dt}\right)^2}{dt}, \quad \left(\frac{dy}{dt}\right)^2 + n^2(y^2 - C^2) = 0.$$

C ist eine Konstante. Nun ziehen wir die Quadratwurzeln

$$\frac{dy}{dt} = n\sqrt{C^2 - y^2} \quad \text{und} \quad \frac{dy}{\sqrt{C^2 - y^2}} = n \cdot dt.$$

Man kann aber zeigen, daß

$$\frac{1}{\sqrt{C^2 - y^2}} = \frac{d\left(\arcsin\frac{y}{C}\right)}{dy}$$

ist (siehe S. 154).

Durch Integration wird daher

$$\arcsin\frac{y}{C} = nt + C_1 \quad \text{und} \quad y = C\sin(nt + C_1);$$

C_1 ist auch hier eine Integrationskonstante.

Man schreibt noch besser:

$$y = A\sin nt + B\cos nt$$

als Lösung.

Beispiel (6).

$$\frac{d^2y}{dx^2} - n^2 y = 0.$$

Bei dieser Funktion ist der zweite Differentialquotient der Funktion selbst proportional. Die einzige Funktion mit dieser Eigentümlichkeit ist, wie wir wissen, die Exponentialfunktion (siehe S. 127); die Lösung der Differentialgleichung wird also von entsprechender Form sein.

Wir gehen wie bei der vorigen Aufgabe vor, multiplizieren mit $2\frac{dy}{dx}$, integrieren und erhalten

$$2\frac{d^2y}{dx^2}\frac{dy}{dx} - 2n^2 y \frac{dy}{dx} = 0,$$

$$2\frac{d^2y}{dx^2}\frac{dy}{dx} = \frac{d\left(\frac{dy}{dx}\right)^2}{dx}, \qquad \left(\frac{dy}{dx}\right)^2 - n^2(y^2 + c^2) = 0,$$

$$\frac{dy}{dx} - n\sqrt{y^2 + c^2} = 0;$$

hier ist c eine Konstante und

$$\frac{dy}{\sqrt{y^2 + c^2}} = n\, dx.$$

Um diese Gleichung zu integrieren, ist es einfacher, hyperbolische Funktionen zu benutzten. (siehe S.156)

Sei $y = c \sinh u$ und $dy = c \cosh u\, du$,

$$y^2 + c^2 = c^2(\sinh^2 u + 1) = c^2 \cosh^2 u$$

$$\int \frac{dy}{\sqrt{y^2 + c^2}} = \int \frac{c \cosh u\, du}{c \cosh u} = \int du = u$$

Folglich liefert die Integration der Gleichung

$$n \int dx = \int \frac{dy}{\sqrt{y^2 + c^2}} \qquad \text{als Lösung:}$$

$$nx + k = u,$$

wobei k die Integrationskonstante ist und $c \sinh u = y$. Damit ergibt sich:

$$\sinh(nx + k) = \sinh u = \frac{y}{c}$$

oder $\quad y = c \sinh(nx + k) = \frac{1}{2} c\, (e^{nx+k} - e^{-nx-k})$

$$= A e^{nx} + B e^{-nx}$$

mit $A = \frac{1}{2} c e^k$ und $B = -\frac{1}{2} c e^{-k}$.

Die Lösung, die auf den ersten Blick mit der ursprünglichen Funktion scheinbar nichts zu tun hat, besitzt die merkwürdige Eigenschaft, daß y in zwei Glieder zerfällt, von denen beim Anwachsen von x das eine logarithmisch zunimmt, während der Wert des anderen sinkt.

Beispiel (7). Es sei

$$b\frac{d^2y}{dt^2} + a\frac{dy}{dt} + gy = 0.$$

Die nähere Betrachtung dieser Beziehung lehrt, daß sie für $b = 0$ mit der in Aufgabe 1 behandelten identisch ist, wo wir als Lösung eine negative Exponentialfunktion erhielten. Andererseits erhalten wir für $a = 0$ wieder das eben durchgerechnete Beispiel 6, dessen Lösung sich als die Summe einer positiven und einer negativen Exponentialfunktion ergab. Es kann uns deshalb nicht überraschen, wenn das vorgelegte Beispiel die Lösung hat:

$$y = e^{-mt} \cdot (Ae^{nt} + Be^{-nt}),$$

wobei $m = \dfrac{a}{2b}$ und $n = \sqrt{\dfrac{a^2}{4b^2} - \dfrac{g}{b}}$ ist.

Der Weg ist hier im einzelnen nicht angegeben; der Fortgeschrittene mag ihn selbst suchen.

Beispiel (8).

$$\frac{\partial^2 y}{\partial t^2} = a^2 \frac{\partial^2 y}{\partial x^2}.$$

Auf S. 161 wurde diese Gleichung aus der Beziehung

$$y = F(x+at) + f(x-at)$$

hergeleitet, in der F und f beliebige Funktionen von t darstellten.

Wir wollen $u = x + at$ und $v = x - at$ setzen und kommen dann zu der Gleichung

$$\frac{\partial^2 y}{\partial u \cdot \partial v} = 0,$$

die zu derselben allgemeinen Lösung führt. Betrachten wir den Fall, wo F verschwindet, so wird

$$y = f(x-at);$$

d.h. einfach, daß zu der Zeit $t = 0$ y eine spezielle Funktion von x ist, und daß die Kurve eine durch diese Funktion bestimmte Gestalt besitzt. Dann wird jede Änderung des Wertes von t auf eine Verschiebung des Koordinatenanfangspunktes hinauslaufen. Die Form der Funktion bleibt erhalten, sie pflanzt sich nur längs der x-Achse mit konstanter Geschwindigkeit a fort. Gehört also zu einem Zeitpunkte t_0 ein Punkt x_0 und eine Ordinate y, so wird derselbe Wert y zu der späteren Zeit t_1 an einem Punkte mit der Abszisse $x_0 + a(t_1 - t_0)$ erscheinen. In diesem Falle gibt also die Gleichung die Fortpflanzung einer Welle von beliebiger Gestalt mit gleichförmiger Geschwindigkeit längs der x-Achse wieder.

Für die Differentialgleichung

$$m\frac{\partial^2 y}{\partial t^2} = k\frac{\partial^2 y}{\partial x^2}$$

folgt dieselbe Lösung; die Fortpflanzungsgeschwindigkeit hat aber den Wert

$$a = \sqrt{\frac{k}{m}}.$$

Übungen XX

(Lösungen siehe S.263)

Man löse folgende Gleichungen:

(1) $\dfrac{dT}{d\Theta} = \mu T,$ $\quad \mu =$ const.

$T = T_0$ für $\Theta = 0$.

(2) $\dfrac{d^2 s}{dt^2} = a,$ $\quad a =$ const.

$s = 0$ und $\dfrac{ds}{dt} = u$

für $t = 0$.

(3) $\dfrac{di}{dt} + 2i = \sin 3t,$ $\quad i = 0$ für $t = 0$.

(Hinweis: Man multipliziere mit e^{2t} und vergl. mit Beispiel 3 Seite 213)

XXII

Noch einmal etwas über Kurvenkrümmung

Im 12. Kapitel haben wir gelernt, wie man die K r ü m-
m u n g s r i c h t u n g einer Kurve bestimmen kann; ob sie,
wenn man in Richtung der *x*-Achse fortschreitet, aufwärts
oder abwärts gekrümmt ist. Aber über den K r ü m m u n g s-
g r a d haben wir noch keinen Aufschluß erhalten.

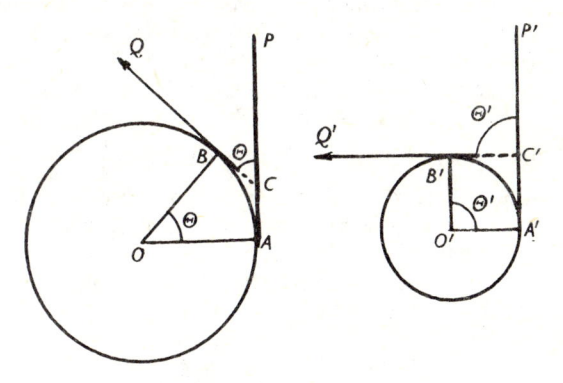

Fig. 64.

Unter der K r ü m m u n g einer Kurve verstehen wir den
Biegungs- oder Beugungszuwachs längs eines bestimmten
Kurvenstückes; sagen wir längs einer Strecke der Kurve,
die gleich der Längeneinheit ist (man benutzt dieselbe Einheit, die zur Messung des Radius herangezogen wird, etwa
einen Zentimeter oder einen Meter oder irgendeine andere
Einheit). Wir betrachten z. B. zwei gleich lange Bogen *AB*
und *A′ B′* (siehe Fig. 64) von zwei Kreisbahnen mit den
Mittelpunkten *O* und *O′*. Gehen wir auf dem ersten Kreis
längs des Bogens *AB* von *A* nach *B*, so verändert sich die
Bewegungsrichtung von *AP* in *BQ*, denn bei dem Punkt *A*
ist die Richtung *AP* und bei *B* die Richtung *BQ* vorhanden.
Mit anderen Worten: bewegt man sich von *A* nach *B*, so
durchläuft man zwangsläufig den Winkel *P C Q*; dieser ist

gleich dem Winkel $A\,O\,B$. In gleicher Weise wird der Winkel $P'\,C'\,Q'$ durchlaufen, wenn man von A' nach B' längs des Bogens $A'\,B'$ geht — also auf einer dem Bogen $A\,B$ gleichen Strecke —; der Winkel $P'\,C'\,Q'$ ist gleich dem Winkel $A'\,O'\,B'$ und dabei offensichtlich g r ö ß e r als der entsprechende Winkel $A\,O\,B$. Der zweite Kreis ist daher stärker als der erste gebogen.

Diese Tatsache findet darin ihren Ausdruck, daß man sagt: Die K r ü m m u n g der zweiten Kurve ist stärker als die der ersten. Je größer der Kreis ist, um so geringer ist die Krümmung. Ist der Radius des ersten Kreises 2-, 3-, 4-... mal größer als der des zweiten, so ist der Winkel, der die Biegung längs des Einheitsbogens mißt, im ersten Fall 2-, 3-, 4-, ... mal kleiner als im zweiten Fall. Die K r ü m m u n g des ersten Kreises wird also $\frac{1}{2}, \frac{1}{3}, \frac{1}{4}$ von der des zweiten betragen. Wie wir sehen, wird der Radius 2-, 3-, 4-... mal größer, wenn die Krümmung 2-, 3-, 4-... mal kleiner wird: D i e K r ü m m u n g e i n e s K r e i s e s i s t d a m i t d e m R a d i u s u m g e k e h r t p r o p o r t i o n a l, o d e r

$$\text{Krümmung} = k \cdot \frac{1}{\text{Radius}},$$

wobei k eine Konstante vorstellt, die willkürlich gleich 1 gesetzt wird; dann ist einfach die

$$\text{Krümmung} = \frac{1}{\text{Radius}}.$$

Wird der Radius unbegrenzt groß, so erhält die Krümmung den Wert $\frac{1}{\infty} = 0$, denn der Wert eines Bruches wird unendlich klein, wenn der Nenner unendlich groß wird. Aus diesem Grunde kann man jede Gerade als einen Kreisbogen mit unbegrenzt großem Radius auffassen, dessen Krümmung dann eben gleich Null ist.

Bei einem Kreis, der ja eine völlig symmetrische und gleichförmige Kurve darstellt, ist die Krümmung an jedem Punkte seines Umfanges dieselbe; durch den oben ange-

XXII. Noch einmal etwas über Kurvenkrümmung

gebenen Ausdruck ist daher die Krümmung eindeutig definiert. Bei anderen Kurven ist die Krümmung indessen an **verschiedenen Punkten verschieden**, selbst für zwei nahe aneinanderliegende Punkte kann sie recht abweichend sein. Es ist dann natürlich nicht genau und richtig, die Biegung zwischen zwei endlich entfernten Punkten als Krümmungsmaß für den Bogen zwischen diesen

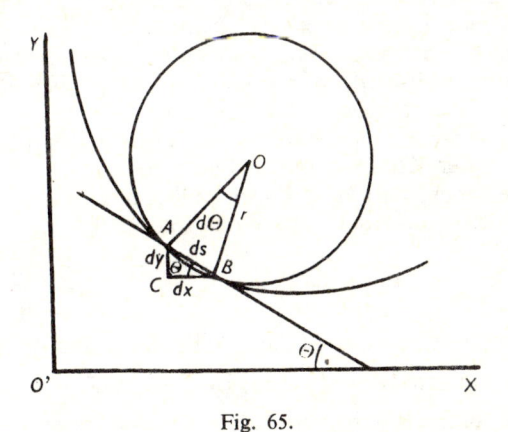

Fig. 65.

beiden Punkten zu wählen — außer wenn sie sehr nahe oder besser noch unbegrenzt nahe zusammenliegen.

Wir betrachten einen sehr kurzen Bogen AB (siehe Fig. 65) und zeichnen einen Kreis so, daß dieser Bogen sich seiner Peripherie einpaßt und ein Stück des Kreisumfanges bildet; die Kreiskrümmung wird dann gleich der Krümmung des Bogens AB sein, der der Kurve angehört. Wir werden um so leichter einen Kreis finden, der diese Forderung erfüllt, je kleiner wir den Bogen AB wählen. Die Übereinstimmung von Kreis und Bogen wollen wir als praktisch vollkommen ansehen, wenn die Punkte A und B so dicht zusammenrücken, daß die Länge des Bogens AB praktisch vernachlässigt werden kann; die Kurvenkrümmung bei dem Punkte A (oder B) wird dann mit der Kreiskrümmung identisch werden und durch den reziproken Kreisradius ihren Ausdruck finden, nämlich durch $\frac{1}{AO}$, wie wir ja vorher eingehend auseinandergesetzt haben.

Zunächst könnte man glauben, daß einem sehr kleinen Bogen AB auch ein sehr kleiner Kreis entsprechen müßte. Denkt man aber ein wenig nach, so wird einem bald klar werden, daß das gar nicht der Fall zu sein braucht und der Kreis eine dem Krümmungsgrad des kleinen Bogens AB angemessene Größe haben muß. Der Kreis wird ja auch tatsächlich sehr groß, wenn die Kurve an der betrachteten Stelle sehr flach wird. Man nennt diesen Kreis den K r ü m m u n g s k r e i s oder S c h m i e g u n g s k r e i s der betreffenden Stelle; sein Radius heißt der K r ü m m u n g s - r a d i u s der Kurve in diesen Punkt.

Bezeichnet man den Bogen AB mit ds, den Winkel AOB mit $d\Theta$ und den Krümmungsradius mit r, so ist

$$ds = r\, d\Theta \quad \text{oder} \quad \frac{d\Theta}{ds} = \frac{1}{r}.$$

Die Sekante AB schneidet die x-Achse unter dem Winkel Θ; in dem kleinen Dreieck ABC ist deshalb $\frac{dy}{dx} = \text{tg}\,\Theta$; für den Fall, daß AB unbegrenzt klein wird und B mit A praktisch zusammenfällt, wird die Gerade AB die Tangente an die Kurve in A (oder B).

Der Wert von Θ hängt von der Lage des Punktes A (oder B, der ja mit A praktisch zusammenfällt), d. h. von x ab; $\text{tg}\,\Theta$ ist also „eine Funktion" von x.

Wir differenzieren die Kurven-Steigung (siehe S. 67) nach x und erhalten:

$$\frac{d\left(\frac{dy}{dx}\right)}{dx} = \frac{d(\text{tg}\,\Theta)}{dx} \quad \text{oder} \quad \frac{d^2y}{dx^2} = \sec^2\Theta\,\frac{d\Theta}{dx} = \frac{1}{\cos^2\Theta}\,\frac{d\Theta}{dx} \text{ (siehe S. 152)},$$

dann ist

$$\frac{d\Theta}{dx} = \cos^2\Theta\,\frac{d^2y}{dx^2}.$$

Ferner ist $\frac{dx}{ds} = \cos\Theta$ und $\frac{d\Theta}{ds} = \frac{d\Theta}{dx} \cdot \frac{dx}{ds}$; unter Be-

XXII. Noch einmal etwas über Kurvenkrümmung

nutzung dieser Werte und der Beziehung[1])

$$\frac{1}{\cos \Theta} = \sqrt{1 + \operatorname{tg}^2 \Theta}$$

erhält man

$$\frac{1}{r} = \frac{d\Theta}{ds} = \frac{d\Theta}{dx} \cdot \frac{dx}{ds} = \cos^3 \Theta \frac{d^2 y}{dx^2}$$

oder

$$\frac{1}{r} = \frac{\frac{d^2 y}{dx^2}}{(\sqrt{1 + \operatorname{tg}^2 \Theta})^3} = \frac{\frac{d^2 y}{dx^2}}{\left\{1 + \left(\frac{dy}{dx}\right)^2\right\}^{\frac{3}{2}}},$$

und schließlich

$$r = \frac{\left\{1 + \left(\frac{dy}{dx}\right)^2\right\}}{\frac{d^2 y}{dx^2}}.$$

Der Zähler kann als Quadratwurzel ein positives oder negatives Vorzeichen haben. Man muß für ihn dasselbe Vorzeichen wie für den Nenner wählen, damit r positiv wird, einem negativen Radius würde keine Bedeutung zukommen.

Im 12. Kapitel (siehe S. 99) wurde auseinandergesetzt, daß positives $\frac{d^2 y}{dx^2}$ bedeutet, daß sich die Kurve nach oben krümmt, negatives $\frac{d^2 y}{dx^2}$, daß sie sich nach unten krümmt (Krümmung im ersten Fall konkav, im zweiten Fall konvex nach oben). Ist $\frac{d^2 y}{dx^2} = 0$ und der Krümmungsradius unendlich groß, so ist das betreffende Kurvenstück eine Gerade. Dieser Fall tritt notwendigerweise an der Stelle ein, wo eine Kurve mit konkaver (konvexer) Krümmung in eine solche mit konvexer (konkaver) Krümmung nach

---

[1]) Es ist nämlich $\sin^2 \Theta + \cos^2 \Theta = 1$; dividiert man durch $\cos^2 \Theta$, so wird $\frac{\sin^2 \Theta}{\cos^2 \Theta} + 1 = \frac{1}{\cos^2 \Theta}$; zieht man jetzt die Quadratwurzel so folgt obiger Ausdruck.   D. Ü.

XXII. Noch einmal etwas über Kurvenkrümmung

der x-Achse zu übergeht. Die Kurve besitzt dann an dieser Stelle einen sogenannten **Wendepunkt**.

Der Mittelpunkt des Krümmungskreises heißt **Krümmungsmittelpunkt**. Sind seine Koordinaten x_1, y_1, so lautet die Kreisgleichung (siehe S. 90)

$$(x-x_1)^2+(y-y_1)^2 = r^2,$$

und es ist

$$2(x-x_1)\,dx+2(y-y_1)\,dy = 0,$$

$$x-x_1+(y-y_1)\frac{dy}{dx} = 0. \tag{1}$$

Weshalb haben wir differenziert? Um die Konstante r zum Verschwinden zu bringen. Es sind aber immer noch zwei unbekannte Konstanten — x_1 und y_1 — vorhanden; wir differenzieren also zum zweiten Male, um noch eine von ihnen loszuwerden. Diese zweite Differentiation ist nicht ganz einfach auszuführen; wir wollen daher die Anleitung dazu geben; es ist

$$\frac{d(x)}{dx}+\frac{d\left[(y-y_1)\frac{dy}{dx}\right]}{dx} = 0;$$

der Zähler des zweiten Gliedes ist ein Produkt; seine Ableitung bestimmt sich zu

$$(y-y_1)\frac{d\left(\frac{dy}{dx}\right)}{dx}+\frac{dy}{dx}\frac{d(y-y_1)}{dx} = (y-y_1)\frac{d^2y}{dx^2}+\left(\frac{dy}{dx}\right)^2,$$

so daß die Ableitung von (1) ist

$$1+\left(\frac{dy}{dx}\right)^2+(y-y_1)\frac{d^2y}{dx^2} = 0,$$

oder auch

$$y_1 = y+\frac{1+\left(\frac{dy}{dx}\right)^2}{\frac{d^2y}{dx^2}}$$

Diesen Wert setzen wir in (1) ein und erhalten schließlich

$$(x-x_1)+\left\{y-y-\frac{1+\left(\frac{dy}{dx}\right)^2}{\frac{d^2y}{dx^2}}\right\}\frac{dy}{dx}=0;$$

$$x_1 = x - \frac{\frac{dy}{dx}\left\{1+\left(\frac{dy}{dx}\right)^2\right\}}{\frac{d^2y}{dx^2}};$$

x_1 und y_1 bestimmen die Lage des Krümmungsmittelpunktes. Die Anwendung dieser Formeln wollen wir sofort an einer ganzen Reihe von durchgerechneten Beispielen kennenlernen.

Beispiel (1). Der Krümmungsradius und die Koordinaten des Krümmungsmittelpunktes der Kurve $y = 2x^2 - x + 3$- für den Punkt $x = 0$ sind zu bestimmen.

Es ist

$$\frac{dy}{dx} = 4x-1, \quad \frac{d^2y}{dx^2} = 4,$$

$$r = \frac{\pm\left\{1+\left(\frac{dy}{dx}\right)^2\right\}^{\frac{3}{2}}}{\frac{d^2y}{dx^2}} = \frac{\{1+(4x-1)^2\}^{\frac{3}{2}}}{4};$$

ist $x = 0$, so wird

$$\frac{\{1+(-1)^2\}^{\frac{3}{2}}}{4} = \frac{\sqrt{8}}{4} = 0,707.$$

Sind x_1, y_1 die Koordinaten des Krümmungsmittelpunktes, so wird

$$x_1 = x - \frac{\frac{dy}{dx}\left\{1+\left(\frac{dy}{dx}\right)^2\right\}}{\frac{d^2y}{dx^2}} = x - \frac{(4x-1)\{1+(4x-1)^2\}}{4}$$

$$= 0 - \frac{(-1)\{1+(-1)^2\}}{4} = \frac{1}{2};$$

für $x = 0$ ist $y = 3$ und

$$y_1 = y + \frac{1+\left(\frac{dy}{dx}\right)^2}{\frac{d^2y}{dx^2}} = y + \frac{1+(4x-1)^2}{4} = 3 + \frac{1+(-1)^2}{4} = 3\frac{1}{2}.$$

Als lehrreiche und interessante Aufgabe zeichne Kurve und Kreis. Entsprechende Werte lassen sich leicht berechnen; für

$$x = 0 \quad \text{ist} \quad y = 3$$

und

$$x_1^2 + (y-3)^2 = r^2$$

oder

$$r = \sqrt{0{,}5^2 + 0{,}5^2} = \sqrt{0{,}5} = 0{,}707.$$

Beispiel (2). Berechne Krümmungsradius und Mittelpunktskoordinaten des Schmiegungskreises für die Kurve $y^2 = mx$ an der Stelle $y = 0$.

Hier ist

$$y = m^{\frac{1}{2}} x^{\frac{1}{2}}, \quad \frac{dy}{dx} = \frac{1}{2} m^{\frac{1}{2}} x^{-\frac{1}{2}} = \frac{m^{\frac{1}{2}}}{2x^{\frac{1}{2}}},$$

$$\frac{d^2y}{dx^2} = -\frac{1}{2} \frac{m^{\frac{1}{2}}}{2} x^{-\frac{3}{2}} = -\frac{m^{\frac{1}{2}}}{4x^{\frac{3}{2}}}$$

und

$$r = \frac{\pm\left\{1+\left(\frac{dy}{dx}\right)^2\right\}^{\frac{3}{2}}}{\frac{d^2y}{dx^2}} = \frac{\pm\left\{1+\frac{m}{4x}\right\}^{\frac{3}{2}}}{-\frac{m^{\frac{1}{2}}}{4x^{\frac{3}{2}}}} = \frac{(4x+m)^{\frac{3}{2}}}{2m^{\frac{1}{2}}};$$

wir wählen im Zähler das negative Vorzeichen, um r positiv zu erhalten. Ferner ist für $y = 0$ auch $x = 0$ und

$$r = \frac{m^{\frac{3}{2}}}{2m^{\frac{1}{2}}} = \frac{m}{2}.$$

Sind außerdem x_1, y_1 die Koordinaten des Mittelpunktes, so wird

$$x_1 = x - \frac{\frac{dy}{dx}\left\{1+\left(\frac{dy}{dx}\right)^2\right\}}{\frac{d^2y}{dx^2}} = x - \frac{\frac{m^{\frac{1}{2}}}{2x^{\frac{1}{2}}}\left\{1+\frac{m}{4x}\right\}}{-\frac{m^{\frac{1}{2}}}{4x^{\frac{3}{2}}}}$$

$$= x + \frac{4x+m}{2} = 3x + \frac{m}{2},$$

für $x = 0$ ist $x_1 = \frac{m}{2}$, und ebenso ist

$$y_1 = y + \frac{1+\left(\frac{dy}{dx}\right)^2}{\frac{d^2y}{dx^2}} = m^{\frac{1}{2}} x^{\frac{1}{2}} - \frac{1+\frac{m}{4x}}{\frac{m^{\frac{1}{2}}}{4x^{\frac{3}{2}}}} = -\frac{4x^{\frac{3}{2}}}{m^{\frac{1}{2}}};$$

ist $x = 0$, so ist auch $y_1 = 0$.

Beispiel (3). Beweise, daß der Kreis eine Kurve mit konstanter Krümmung ist.

Sind x_1 und y_1 wieder die Koordinaten des Mittelpunktes, und ist R der Kreisradius, so lautet die Kreisgleichung in rechtwinkligen Koordinaten

$$(x-x_1)^2+(y-y_1)^2 = R^2;$$

Setzt man $x-x_1 = R\cos\Theta$, dann ist

$$(y-y_1)^2 = R^2 - R^2\cos^2\Theta = R^2(1-\cos^2\Theta) = R^2\sin^2\Theta$$

und $\qquad y - y_1 = R \sin\Theta.$

R und Θ sind also die Polarkoordinaten jedes beliebigen Kreispunktes, wenn man den Kreismittelpunkt als Pol betrachtet.

Da $\qquad x-x_1 = R\cos\Theta$ und $y-y_1 = R\sin\Theta,$

gilt: $\qquad \frac{dx}{d\Theta} = -R\sin\Theta, \quad \frac{dy}{d\Theta} = R\cos\Theta$

$$\frac{dy}{dx} = \frac{dy}{d\Theta} \cdot \frac{d\Theta}{dx} = -\operatorname{ctg}\Theta.$$

Weiter ist: $\dfrac{d^2y}{dx^2} = -(-\operatorname{cosec}^2 \Theta)\,\dfrac{d\Theta}{dx}$

$$= \operatorname{cosec}^2 \Theta \left(-\dfrac{\operatorname{cosec} \Theta}{R}\right) = -\dfrac{\operatorname{cosec}^3 \Theta}{R}.$$

Folglich ist:

$$r = \dfrac{\pm(1+\operatorname{ctg}^2 \Theta)^{\frac{3}{2}}}{-\dfrac{\operatorname{cosec}^3 \Theta}{R}} = \dfrac{R \operatorname{cosec}^3 \Theta}{\operatorname{cosec}^3 \Theta} = R.$$

Beispiel (4). Bestimme den Krümmungsradius der Kurve $x = 2\cos^3 t$, $y = 2\sin^3 t$ für einen beliebigen Punkt (x, y).

$$dx = -6 \cos^2 t \sin t\, dt$$
$$dy = 6 \sin^2 t \cos t\, dt.$$

Dann ist

$$\dfrac{dy}{dx} = \dfrac{-6 \cos t \sin^2 t\, dt}{6 \sin t \cos^2 t\, dt} = -\dfrac{\sin t}{\cos t} = -\operatorname{tg} t,$$

und

$$\dfrac{d^2y}{dx^2} = \dfrac{d}{dt}(-\operatorname{tg} t)\dfrac{dt}{dx} = \dfrac{-\sec^2 t}{-6 \cos^2 t \sin t} = \dfrac{\sec^4 t}{6 \sin t}.$$

Folglich ist

$$r = \dfrac{\pm(1+\operatorname{tg}^2 t)^{\frac{3}{2}} \cdot 6 \sin t}{\sec^4 t} = \dfrac{6 \sec^3 t \sin t}{\sec^4 t}$$

$= 6 \sin t \cos t = 3 \sin 2t$, denn $2 \sin t \cos t = \sin 2t$.

Beispiel (5). Bestimme an der Stelle $x = 0$ den Radius des Schmiegungskreises und den Krümmungsmittelpunkt für die Kurve

$$y = \dfrac{a}{2}\left(e^{\frac{x}{a}} + e^{-\frac{x}{a}}\right).$$

(Die Kurve heißt K e t t e n l i n i e, nach der Form einer an ihren Enden aufgehängten Kette.)

Zunächst ist

$$y = \dfrac{a}{2} e^{\frac{x}{a}} + \dfrac{a}{2} e^{-\frac{x}{a}}.$$

XXII. Noch einmal etwas über Kurvenkrümmung

Jetzt bilden wir die erste Ableitung (siehe S. 135)

$$\frac{dy}{dx} = \frac{a}{2} \cdot \frac{1}{a} e^{\frac{x}{a}} - \frac{a}{2} \cdot \frac{1}{a} e^{-\frac{x}{a}} = \frac{1}{2}\left(e^{\frac{x}{a}} - e^{-\frac{x}{a}}\right).$$

Entsprechend

$$\frac{d^2y}{dx^2} = \frac{1}{2a}\left\{e^{\frac{x}{a}} + e^{-\frac{x}{a}}\right\} = \frac{1}{2a} \cdot \frac{2y}{a} = \frac{y}{a^2},$$

$$r = \frac{\left\{1 + \frac{1}{4}\left(e^{\frac{x}{a}} - e^{-\frac{x}{a}}\right)^2\right\}^{\frac{3}{2}}}{\frac{y}{a^2}} = \frac{a^2}{8y}\sqrt{\left(2 + e^{\frac{2x}{a}} + e^{-\frac{2x}{a}}\right)^3},$$

ferner ist

$$e^{\frac{x}{a} - \frac{x}{a}} = e^0 = 1,$$

oder

$$r = \frac{a^2}{8y}\sqrt{\left(2e^{\frac{x}{a}-\frac{x}{a}} + e^{\frac{2x}{a}} + e^{-\frac{2x}{a}}\right)^3} = \frac{a^2}{8y}\sqrt{\left(e^{\frac{x}{a}} + e^{-\frac{x}{a}}\right)^6} = \frac{y^2}{a}$$

und für

$$x = 0, \quad y = \frac{a}{2}(e^0 + e^0) = a,$$

oder schließlich

$$r = \frac{a^2}{a} = a.$$

Der Krümmungsradius am Scheitel ist gleich der Konstanten a.

Ferner ist für $x = 0$

$$x_1 = 0 - \frac{0(1+0)}{\frac{1}{a}} = 0,$$

$$y_1 = y + \frac{1+0}{\frac{1}{a}} = a + a = 2a.$$

Wie gezeigt wurde, ist

$$\frac{1}{2}\left(e^{\frac{x}{a}} + e^{-\frac{x}{a}}\right) = \cosh\frac{x}{a};$$

also kann die Kettenliniengleichung in der Form
$$y = a \cosh \frac{x}{a}$$
geschrieben werden.

Es ist eine nützliche Übung, obige Ergebnisse mit dieser Gleichung zu überprüfen. Hinreichend vertraut mit dieser Art Aufgaben können wir nun die folgenden selbst rechnen. Es empfiehlt sich, die Lösungen dadurch zu kontrollieren, daß man die Kurven sorgfältig aufzeichnet und den Krümmungskreis konstruiert wie in Beispiel 4.

Übungen XXI

(Lösungen siehe S. 263)

Berechne den Krümmungsradius und die Lage des Krümmungs-Mittelpunktes

für die Kurven $\qquad$ an der Stelle

(1) $y = e^x$ $\qquad$ $x = 0$.

(2) $y = x\left(\dfrac{x}{2} - 1\right)$ $\qquad$ $x = 2$.

(3) $xy = m$ $\qquad$ $x = \sqrt{m}$.

(4) $y^2 = 4ax$ $\qquad$ $x = 0$.

(5) $y = x^3$
- (a) $x = 0{,}9$.
- (b) $x = 0$.
- (c) $x = -0{,}9$.

(6) $y = x^3 - x - 1$
- (a) $x = -2$.
- (b) $x = 0$.
- (c) $x = 1$.

(7) $y = \cos \Theta$
- (a) $\Theta = 0$.
- (b) $\Theta = \dfrac{\pi}{4}$.
- (c) $\Theta = \dfrac{\pi}{2}$.

(8) Suche die Koordinaten des oder der Punkte, bei denen die Kurve $y = x^2$ die Krümmungseinheit aufweist.

(9) Berechne Krümmungsradius und Mittelpunktskoordinaten des Schmiegungskreises für die Kurve

$$y = x^2 - x + 2$$

an den Stellen $x = 0$ und $x = 1$. Suche den Wert, für den y ein Maximum oder Minimum ist. Zeichne die Kurve.

(10) Berechne die Koordinaten des Wendepunktes oder der Wendepunkte, die an der Kurve $y = x^3 + x^2 + 1$ auftreten.

(11) Suche den Krümmungsradius und die Mittelpunktskoordinaten des Schmiegungskreises für die Kurve

$$y = (4x - x^2 - 3)^{\frac{1}{2}}$$

an den Stellen $x = 1,2$ $x = 2$ und $x = 2,5$. Welche Form hat die Kurve?

(12) Bestimme den Radius und Krümmungsmittelpunkt des Schmiegungskreises bei der Kurve

$$y = x^3 - 3x^2 + 2x + 1$$

für die Abszissen $x = 0$ und $x = 1,5$. Wie heißen die Koordinaten des Wendepunktes?

(13) Berechne Krümmungsradius und Mittelpunktskoordinaten der Kurve $y = \sin \Theta$ an den Stellen $\Theta = \frac{\pi}{4}$ und $\Theta = \frac{\pi}{2}$. Bestimme die Lage des Wendepunktes.

(14) Zeichne einen Kreis mit dem Radius $r = 3$ und den Mittelpunktskoordinaten $x = 1$ und $y = 0$. Leite die Kreisgleichung in bekannter Weise ab (siehe S. 90). Berechne den Krümmungsradius und die Mittelpunktskoordinaten für mehrere angenommene Punkte so genau wie möglich und vergleiche die Ergebnisse mit den bekannten graphischen Werten.

(15) Berechne den Krümmungsradius und den Krüm-

mungsmittelpunkt für eine Ellipse

$$\frac{x^2}{a^2}+\frac{y^2}{b^2}=1$$

an den Stellen für $x = 0$ und $y = 0$.

(16) Ist eine Kurve durch Gleichungen der Form

$$x = F(\Theta), \quad y = f(\Theta)$$

gegeben, so gilt für den Krümmungsradius:

$$r = \frac{\left\{\left(\frac{dx}{d\Theta}\right)^2 + \left(\frac{dy}{d\Theta}\right)^2\right\}^{\frac{3}{2}}}{\left(\frac{dx}{d\Theta} \cdot \frac{d^2y}{d\Theta^2} - \frac{dy}{d\Theta} \cdot \frac{d^2x}{d\Theta^2}\right)}$$

Wie kann man das aus der Formel von Seite 225 ableiten? Man berechne r für die Kurve

$$x = a(\Theta - \sin \Theta) \quad y = a(1 - \cos \Theta).$$

XXIII

Die Bogenlänge eines Kurvenstückes

Da nach unserer Betrachtungsweise ein Bogen einer Kurve aus einer sehr großen Anzahl kleiner Strecken besteht, die mit ihren Enden aneinandergefügt sind, muß sich die Bogenlänge durch Addition dieser kleinen Strecken berechnen lassen. Wie wir ferner gesehen haben, nennt man die eben erwähnte Operation, kleine Stückchen durch Addition zusammenzufügen, kurz Integration; verstehen wir uns also auf das Integrieren, so können wir leicht die Bogenlänge eines beliebigen Kurvenabschnittes berechnen — vorausgesetzt, daß die Gleichung der Kurve sich überhaupt integrieren läßt.

Ist etwa MN der Bogen einer Kurve, dessen Länge s wir ermitteln wollen (siehe Fig. 66a), und nennen wir „ein kleines

XXIII. Die Bogenlänge eines Kurvenstückes

Stückchen" des Bogens ds, so ist natürlich

$$(ds)^2 = (dx)^2 + (dy)^2$$

oder auch

$$ds = \sqrt{1+\left(\frac{dx}{dy}\right)^2}\, dy \text{ oder } ds = \sqrt{1+\left(\frac{dy}{dx}\right)^2}\, dx.$$

Der Bogen **MN** besteht aus der Summe aller dieser kleinen Stückchen ds zwischen M und N, also zwischen x_1 und x_2 oder zwischen y_1 und y_2. Deshalb wird

$$s = \int_{x_1}^{x_2} \sqrt{1+\left(\frac{dy}{dx}\right)^2}\, dx \text{ oder } s = \int_{y_1}^{y_2} \sqrt{1+\left(\frac{dx}{dy}\right)^2}\, dy.$$

Das ist alles.

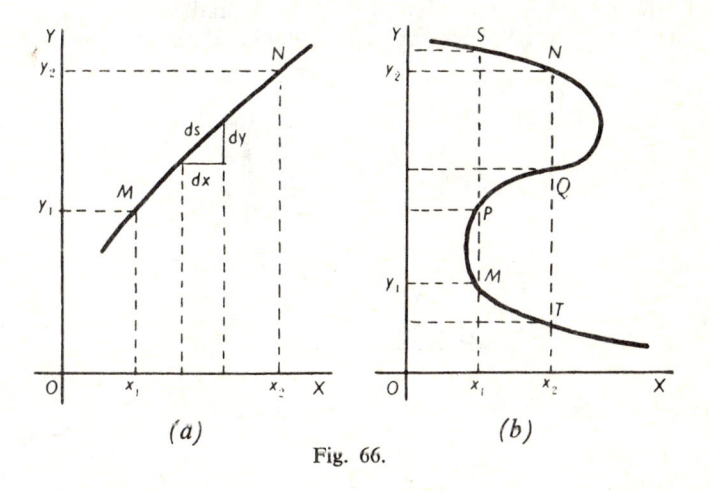

Fig. 66.

Das zweite Integral wird mit Vorteil dann angewandt, wenn auf der Kurve den gegebenen x-Werten mehrere Punkte entsprechen (siehe Fig. 66b). In diesem Falle würde das Integral, genommen von x_1 bis x_2, uns über die wahre Länge des gesuchten Bogens im Unsicheren lassen. Es könnte der Bogen *ST* sein, aber auch *SQ* anstatt *MN*; diese

XXIII. Die Bogenlänge eines Kurvenstückes

Mehrdeutigkeit ist sofort behoben, wenn man von y_1 bis y_2 integriert und das an zweiter Stelle angegebene Integral benutzt.

Werden an Stelle des rechtwinkligen Koordinatensystems — das nach seinem Erfinder, dem französischen Mathematiker Descartes, auch Cartesisches Koordinatensystem heißt — Polarkoordinaten (siehe S. 194) verwendet, so haben wir ganz entsprechende Verhältnisse: MN sei ein kurzes Bogenstück einer Kurve von der Länge ds (siehe Fig. 67); O ist wieder der Pol, und der Abstand ON wird sich von dem Abstande OM um dr unterscheiden. Gesucht ist wieder die Länge s eines Kurvenstückes. Den kleinen Winkel MON nennen wir $d\Theta$; die Polarkoordinaten des Punktes M sind dann Θ und r, die des Punktes N entsprechend $\Theta + d\Theta$ und $r + dr$. Es sei nun MP das Lot auf ON und $OR = OM$; dann ist $RN = dr$ und nahezu ebenso groß wie PN, denn $d\Theta$ ist ja jedenfalls ein sehr kleiner Winkel.

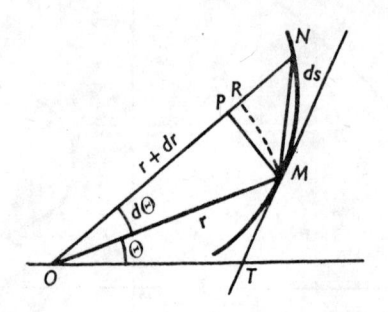

Fig. 67.

Außerdem ist $RM = r\, d\Theta$ und nahezu gleich PM; ferner ist der Bogen MN sehr nahe gleich der Sehne MN. Deshalb können wir schreiben $PN = dr$, $PM = r\, d\Theta$ und Bogen MN = Sehne MN, ohne dabei einen merklichen Fehler zu begehen; dann ist also

$$(ds)^2 = (\text{Sehne } MN)^2 = \overline{PN}^2 + \overline{PM}^2 = dr^2 + r^2\, d\Theta^2.$$

XXIII. Die Bogenlänge eines Kurvenstückes

Nach der Division durch $d\Theta^2$ ergibt sich:

$$\left(\frac{ds}{d\Theta}\right)^2 = r^2 + \left(\frac{dr}{d\Theta}\right)^2;$$

$$\frac{ds}{d\Theta} = \sqrt{r^2 + \left(\frac{dr}{d\Theta}\right)^2} \text{ und } ds = \sqrt{r^2 + \left(\frac{dr}{d\Theta}\right)^2} d\Theta.$$

Da nun wieder der gesamte Bogen s aus sehr vielen kleinen Stückchen ds zwischen $\Theta = \Theta_1$ und $\Theta = \Theta_2$ zusammengesetzt ist, wird

$$s = \int_{\Theta_1}^{\Theta_2} ds = \int_{\Theta_1}^{\Theta_2} \sqrt{r^2 + \left(\frac{dr}{d\Theta}\right)^2} d\Theta.$$

Wir können sofort einige Beispiele rechnen.

Beispiel (1). Die Gleichung für einen Kreis, dessen Mittelpunkt im Koordinatenanfangspunkt liegt, lautet $x^2 + y^2 = r^2$; wie groß ist die Bogenlänge eines Quadranten?

$$y^2 = r^2 - x^2 \text{ und } 2y\,dy = -2x\,dx,$$

also

$$\frac{dy}{dx} = -\frac{x}{y};$$

dann wird

$$s = \int \sqrt{1 + \left(\frac{dy}{dx}\right)^2} dx = \int \sqrt{1 + \frac{x^2}{y^2}} dx;$$

oder da $y^2 = r^2 - x^2$,

$$s = \int \sqrt{1 + \frac{x^2}{r^2 - x^2}}\, dx = \int \frac{r\,dx}{\sqrt{r^2 - x^2}}.$$

Die gesuchte Bogenlänge erstreckt sich von einem Punkt mit der Abszisse $x = 0$ bis zu einem Punkt mit der Abszisse $x = r$. Deshalb müssen wir schreiben

$$s = \int_{x=0}^{x=r} \frac{r\,dx}{\sqrt{r^2 - x^2}},$$

oder einfacher

$$s = \int_0^r \frac{r\,dx}{\sqrt{r^2-x^2}},$$

die 0 und das r am Integralzeichen bedeuten einfach, daß die Integration nur über ein Kurvenstück, nämlich von $x = 0$ bis $x = r$, ausgeführt werden soll (siehe S. 185/186).

Hier ist ein schönes Integral! Wer kann es lösen?

Früher haben wir arc sin x differenziert und

$$\frac{dy}{dx} = \frac{1}{\sqrt{1-x^2}}$$

als Ergebnis erhalten (siehe S. 153/154). Wenn wir uns an allen möglichen Abarten dieser Aufgabe versucht hätten (was gut gewesen wäre), würde uns wohl auch die Übung eingefallen sein, $y = a$ arc sin $\frac{x}{a}$ zu differenzieren; wir hätten gefunden

$$\frac{dy}{dx} = \frac{a}{\sqrt{a^2-x^2}} \quad \text{oder} \quad dy = \frac{a\,dx}{\sqrt{a^2-x^2}},$$

also denselben Ausdruck, den wir hier integrieren sollen.

Also ist

$$s = \int \frac{r\,dx}{\sqrt{r^2-x^2}} = r \text{ arc sin } \frac{x}{r} + C,$$

C ist eine Konstante.

Die Integration soll aber nur zwischen $x = 0$ und $x = r$ ausgeführt werden, so daß bestimmte Grenzen eingeführt werden müssen:

$$s = \int_0^r \frac{r\,dx}{\sqrt{r^2-x^2}} = \left[r \text{ arc sin } \frac{x}{r} + C\right]_0^r,$$

wie wir bereits in Aufgabe (1), S. 188, auseinandergesetzt haben. Dann wird

$$s = r \text{ arc sin } \frac{r}{r} + C - r \text{ arc sin } \frac{0}{r} - C,$$

oder $\quad s = r\dfrac{\pi}{2},$

XXIII. *Die Bogenlänge eines Kurvenstückes* 239

da arc sin 1 gleich $90° = \frac{\pi}{2}$ und arc sin 0 gleich 0 ist; die Konstante C aber verschwindet, wie wir schon früher festgestellt haben.

Die Bogenlänge eines Quadranten ist daher $\frac{\pi}{2} r$ und die Länge des Kreisumfanges ist gleich $4 \cdot \frac{\pi r}{2} = 2\pi r$.

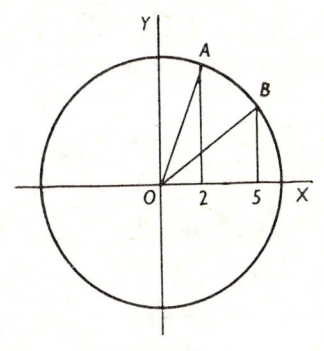

Fig. 68.

Beispiel (2). Berechne die Bogenlänge des Bogens AB zwischen $x_1 = 2$ und $x_2 = 5$ für den Kreis $x^2 + y^2 = 6^2$ (siehe Fig. 68).

Nach dem vorigen Beispiel ist

$$s = \left[r \arcsin \frac{x}{r} + C \right]_{x_1}^{x_2} = \left[6 \arcsin \frac{x}{6} + C \right]_2^5$$

$$= 6 \left[\arcsin \frac{5}{6} - \arcsin \frac{2}{6} \right] = 6(0{,}9850 - 0{,}3397)$$

$= 3{,}8718$ cm (die Winkel in Radian gerechnet).

Man kann dieses Ergebnis sehr hübsch auf folgende Weise nachprüfen. Es ist nämlich

$$\cos AOX = \frac{2}{6} = \frac{1}{3} \text{ und } \cos BOX = \frac{5}{6};$$

$$AOX = 70° 32', \quad BOX = 33° 34',$$

$$AOX - BOX = AOB = 36° 58'$$

$= \dfrac{36{,}9667}{57{,}2958}$ Radian $= 0{,}6451$ Radian $= 3{,}8706$ cm; der Unterschied gegenüber dem ersten Ergebnis muß der Unsicherheit der letzten Dezimale in den logarithmischen und trigonometrischen Tabellen zugeschrieben werden.

Beispiel (3). Wie groß ist die Bogenlänge der Kurve

$$y = \frac{a}{2}\left\{e^{\frac{x}{a}} + e^{-\frac{x}{a}}\right\}$$

zwischen $x = 0$ und $x = a$? (Diese Kurve ist eine K e t t e n l i n i e, vgl. S. 230.)

$$y = \frac{a}{2}e^{\frac{x}{a}} + \frac{a}{2}e^{-\frac{x}{a}}, \quad \frac{dy}{dx} = \frac{1}{2}\left\{e^{\frac{x}{a}} - e^{-\frac{x}{a}}\right\},$$

$$s = \int \sqrt{1 + \frac{1}{4}\left\{e^{\frac{x}{a}} - e^{-\frac{x}{a}}\right\}^2}\, dx$$

$$= \frac{1}{2}\int \sqrt{4 + e^{\frac{2x}{a}} + e^{-\frac{2x}{x}} - 2e^{\frac{x}{a} - \frac{x}{a}}}\, dx.$$

Nun ist

$$e^{\frac{x}{a} - \frac{x}{a}} = e^0 = 1, \text{ also ist } s = \frac{1}{2}\int \sqrt{2 + e^{\frac{2x}{a}} + e^{-\frac{2x}{a}}}\, dx.$$

Wir können 2 durch $2 \cdot e^0 = 2 \cdot e^{\frac{x}{a} - \frac{x}{a}}$ ersetzen; dann wird

$$s = \frac{1}{2}\int \sqrt{e^{\frac{2x}{a}} + 2e^{\frac{x}{a} - \frac{x}{a}} + e^{-\frac{2x}{a}}}\, dx$$

$$= \frac{1}{2}\int \sqrt{\left(e^{\frac{x}{a}} + e^{-\frac{x}{a}}\right)^2}\, dx = \frac{1}{2}\int \left(e^{\frac{x}{a}} + e^{-\frac{x}{a}}\right) dx$$

$$= \frac{1}{2}\int e^{\frac{x}{a}}\, dx + \frac{1}{2}\int e^{-\frac{x}{a}}\, dx = \frac{a}{2}\left[e^{\frac{x}{a}} - e^{-\frac{x}{a}}\right].$$

$$s = \frac{a}{2}\left[e^{\frac{x}{a}} - e^{-\frac{x}{a}}\right]_0^a = \frac{a}{2}[e^1 - e^{-1} + 1 - 1],$$

und

$$s = \frac{a}{2}\left(e - \frac{1}{e}\right) = 1{,}1752\,a$$

XXIII. Die Bogenlänge eines Kurvenstückes

Beispiel (4). Es sei eine Kurve gegeben, bei der die Länge der Tangente in einem beliebigen Punkt P von P bis zum Schnitt T der Tangente mit einer festen Geraden AB eine konstante Länge a hat (Fig. 69). Gesucht ist ein Ausdruck für einen Bogen dieser Kurve — die den Namen Traktrix (Schleppkurve) führt — und die Bogenlänge zwischen den Ordinaten $y = 1$ und $y = a$ für $a = 3$.

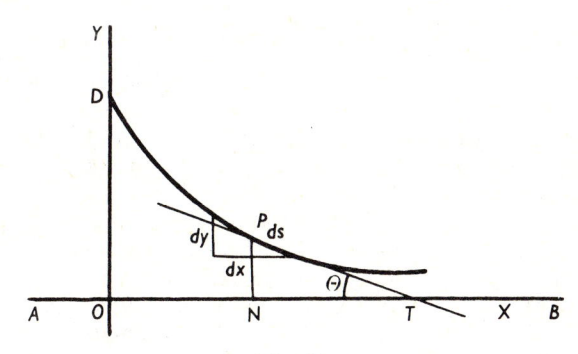

Fig. 69.

Wir wählen die feste Gerade zur x-Achse. Die Tangente im Punkte D an die Kurve OD ist gleich a nach Definition; wir wählen sie zur y-Achse; AB und OD sind sogenannte Symmetrieachsen, da die Kurve symmetrisch zu ihnen liegt; $PT = a$, $PN = y$, $ON = x$.

Wenn wir ein kleines Kurvenstückchen ds bei dem Punkte P betrachten, so ist $\sin \Theta = \dfrac{y}{a} = -\dfrac{dy}{ds}$ (negativ wegen des A b f a l l e n s der Kurve, siehe S. 70).

Ferner ist

$$\frac{ds}{dy} = -\frac{a}{y}, \quad ds = -a\frac{dy}{y} \quad \text{und} \quad s = -a \int \frac{dy}{y},$$

also

$$s = -a \ln y + C.$$

Ist $x=0$, so ist auch $s=0$, $y=a$ und $0=-a\ln a+C$, also

$$C=a\ln a.$$

Demnach ist auch

$$s=a\ln a-a\ln y=a\ln\frac{a}{y}.$$

Für $a=3$ ist s zwischen $y=a$ und $y=1$,

$$s=3\left[\ln\frac{3}{y}\right]_1^3=3\,(\ln 1-\ln 3)=3\cdot(0-1{,}0986)$$

$$=-3{,}296\ \text{oder}\ 3{,}296;$$

das negative Vorzeichen gibt nämlich nur die Richtung an in der die Messung vorgenommen wird; ob von D nach P oder von P nach D.

Dieses Ergebnis haben wir ohne Kenntnis der Kurvengleichung erhalten. Bisweilen ist das möglich. Soll man aber die Bogenlänge zwischen zwei Punkten mit gegebenen Abszissen berechnen, so braucht man die Kurvengleichung; man kann sie in unserem Falle leicht erhalten:

$$\frac{dy}{dx}=-\text{tg}\,\Theta=-\frac{y}{\sqrt{a^2-y^2}},\ \text{da}\ PT=a\ \text{ist};$$

oder

$$dx=-\frac{\sqrt{a^2-y^2}\,dy}{y}.$$

Die Integration dieser Gleichung liefert uns eine Beziehung zwischen x und y, also die Kurvengleichung:

$$x=-\int\frac{\sqrt{a^2-y^2}\,dy}{y}.$$

Zur Integration dieses Ausdrucks setzen wir:

$$u^2=a^2-y^2$$

Dann ist $\qquad 2u\,du=-2y\,dy$

oder $\qquad u\,du=-y\,dy.$

Somit ergibt sich:

$$x = \int \frac{u^2\,du}{y^2} = \int \frac{u^2\,du}{a^2-u^2}$$

$$= \int \frac{a^2-(a^2-u^2)\,du}{a^2-u^2}$$

$$= a^2 \int \frac{du}{a^2-u^2} - \int du$$

$$= a^2 \frac{1}{2a} \ln \frac{a+u}{a-u} - u + C$$

$$= \frac{a}{2} \ln \frac{(a+u)(a+u)}{(a-u)(a+u)} - u + C$$

$$= a \ln \frac{a+u}{\sqrt{a^2-u^2}} - u + C.$$

Schließlich ist

$$x = a \ln \frac{a+\sqrt{a^2-y^2}}{y} - \sqrt{a^2-y^2} + C.$$

Für $x = 0$ wird $y = a$, also $0 = a \ln 1 - 0 + C$ und $C = 0$; die Gleichung der Traktrix heißt also

$$x = a \ln \frac{a+\sqrt{a^2-y^2}}{y} - \sqrt{a^2-y^2}.$$

Ist wieder $a = 3$, wie vorher, und die Länge des Bogens zwischen den Abszissen $x = 0$ und $x = 1$ gesucht, so ist es nicht einfach, den einem numerisch gegebenen x-Wert entsprechenden y-Wert zu finden. Graphisch läßt sich dagegen ein angenäherter Wert mit beliebiger Genauigkeit aufsuchen, wenn wir folgendermaßen vorgehen:

Zeichne zunächst die Kurve, indem für y bequeme Werte — etwa 3; 2; 1,5; 1 — angenommen werden. Lies dann auf der Kurve die den beiden x-Werten entsprechenden y-Werte, so genau es der Maßstab erlaubt, ab. Für $x = 0$ ist natürlich $y = 3$; für $x = 1$ finden wir vielleicht den Wert $y = 1,72$ auf der Kurve. Das ist nur angenähert. Jetzt zeichnen wir nochmals, aber in bedeutend vergrößertem Maßstabe, das Kurvenstück, auf dem die y-Werte zwischen 1,6 und 1,8 liegen. Diese zweite Kurve ist fast eine Gerade; man kann auf ihr den fraglichen Wert leicht auf 3 Dezimalen genau ablesen. Diese Genauigkeit reicht für unsere Zwecke vollkommen aus. Wir finden etwa, daß $y = 1{,}723$ für $x = 1$ ist. Demnach wird

$$s = 3\left[\ln\frac{3}{y}\right]_{x=0}^{x=1} = 3\left[\ln\frac{3}{y}\right]_3^{1,723} = 3\,(\ln 1{,}741 - 0) = 1{,}66.$$

Brauchten wir den y-Wert noch genauer, so könnten wir eine noch größere dritte Kurve für die Werte von $y = 1{,}722$ bis $1{,}724$ auftragen; damit würden wir den Wert von y an der Stelle $x = 1$ auf 5 Dezimalen genau erhalten, und so kann man immer weiter verfahren, bis die gewünschte Genauigkeit erreicht ist.

Beispiel (5). Wie lang ist der Bogen zwischen $\Theta = 0$ und $\Theta = 1$ Radian bei der logarithmischen Spirale $r = e^{\Theta}$?

Wissen wir überhaupt noch, wie man $y = e^x$ differenziert? Nun, man wird sich leicht erinnern, daß in diesem Falle die Ableitung gleich der Funktion selbst ist: $\dfrac{dy}{dx} = e^x$ (siehe S. 127) oder hier

$$r = e^{\Theta}, \quad \frac{dr}{d\Theta} = e^{\Theta} = r.$$

Kehren wir den Prozeß um und bilden wir $\int e^{\Theta}d\Theta$, so erhalten wir wieder $r + C$; die Konstante C tritt dabei ja stets auf, wie wir im 17. Kapitel gesehen haben.

Demnach ist

$$s = \int \sqrt{r^2 + \left(\frac{dr}{d\Theta}\right)^2}\,d\Theta = \int \sqrt{r^2 + r^2}\,d\Theta$$
$$= \sqrt{2}\int r\,d\Theta = \sqrt{2}\int e^{\Theta}\,d\Theta = \sqrt{2}(e^{\Theta} + C).$$

Integrieren wir zwischen den gegebenen Werten $\Theta = 0$ und $\Theta = 1$, so wird

$$s = \int_0^1 \sqrt{\left[r^2 + \left(\frac{dr}{d\Theta}\right)^2\right]}\,d\Theta = \left[\sqrt{2}(e^{\Theta} + C)\right]_0^1$$
$$= \sqrt{2}\,e^1 - \sqrt{2}\,e^0 = \sqrt{2}(e - 1)$$
$$= 1{,}41 \cdot 1{,}718 = 2{,}42 \text{ cm},$$

da $r = e^0 = 1$ cm für $\Theta = 0$ ist.

XXIII. *Die Bogenlänge eines Kurvenstückes* 245

Beispiel (6). Wie groß ist die Bogenlänge der logarithmischen Spirale $r = e^\Theta$ zwischen $\Theta = 0$ und $\Theta = \Theta_1$? Wie wir gesehen haben, ist

$$s = \sqrt{2} \int_0^{\Theta_1} e^\Theta \, d\Theta = \sqrt{2}\,[e^{\Theta_1} - e^0] = \sqrt{2}\,(e^{\Theta_1} - 1).$$

Beispiel (7). Als letztes Beispiel wollen wir eine Aufgabe behandeln, in der eine ganze Reihe typischer Integrationen vorkommt, welche für mehrere Übungen von Nutzen sein können, die am Schluß dieses Kapitels angegeben sind: Wie heißt der allgemeine Ausdruck für die Bogenlänge der Kurve

$$y = \frac{a}{2}x^2 + 3\,?$$

$$\frac{dy}{dx} = ax, \quad s = \int \sqrt{1 + a^2 x^2}\, dx.$$

Zur Berechnung des Integrals setzen wir:

$$ax = \sinh z\,.$$

Dann ist $a\,dx = \cosh z\, dz$ und

$$1 + a^2 x^2 = 1 + \sinh^2 z = \cosh^2 z\,.$$

Somit erhalten wir

$$\begin{aligned}
s &= \frac{1}{a}\int \cosh^2 z\, dz = \frac{1}{4a}\int (e^{2z} + 2 + e^{-2z})\, dz \\
&= \frac{1}{4a}\left[\frac{1}{2} e^{2z} + 2z - \frac{1}{2} e^{-2z}\right] \\
&= \frac{1}{8a}\left[(e^z)^2 - (e^{-z})^2 + 4z\right] \\
&= \frac{1}{8a}(e^z - e^{-z})(e^z + e^{-z}) + \frac{z}{2a} \\
&= \frac{1}{2a}(\sinh z \cosh z + z) = \frac{1}{2a}(ax\sqrt{1 + a^2 x^2} + z).
\end{aligned}$$

XXIII. Die Bogenlänge eines Kurvenstückes

Nun drücken wir z durch x aus und erhalten:

$$ax = \sinh z = \frac{1}{2}(e^z - e^{-z}).$$

Wir multiplizieren mit $2e^z$:

$$2axe^z = e^{2z} - 1 \quad \text{oder}$$
$$(e^z)^2 - 2axe^z - 1 = 0.$$

Dies ist eine quadratische Gleichung in e^z. Ihre positive Wurzel ist:

$$e^z = \frac{1}{2}(2ax + \sqrt{4a^2x^2 + 4}) = ax + \sqrt{1 + a^2x^2}.$$

Durch Logarithmieren erhält man

$$z = \ln(ax + \sqrt{1 + a^2x^2}).$$

So wird schließlich das Integral

$$s = \int \sqrt{1 + a^2x^2}\, dx$$
$$= \frac{x}{2}\sqrt{1 + a^2x^2} + \frac{1}{2a}\ln(ax + \sqrt{1 + a^2x^2}).$$

In einigen der vorangehenden Beispiele wurden wichtige Integrale ausgerechnet und Beziehungen aufgestellt. Da sie zur Lösung vieler anderer Aufgaben sehr nützlich sind, wollen wir sie hier zur späteren Verwendung noch einmal zusammenstellen.

(1) Ist $x = \sinh z$, so erhält man als Umkehrfunktion

$$z = \operatorname{Arsh} x$$

und $z = \sinh^{-1} x = \ln(x + \sqrt{x^2 + 1})$.

(2) Analog für $x = \cosh z$;

$$z = \operatorname{Arch} x = \ln(x + \sqrt{x^2 - 1}).$$

(I) $\displaystyle\int \frac{\sqrt{a^2 - x^2}}{x}\, dx = \sqrt{a^2 - x^2} - a\ln\frac{a + \sqrt{a^2 - x^2}}{x} + C.$

(II) $\displaystyle\int \sqrt{a^2 + x^2}\, dx = \frac{1}{2}x\sqrt{a^2 + x^2}\, \frac{1}{2}a^2 \ln(x + \sqrt{a^2 + x^2}) + C.$

(III) $\displaystyle\int \frac{dx}{\sqrt{a^2 + x^2}} = \ln(x + \sqrt{a^2 + x^2}) + C.$

XXIII. Die Bogenlänge eines Kurvenstückes

Denn mit $x = a \sinh u$, $dx = a \cosh u \, du$ erhält man

$$\int \frac{dx}{\sqrt{a^2+x^2}} = \int du = u + C' = \text{Arsh}\,\frac{x}{a} + C'$$

$$= \ln \frac{x + \sqrt{a^2+x^2}}{a} + C'$$

$$= \ln(x + \sqrt{a^2+x^2}) + C.$$

Wir können uns jetzt allein mit Erfolg an den unten angegebenen Übungen versuchen. Lehrreich und nützlich wird es sein, die Kurven graphisch aufzutragen und durch möglichst genaue Messung die erhaltenen Ergebnisse zu bestätigen.

Die Integrationen sind meistens von der auf S. 202, Beispiel (5), oder S. 203, Beispiel (1), oder S. 245, Beispiel (7), dargelegten Art.

Übungen XXII

(Lösungen siehe S. 265)

(1) Berechne die Bogenlänge der Kurve $y = 3x + 2$ zwischen den beiden Stellen $x = 1$ und $x = 4$.

(2) Berechne die Bogenlänge der Kurve $y = ax + b$ zwischen den beiden Stellen $x = a^2$ und $x = -1$.

(3) Suche die Bogenlänge der Kurve $y = \frac{2}{3} x^{\frac{3}{2}}$ zwischen den beiden Stellen $x = 0$ und $x = 1$.

(4) Berechne die Bogenlänge der Kurve $y = x^2$ zwischen den beiden Stellen $x = 0$ und $x = 2$.

(5) Berechne die Bogenlänge der Kurve $y = mx^2$ zwischen den beiden Stellen $x = 0$ und $x = \frac{1}{2m}$.

(6) Bestimme die Bogenlänge der Kurven $x = a \cos \Theta$ und $y = a \sin \Theta$ zwischen $\Theta = \Theta_1$ und $\Theta = \Theta_2$.

(7) Wie groß ist die Bogenlänge der Kurve $r = a \cdot \sec \Theta$?

(8) Berechne die Bogenlänge der Kurve $y^2 = 4ax$ zwischen den beiden Stellen $x = 0$ und $x = a$.

XXIII. Die Bogenlänge eines Kurvenstückes

(9) Berechne die Bogenlänge der Kurve $y = x\left(\dfrac{x}{2} - 1\right)$ zwischen den beiden Stellen $x = 0$ und $x = 4$.

(10) Berechne die Bogenlänge der Kurve $y = e^x$ zwischen den beiden Stellen $x = 0$ und $x = 1$.

(**Anmerkung.** Diese Kurve ist in rechtwinkligen Koordinaten ausgedrückt und ist nicht dieselbe Kurve wie die logarithmische Spirale $r = e^\Theta$, die in Polarkoordinaten dargestellt ist. Die beiden Gleichungen sind zwar ähnlich, die Kurven aber voneinander völlig verschieden.)

(11) Eine Kurve ist so beschaffen, daß die Koordinaten eines Punktes von ihr $x = a(\Theta - \sin \Theta)$ und $y = a(1 - \cos \Theta)$ sind; Θ ist ein bestimmter Winkel, der von 0 bis 2π läuft. Wie lang ist die Kurve? (Es handelt sich um eine Z y k l o i d e.)

(12) Berechne die Bogenlänge der Kurve $y = \ln \sec x$ zwischen den beiden Stellen $x = 0$ und $x = \dfrac{\pi}{4}$ Radian.

(13) Es ist ein allgemeiner Ausdruck für die Bogenlänge der Kurve $y^2 = \dfrac{x^3}{a}$ zu suchen.

(14) Suche die Bogenlänge der Kurve $y^2 = 8x^3$ zwischen den beiden Stellen $x = 1$ und $x = 2$.

(15) Berechne die Bogenlänge der Kurve $y^{\frac{2}{3}} + x^{\frac{2}{3}} = a^{\frac{2}{3}}$ zwischen den beiden Stellen $x = 0$ und $x = a$.

(16) Berechne die Bogenlänge der K u r v e $r = a(1 - \cos \Theta)$ zwischen den beiden Stellen $\Theta = 0$ und $\Theta = \pi$.

Hier sagen wir dem Leser Adieu und bitten ihn, sich für seinen weiteren Weg mit einem Paß — einer geeigneten Formeltabelle auszurüsten (siehe S. 267). Die mittlere Reihe gibt eine Übersicht für die am häufigsten vorkommenden Funktionen. Auf der linken Seite stehen ihre Ableitungen, auf der rechten ihre Integrale. Möge die Tabelle von Nutzen sein!

Epilog und Apologie

Man kann getrost erwarten, daß — fällt dieses Elaborat in die Hände der Berufsmathematiker — diese in nie erlebter Einmütigkeit bekunden werden, daß dies Buch ein gar schlechtes sei. Daran kann, von ihrem Standpunkt aus, auch kein Zweifel sein. Enthält es doch verschiedene, beklagenswerte Vergehen.

Zum ersten läßt es offenbar werden, wie lächerlich einfach ein beträchtlicher Teil der Differential- und Integralrechnung ist.

Zum zweiten gibt es manches Geheimnis preis. Zeigt es uns doch, daß die Mathematiker, die mit ihrem „Sieg" über eine so schwierige Materie renommieren, kaum Grund haben, sich derart aufzublasen. Gern lassen sie uns glauben, daß die Mathematik schrecklich schwierig ist, und sehen es gar nicht gerne, wenn man diesem Aberglauben seine Jünger stiehlt.

Zum dritten werden sie neben vielen andern „Komplimenten" zu „...und doch verständlich" auch folgendes sagen: Es ist ein schwerer Fehler des Autors, mit schöner und beharrlicher Gründlichkeit die Gültigkeit verschiedener Methoden darzustellen, die er in leicht faßlicher Form serviert hat, und dann auch noch die Unverschämtheit zu besitzen, Aufgaben damit zu lösen. Aber warum auch nicht? Niemand verbietet denen, die selber keine Uhr richtig zusammensetzen können, den Gebrauch einer solchen. Niemand hat etwas dagegen, daß ein Musiker auf einer Violine spielt, die er nicht selbst gebaut hat. Kinder müssen sich erst dann mit der Grammatik plagen, wenn sie schon längst fließend sprechen können. Gleichermaßen ist es eine absurde Forderung, Anfängern mit grundsätzlichen Überlegungen das Leben schwer machen zu wollen.

Und noch etwas werden die Berufsmathematiker über dieses beschämenswert schlechte und verwerfliche Buch zu verkünden wissen: die Ursache der leichten Verständlichkeit besteht darin, daß der Autor alles, was wirklich schwer ist, weggelassen hat. Und diese Anschuldigung ist — welch schreckliche Erkenntnis — wahr. Ja, sie ist sogar der Grund dafür, daß dieses Buch überhaupt geschrieben wurde, geschrieben für die Vielzahl derer, die bisher davor zurückschreckten, sich die Grundzüge der Infinitesimalrechnung auf jene zweifelhafte — gemeinhin aber übliche — Art und Weise anzueignen. Jeder Stoff kann abschreckend dargestellt werden, wenn man ihn mit Schwierigkeiten spickt. Dieses Buch soll es dem Leser ermöglichen, die Sprache der Mathematik zu erlernen, mit ihrer reizvollen Schlichtheit vertraut zu werden und sich ihre imponierenden Lösungsmethoden zu eigen zu machen, ohne dazu gezwungen zu werden, sich mit der verwickelten, aber nebensächlichen — und oft bedeutungslosen — mathematischen Gehirnakrobatik abzuplagen, die dem ,,reinen" Mathematiker ein und alles ist. — Es mag manchen jungen Ingenieur geben, dem das Sprichwort ,,what one fool can do, another can", vertraut im Ohre klingt. Sie alle sind auf Knien gebeten, den Autor nicht den Mathematikern preiszugeben.

Lösungen.

Übungen I (S. 20)

(1) $\frac{dy}{dx} = 13x^{12}$. (2) $\frac{dy}{dx} = -\frac{3}{2}x^{-\frac{5}{2}}$. (3) $\frac{dy}{dx} = 2ax^{(2a-1)}$.

(4) $\frac{du}{dt} = 2{,}4t^{1,4}$. (5) $\frac{dz}{du} = \frac{1}{3}u^{-\frac{2}{3}}$. (6) $\frac{dy}{dx} = -\frac{5}{3}x^{-\frac{8}{3}}$.

(7) $\frac{du}{dx} = -\frac{8}{5}x^{-\frac{13}{5}}$. (8) $\frac{dy}{dx} = 2ax^{a-1}$.

(9) $\frac{dy}{dx} = \frac{3}{q}x^{\frac{3-q}{q}}$. (10) $\frac{dy}{dx} = -\frac{m}{n}x^{-\frac{m+n}{n}}$.

Übungen II (S. 27)

(1) $\frac{dy}{dx} = 3ax^2$. (2) $\frac{dy}{dx} = 13 \cdot \frac{3}{2}x^{\frac{1}{2}}$. (3) $\frac{dy}{dx} = 6x^{-\frac{1}{2}}$.

(4) $\frac{dy}{dx} = \frac{1}{2}c^{\frac{1}{2}}x^{-\frac{1}{2}}$. (5) $\frac{du}{dz} = \frac{an}{c}z^{n-1}$. (6) $\frac{dy}{dt} = 2{,}36t$.

(7) $\frac{dl_t}{dt} = 0{,}000012 \cdot l_0$.

(8) $\frac{dc}{dU} = abU^{b-1}$; 0,99; 3,00 und 7,47 Kerzenstärke pro Volt.

(9) $\frac{dv}{dD} = -\frac{1}{lD^2}\sqrt{\frac{gk}{\pi\sigma}}$ \quad $\frac{dv}{dl} = -\frac{1}{l^2 D}\sqrt{\frac{gk}{\pi\sigma}}$

$\frac{dv}{d\sigma} = -\frac{1}{2lD}\sqrt{\frac{gk}{\pi\sigma^3}}$ \quad $\frac{dv}{dk} = \frac{1}{2lD}\sqrt{\frac{g}{\pi\sigma k}}$.

(10) $\frac{\text{Verhältnis der Änderung von } P \text{ mit } a}{\text{Verhältnis der Änderung von } P \text{ mit } D} = -\frac{D}{a}$.

(11) 2π; $2\pi r$; πl; $\frac{2}{3}\pi r h$; $8\pi r$; $4\pi r^2$. (12) $\frac{dD}{dt} = \frac{0{,}000012 l_0}{\pi}$.

Übungen III (S. 41)

(1) (a) $1 + x + \frac{x^2}{2} + \frac{x^3}{6} + \frac{x^4}{24} + \cdots$. (b) $2ax + b$.

(c) $2x + 2a$. (d) $3x^2 + 6ax + 3a^2$.

(2) $\frac{dw}{dt} = a - bt$. (3) $\frac{dy}{dx} = 2x$.

(4) $14110x^4 - 65404x^3 - 2244x^2 + 8192x + 1379$.

(5) $\frac{dx}{dy} = 2y + 8$. (6) $185{,}9022654 x^2 + 154{,}36334$.

(7) $\frac{-5}{(3x+2)^2}$. (8) $\frac{6x^4 + 6x^3 + 9x^2}{(1 + x + 2x^2)^2}$.

(9) $\frac{ad - bc}{(cx + d)^2}$. (10) $\frac{anx^{-n-1} + bnx^{n-1} + 2nx^{-1}}{(x^{-n} + b)^2}$.

(11) $\frac{dI}{dt} = b + 2\,ct$.

(12) $\frac{dR}{dt} = R_0(a + 2bt);\ R_0\!\left(a + \frac{b}{2\sqrt{t}}\right);$

$-\frac{R_0(a + 2bt)}{(1 + at + bt^2)^2}$ oder $-\frac{R^2(a + 2bt)}{R_0}$.

(13) $1{,}4340(0{,}000014 t - 0{,}001024);$
$-0{,}00117;\ -0{,}00107;\ -0{,}00097$.

(14) $\frac{dE}{dl} = b + \frac{k}{i},\quad \frac{dE}{di} = -\frac{c + kl}{i^2}$.

Übungen IV (S. 45)

(1) $17 + 24x;\ 24$. (2) $\frac{x^2 + 2ax - a}{(x+a)^2};\ \frac{2a(a+1)}{(x+a)^3}$.

(3) $1 + x + \frac{x^2}{1\cdot 2} + \frac{x^3}{1\cdot 2\cdot 3};\ 1 + x + \frac{x^2}{1\cdot 2}$.

(4) (Übungen III):

(1) (a) $\frac{d^2u}{dx^2} = \frac{d^3u}{dx^3} = 1 + x + \frac{1}{2}x^2 + \frac{1}{6}x^3 + \cdots$

(b) $2a;\ 0$. (c) $2;\ 0$. (d) $6x + 6a;\ 6$.

(2) $-b;\ 0$. (3) $2;\ 0$.

(4) $56440x^3 - 196212x^2 - 4488x + 8192$;
$169320x^2 - 392424x - 4488$.

(5) 2; 0. (6) $371,80453x$; $371,80453$.

(7) $\dfrac{30}{(3x+2)^3}$; $-\dfrac{270}{(3x+2)^4}$.

(Beispiele, S. 35):

(1) $\dfrac{6a}{b^2}x$; $\dfrac{6a}{b^2}$. (2) $\dfrac{3a\sqrt{b}}{2\sqrt{x}} - \dfrac{6b\sqrt[3]{a}}{x^3}$; $\dfrac{18b\sqrt[3]{a}}{x^4} - \dfrac{3a\sqrt{b}}{4\sqrt{x^3}}$.

(3) $\dfrac{2}{\sqrt[3]{\Theta^8}} - \dfrac{1,056}{\sqrt[5]{\Theta^{11}}}$; $\dfrac{2,3232}{\sqrt[5]{\Theta^{16}}} - \dfrac{16}{3\sqrt[3]{\Theta^{11}}}$.

(4) $810t^4 - 648t^3 + 479,52t^2 - 139,968t + 26,64$.
$3240t^3 - 1944t^2 + 959,04t - 139,968$.

(5) $12x + 2$; 12. (6) $6x^2 - 9x$; $12x - 9$.

(7) $\dfrac{3}{4}\left(\dfrac{1}{\sqrt{\Theta}} + \dfrac{1}{\sqrt{\Theta^5}}\right) + \dfrac{1}{4}\left(\dfrac{15}{\sqrt{\Theta^7}} - \dfrac{1}{\sqrt{\Theta^3}}\right)$.

$\dfrac{3}{8}\left(\dfrac{1}{\sqrt{\Theta^5}} - \dfrac{1}{\sqrt{\Theta^3}}\right) - \dfrac{15}{8}\left(\dfrac{7}{\sqrt{\Theta^9}} + \dfrac{1}{\sqrt{\Theta^7}}\right)$.

Übungen V (S. 57)

(2) 20; 46; 0,1 m in der Sekunde.

(3) $\dot{x} = a - gt$; $\ddot{x} = -g$. (4) 45,1 m in der Sekunde

(5) 12,4 m in der Sekunde pro Sekunde. Ja.

(6) Winkelgeschwindigkeit = 11,2 Radian pro Sekunde;
Winkelbeschleunigung = 9,6 Radian pro (Sekunde)^2

(7) $v = 20,4t^2 - 10,8$; $b = 40,8t$. $172,8\dfrac{\text{cm}}{\text{sec}}$; $122,4\dfrac{\text{cm}}{\text{sec}^2}$.

(8) $v = \dfrac{1}{30\sqrt[3]{(t-125)^2}}$, $b = \dfrac{-1}{5\sqrt[3]{(t-125)^5}}$.

(9) $v = 0,8 - \dfrac{8t}{(4+t^2)^2}$, $b = \dfrac{24t^2 - 32}{(4+t^2)^3}$; 0,7926 und 0,00211.

(10) $n = 2$, $n = 11$.

Übungen VI (S. 65)

(1) $\dfrac{x}{\sqrt{x^2+1}}$.

(2) $\dfrac{x}{\sqrt{x^2+a^2}}$.

(3) $-\dfrac{1}{2\sqrt{(a+x)^3}}$.

(4) $\dfrac{ax}{\sqrt{(a-x^2)^3}}$.

(5) $\dfrac{2a^2-x^2}{x^3\sqrt{x^2-a^2}}$.

(6) $\dfrac{\dfrac{3}{2}x^2\left[\dfrac{8}{9}x(x^3+a)-(x^4+a)\right]}{(x^4+a)^{\frac{2}{3}}(x^3+a)^{\frac{3}{2}}}$.

(7) $\dfrac{2a(x-a)}{(x+a)^3}$.

(8) $\dfrac{5}{2}y^3$.

(9) $\dfrac{1}{(1-\Theta)\sqrt{1-\Theta^2}}$.

Übungen VII (S. 66)

(1) $\dfrac{dw}{dx} = -\dfrac{8(1+x^3)}{3x^7\left(1+\dfrac{1}{2}x^3\right)^3}$.

(2) $\dfrac{dv}{dx} = -\dfrac{12x}{\sqrt{1+\sqrt{2}+3x^2}\left(\sqrt{3}+4\sqrt{1+\sqrt{2}+3x^2}\right)^2}$.

(3) $\dfrac{du}{dx} = -\dfrac{x^2(\sqrt{3}+x^3)}{\sqrt{\left[1+\left(1+\dfrac{x^3}{\sqrt{3}}\right)\right]^3}}$.

(5) $\dfrac{dx}{d\Theta} = a(1-\cos\Theta) = 2a\sin^2\dfrac{\Theta}{2}$

$\dfrac{dy}{d\Theta} = a\sin\Theta = 2a\sin\dfrac{\Theta}{2}\cos\dfrac{\Theta}{2}$

$\dfrac{dy}{dx} = \operatorname{ctg}\dfrac{\Theta}{2}$.

(6) $\dfrac{dx}{d\Theta} = -3a\cos^2\Theta\sin\Theta$

$\dfrac{dy}{d\Theta} = 3a\sin^2\Theta\cos\Theta$

$\dfrac{dy}{dx} = -\operatorname{tg}\Theta$.

(7) $\dfrac{dy}{dx} = 2x\operatorname{ctg}(x^2-a^2)$.

(8) Setze $x = u-y$; berechne $\dfrac{dy}{du}, \dfrac{du}{dx}$ und dann $\dfrac{dy}{dx}$.

Übungen VIII (S. 81)

(2) 1,44.

(4) $\frac{dy}{dx} = 3x^2+3$; die numerischen Werte sind: 3, $3\frac{3}{4}$, 6 und 15.

(5) $\pm \sqrt{2}$.

(6) $\frac{dy}{dx} = -\frac{4x}{9y}$. Die Steigung ist Null für $x = 0$; und $\mp \frac{1}{3\sqrt{2}}$ für $x = 1$.

(7) $m = 4$, $n = -3$.

(8) Schnittpunkte bei $x = 1$, $x = -3$. Winkel 153°26′, 2°28′.

(9) Schnittpunkt bei $x = 3,57$, $y = 3,57$. Winkel 16°16′.

(10) $x = \frac{1}{3}$, $y = 2\frac{1}{3}$, $b = -\frac{5}{3}$.

Übungen IX (S. 97)

(1) Minimum: $x = 0, y = 0$; Maximum: $x = -2; y = -4$.

(2) $x = a$. (4) $25\sqrt{3}$ cm².

(5) $\frac{dy}{dx} = -\frac{10}{x^2} + \frac{10}{(8-x^2)}$; $x = 4$, $y = 5$.

(6) Maximum für $x = -1$; Minimum für $x = 1$.

(7) Die Ecken des neuen Quadrates liegen auf den Seitenmitten des alten.

(8) $r = \frac{2}{3}R$, $r = \frac{R}{2}$, kein Maximum.

(9) $r = R\sqrt{\frac{2}{3}}$, $r = \frac{R}{\sqrt{2}}$, $r = 0,8506\ R$.

(10) Um $\frac{8}{r}$ m² in der Sekunde.

(11) $r = \frac{R\sqrt{8}}{3}$. (12) $n = \sqrt{\frac{NR}{r}}$.

Übungen X (S. 104)

(1) Maximum: $x = -2{,}19$, $y = 24{,}19$;
    Minimum: $x = 1{,}52$; $y = -1{,}38$.

(2) $\dfrac{dy}{dx} = \dfrac{b}{a} - 2cx$; $\dfrac{d^2y}{dx^2} = -2c$; $x = \dfrac{b}{2ac}$ (ein Maximum).

(3) (a) ein Maximum und zwei Minima.
    (b) ein Maximum ($x = 0$; die anderen Werte imaginär).

(4) Min.: $x = 1{,}71$; $y = 6{,}14$.

(5) Max.: $x = -0{,}5$, $y = 4$.

(6) Max.: $x = 1{,}414$, $y = 1{,}7675$.
    Min.: $x = -1{,}414$, $y = -1{,}7675$.

(7) Max.: $x = -3{,}565$, $y = 2{,}12$.
    Min.: $x = +3{,}565$, $y = 7{,}88$.

(8) $0{,}4N$; $0{,}6N$. 　　　(9) $N = \sqrt{\dfrac{a}{c}}$.

(10) Geschwindigkeit 8,66 Seemeilen in der Stunde. Reisedauer 115,47 Stunden. Mindestkosten betragen 2240 M.

(11) Max. und Min. für $x = 7{,}5$, $y = \pm 5{,}414$. (Siehe Aufgabe 10, S. 64.)

(12) Min.: $x = \dfrac{1}{2}$, $y = 0{,}25$; Max.: $x = -\dfrac{1}{3}$, $y = 1{,}408$.

Übungen XI (S. 115)

(1) $\dfrac{2}{x-3} + \dfrac{1}{x+4}$. 　(2) $\dfrac{1}{x-1} + \dfrac{2}{x-2}$. 　(3) $\dfrac{2}{x-3} + \dfrac{1}{x+4}$.

(4) $\dfrac{5}{x-4} - \dfrac{4}{x-3}$. 　　(5) $\dfrac{19}{13(2x+3)} - \dfrac{22}{13(3x-2)}$.

(6) $\dfrac{2}{x-2} + \dfrac{4}{x-3} - \dfrac{5}{x-4}$.

(7) $\dfrac{1}{6(x-1)} + \dfrac{11}{15(x+2)} + \dfrac{1}{10(x-3)}$.

Lösungen

(8) $\dfrac{7}{9(3x+1)} + \dfrac{71}{63(3x-2)} - \dfrac{5}{7(2x+1)}$.

(9) $\dfrac{1}{3(x-1)} + \dfrac{2x+1}{3(x^2+x+1)}$.

(10) $x + \dfrac{2}{3(x+1)} + \dfrac{1-2x}{3(x^2-x+1)}$.

(11) $\dfrac{3}{x+1} + \dfrac{2x+1}{x^2+x+1}$. (12) $\dfrac{1}{x-1} - \dfrac{1}{x-2} + \dfrac{2}{(x-2)^2}$.

(13) $\dfrac{1}{4(x-1)} - \dfrac{1}{4(x+1)} + \dfrac{1}{2(x+1)^2}$.

(14) $\dfrac{4}{9(x-1)} - \dfrac{4}{9(x+2)} - \dfrac{1}{3(x+2)^2}$.

(15) $\dfrac{1}{x+2} - \dfrac{x-1}{x^2+x+1} - \dfrac{1}{(x^2+x+1)^2}$.

(16) $\dfrac{5}{x+4} - \dfrac{32}{(x+4)^2} + \dfrac{36}{(x+4)^3}$.

(17) $\dfrac{7}{9(3x-2)^2} + \dfrac{55}{9(3x-2)^3} + \dfrac{73}{9(3x-2)^4}$.

(18) $\dfrac{1}{6(x-2)} + \dfrac{1}{3(x-2)^2} - \dfrac{x}{6(x^2+2x+4)}$.

Übungen XII (S. 138)

(1) $ab(e^{ax}+e^{-ax})$. (2) $2at+\dfrac{2}{t}$. (3) $\ln n$.

(5) npv^{n-1}. (6) $\dfrac{n}{x}$.

(7) $\dfrac{3e^{-\frac{x}{x-1}}}{(x-1)^2}$. (8) $6xe^{-5x} \cdot 5(3x^2+1)e^{-5x}$.

(9) $\dfrac{ax^{a-1}}{x^a+a}$. (10) $\dfrac{15x^2+12x\sqrt{x}-1}{2\sqrt{x}}$.

(11) $\dfrac{1-\ln(x+3)}{(x+3)^2}$. (12) $a^x(ax^{a-1}+x^a \ln a)$.

(14) Min.: $y = 0{,}7$ für $x = 0{,}694$.

(15) $\dfrac{1+x}{x}$. (16) $\dfrac{3}{x}(\ln ax)^2$.

Übungen XIII (S. 146)

(1) Setze $\frac{t}{T} = x$ (also $t = 8x$) und benutze die Tabelle auf S. 144.

(2) $T = 34{,}627$; $159{,}46$ min.

(3) Schreibe $2t = x$; und benutze die Tabelle S. 144.

(5) (a) $x^x(1+\ln x)$; (b) $2x(e^x)^x$;
(c) $e^{x^x} \cdot x^x(1+\ln x)$.

(6) $0{,}14$ sec. (7) (a) $1{,}642$; (b) $15{,}58$.

(8) $\mu = 0{,}00037$, $31\frac{1}{4}$ min.

(9) i ist 63,4 Prozent von i_0, 221,55 km

(10) Benutzt man eine Tafel mit vierstelligen Logarithmen, so wird $K = 0{,}1339$; $0{,}1445$; $0{,}1553$; im Mittel $= 0{,}1446$; prozentuale Fehler: $-10{,}2$ Prozent, praktisch nichts, $+71{,}9$ Prozent.

(11) Min. für $x = \frac{1}{e}$. (12) Max. für $x = e$.

(13) Min. für $x = \ln a$.

Übungen XIV (S. 157)

(1) (a) $\frac{dy}{d\Theta} = A \cos\left(\Theta - \frac{\pi}{2}\right)$;

(b) $\frac{dy}{d\Theta} = 2 \sin\Theta \cos\Theta = \sin 2\Theta$ und $\frac{dy}{d\Theta} = 2\cos 2\Theta$;

(c) $\frac{dy}{d\Theta} = 3 \sin^2\Theta \cos\Theta$ und $\frac{dy}{d\Theta} = 3\cos 3\Theta$.

(2) $\Theta = 45°$ oder $\frac{\pi}{4}$ Radian. (3) $\frac{dy}{dt} = -n \sin 2\pi nt$.

(4) $a^x \ln a \cos a^x$. (5) $\frac{-\sin x}{\cos x} = -\operatorname{tg} x$.

(6) $18{,}2 \cos(x + 26°)$.

(7) Die Steigung ist $\frac{dy}{d\Theta} = 100 \cos(\Theta - 15°)$, diese wird für $(\Theta - 15°) = 0$ oder $\Theta = 15°$ ein Maximum; sie hat

Lösungen 259

dann den Wert 100. Wenn $\Theta = 75°$ ist, beträgt die Steigung $100 \cos(75° - 15°) = 100 \cos 60° = 100 \cdot \frac{1}{2} = 50$.

(8) $\cos\Theta \sin 2\Theta + 2 \cos 2\Theta \sin\Theta$
 $= 2 \sin\Theta(\cos^2\Theta + \cos 2\Theta) = 2 \sin\Theta(3\cos^2\Theta - 1)$.

(9) $amn\Theta^{n-1} \operatorname{tg}^{m-1}(\Theta^n) \sec^2\Theta^n$.

(10) $e^x(\sin^2 x + \sin 2x)$; $e^x(\sin^2 x + 2\sin 2x + 2\cos 2x)$.

(11) (a) $\frac{dy}{dx} = \frac{ab}{(x+b)^2}$; (b) $\frac{a}{b}e^{-\frac{x}{b}}$; (c) $\frac{1}{90°} \cdot \frac{ab}{(b^2+x^2)}$.

(12) (a) $\frac{dy}{dx} = \sec x \operatorname{tg} x$;

 (b) $\frac{dy}{dx} = -\frac{1}{\sqrt{1-x^2}}$; (c) $\frac{dy}{dx} = \frac{1}{1+x^2}$;

 (d) $\frac{dy}{dx} = \frac{1}{x\sqrt{x^2-1}}$; (e) $\frac{dy}{dx} = \frac{\sqrt{3\sec x}\,(3\sec^2 x - 1)}{2}$.

(13) $\frac{dy}{d\Theta} = 4{,}6(2\Theta+3)^{1,3} \cos(2\Theta+3)^{2,3}$.

(14) $\frac{dy}{d\Theta} = 3\Theta^2 + 3\cos(\Theta+3) - \ln 3(\cos\Theta \cdot 3^{\sin\Theta} + 3^\Theta)$.

(15) $\Theta = \operatorname{ctg}\Theta$; $\Theta = \pm 0{,}86$; $y = \pm 0{,}56$;
 Max. für $\Theta = +0{,}86$, Min. für $\Theta = -0{,}86$.

Übungen XV (S. 163)

(1) $x^2 - 6x^2y - 2y^2$; $\frac{1}{3} - 2x^3 - 4xy$.

(2) $2xyz + y^2z + z^2y + 2xy^2z^2$;
 $2xyz + x^2z + xz^2 + 2x^2yz^2$;
 $2xyz + x^2y + xy^2 + 2x^2y^2z$.

(3) $\frac{1}{r}\{(x-a)+(y-b)+(z-c)\} = \frac{(x+y+z)-(a+b+c)}{r}$; $\frac{2}{r}$.

(4) $dy = vu^{v-1}du + u^v \ln u\, dv$.

(5) $dy = 3u^2 \sin v\, du + u^3 \cos v\, dv$,

260 *Lösungen*

$$dy = u(\sin x)^{u-1} \cos x\, dx + (\sin x)^u \ln(\sin x)\, du.$$
$$dy = \frac{1}{v}\frac{1}{u}\, du - \ln u \frac{1}{v^2}\, dv.$$

(7) Min. für $x = y = -\frac{1}{2}$.

(8) (a) Länge 2 Fuß, Breite = Tiefe = 1 Fuß,
Vol. = 2 Kubikfuß.

(b) Radius $=\frac{2}{\pi}$ Fuß, Länge = 2 Fuß,
Vol. = 2,54 Kubikfuß.

(9) Alle drei Teile sind gleich; das Produkt ist ein Maximum.

(10) Minimum $= e^2$ für $x = y = 1$.

(11) Minimum = 2,307 für $x = \frac{1}{2}$, $y = 2$.

(12) Der Winkel an der Kante beträgt 90°;

Seitenlänge $= \sqrt[3]{2V}$.

Übungen XVI (S. 171)

(1) $1\frac{1}{3}$. (2) 0,6344. (3) 0,2624.

Übungen XVII (S. 182)

(1) (a) $y = \frac{1}{8} x^2 + C$; (b) $y = \sin x + C$.

(2) $y = x^2 + 3x + C$.

(3) $\frac{4\sqrt{a}\, x^{\frac{3}{2}}}{3} + C$. (4) $-\frac{1}{x^3} + C$. (5) $\frac{x^4}{4a} + C$.

(6) $\frac{1}{3} x^3 + ax + C$. (7) $-2x^{-\frac{5}{2}} + C$.

(8) $x^4 + x^3 + x^2 + x + C$. (9) $\frac{ax^2}{4} + \frac{bx^3}{9} + \frac{cx^4}{16} + C$.

(10) $\frac{x^2 + a}{x + a} = x - a + \frac{a^2 + a}{x + a}$ durch Division. Die Lösung

Lösungen 261

lautet also: $\frac{x^2}{2} - ax + (a^2 + a)\ln(x+a) + C$. (Siehe S. 179 und 180.)

(11) $\frac{x^4}{4} + 3x^3 + \frac{27}{2}x^2 + 27x + C$.

(12) $\frac{x^3}{3} + \frac{2-a}{2}x^2 - 2ax + C$.

(13) $a^2(2x^{\frac{3}{2}} + \frac{9}{4}x^{\frac{4}{3}} + C$.   (14) $-\frac{1}{3}\cos\Theta - \frac{1}{6}\Theta + C$.

(15) $\frac{\Theta}{2} + \frac{\sin 2a\Theta}{4a} + C$.   (16) $\frac{\Theta}{2} - \frac{\sin 2\Theta}{4} + C$.

(17) $\frac{\Theta}{2} - \frac{\sin 2a\Theta}{4a} + C$.   (18) $\frac{1}{3}e^{3x} + C$.

(19) $\ln(1+x) + C$.   (20) $-\ln(1-x) + C$.

Übungen XVIII (S. 199)

(1) Fläche = 60; mittlere Ordinate = 10.

(2) Fläche = $\frac{2}{3}$ von $a \cdot 2a\sqrt{a}$.

(3) Fläche = 2; mittlere Ordinate = $\frac{2}{\pi} = 0{,}637$.

(4) Fläche = 1,57; mittlere Ordinate = 0,5.

(5) 0,572; 0,0476.   (6) Volumen = $\pi r^2 \frac{h}{3}$.

(7) 1,25.   (8) 79,6.

(9) Volumen = 4,9348 (von 0 bis π).

(10) $a \ln a$, $\frac{a}{a-1} \ln a$.

(12) Arithmetisches Mittel = 9,5;
geometrisches Mittel = 10,85.

(13) Geometrisches Mittel = $\frac{1}{\sqrt{2}}\sqrt{A_1^2 + A_3^2}$;
arithmetisches Mittel = 0.

Bei der Ausrechnung des ersten Wertes kommt ein etwas schwieriges Integral vor; wir wollen deshalb hier eine kleine

Hilfe geben: Nach Definition ist das geometrische Mittel gleich

$$\sqrt{\frac{1}{2\pi}\int\limits_{0}^{2\pi}(A_1\sin x+A_3\sin 3x)^2\,dx}.$$

Die Integration von

$\int(A_1^2\sin^2 x+2A_1A_3\sin x\sin 3x+A_3^2\sin^2 3x)\,dx$

läßt sich einfacher durchführen, wenn wir für $\sin^2 x$ schreiben

$$\frac{1-\cos 2x}{2}.$$

Für $2\sin x\sin 3x$ schreiben wir $\cos 2x-\cos 4x$; und für $\sin^2 3x$

$$\frac{1-\cos 6x}{2}.$$

Führen wir diese Substitutionen durch, so erhalten wir beim Integrieren (siehe S. 180):

$\frac{A_1^2}{2}\left(x-\frac{\sin 2x}{2}\right)+A_1A_3\left(\frac{\sin 2x}{2}-\frac{\sin 4x}{4}\right)+\frac{A_3^2}{2}\left(x-\frac{\sin 6x}{6}\right).$

Für die obere Grenze $x=2\pi$ ergibt sich der Wert $A_1^2\pi+A_3^2\pi$. Für die untere Grenze $x=0$ folgt der Wert 0. So kommt die oben angegebene Lösung zustande.

(14) Fläche = 62,6 □ -Einheiten.
Mittlere Ordinate = 10,42.

(16) $\frac{\pi}{36}x^4\left(\frac{5}{2}-\frac{1}{5}x\right)$. (Der Körper hat birnenförmige Gestalt.)

Übungen XIX (S. 207)

(1) $\frac{x\sqrt{a^2-x^2}}{2}+\frac{a^2}{2}\arcsin\frac{x}{a}+C.$ (2) $\frac{x^2}{2}\left(\ln x-\frac{1}{2}\right)+C.$

(3) $\frac{x^{a+1}}{a+1}\left(\ln x-\frac{1}{a+1}\right)+C.$ (4) $\sin e^x+C.$

(5) $\sin\ln x+C.$ (6) $e^x(x^2-2x+2)+C.$

(7) $\frac{1}{a+1}\ln x^{a+1} + C$. (8) $\ln(\ln x) + C$.

(9) $2\ln(x-1) + 3\ln(x+2) + C$.

(10) $\frac{1}{2}\ln(x-1) + \frac{1}{5}\ln(x-2) + \frac{3}{10}\ln(x+3) + C$.

(11) $\frac{b}{2a}\ln\frac{x-a}{x+a} + C$. (12) $\ln\frac{x^2-1}{x^2+1} + C$.

(13) $\frac{1}{4}\ln\frac{1+x}{1-x} + \frac{1}{2}\operatorname{arctg} x + C$. (14) $\frac{-\sqrt{a^2-b^2x^2}}{b^2} + C$.

Übungen XX (S. 220)

(1) $T = T_0 e^{\mu \Theta}$. (2) $s = ut + \frac{1}{2}at^2$.

(3) Man multipliziert mit e^{2t} und erhält:

$$\frac{d}{dt}(ie^{2t}) = e^{2t}\sin 3t, \text{ so daß}$$

$$ie^{2t} = \int e^{2t}\sin 3t\, dt = \frac{1}{13}e^{2t}(2\sin 3t - 3\cos 3t) + E.$$

Da $i = 0$ für $t = 0$, $E = \frac{3}{13}$; dann lautet die Lösung:

$$i = \frac{1}{13}(2\sin 3t - 3\cos 3t + 3e^{-2t}).$$

Übungen XXI (S. 232)

(1) $r = 2\sqrt{2}$, $x_1 = -2$, $y_1 = 3$.

(2) $r = 2{,}83$, $x_1 = 0$, $y_1 = 2$.

(3) $r = \sqrt{2m}$, $x_1 = y_1 = 2\sqrt{m}$.

(4) $r = 2a$, $x_1 = 2a + 3x$, $y_1 = -\frac{2x^{\frac{3}{2}}}{a^{\frac{1}{2}}}$;

für $x = 0$, $x_1 = 2a$, $y_1 = 0$.

(5) Für $x = 0$: $r = y_1 = \infty$, $x_1 = 0$.
Für $x = +0{,}9$: $r = 3{,}36$, $x_1 = -2{,}21$, $y_1 = +2{,}01$.

Für $x = -0,9$: $r = 3,36$, $x_1 = +2,21$,
                                 $y_1 = -2,01$.
(6) Für $x = -2$: $r = 112,3$, $x_1 = 109,8$.
                                 $y_1 = -17,2$.
Für $x = 0$: $r = x_1 = y_1 = \infty$.
Für $x = 1$: $r = 1,86$, $x_1 = -0,67$,
                                 $y_1 = -0,17$.

(7) Für $\Theta = 0$: $r = 1$, $x_1 = 0$, $y_1 = 0$.

Für $\Theta = \frac{\pi}{4}$: $r = 2,598$, $x_1 = 0,7146$,
                                             $y_1 = -1,41$.

Für $\Theta = \frac{\pi}{2}$: $r = x_1 = y_1 = \infty$.

(8) $x = \pm 0,383$, $y = 0,147$.

(9) Für $x = 0$: $r = 1,41$, $x_1 = 1$, $y_1 = 3$
    Für $x = 1$: $r = 1,41$, $x_1 = 0$, $y_1 = 3$
    Minimum $= 1,75$.

(10) $x = -0,33$, $y = +1,08$.

(11) $r = 1$, $x = 2$, $y = 0$ für alle Punkte. Ein Kreis.

(12) Für $x = 0$: $r = 1,86$, $x_1 = 1,67$, $y_1 = 0,17$.
    Für $x = 1,5$: $r = 0,365$, $x_1 = 1,59$, $y_1 = 0,98$.

    $x = 1$, $y = 1$ für die Krümmung Null.

(13) Für $\Theta = \frac{\pi}{2}$: $r = 1$, $x_1 = \frac{\pi}{2}$, $y_1 = 0$.

Für $\Theta = \frac{\pi}{4}$: $r = 2,598$, $x_1 = 2,285$, $y_1 = -1,41$.

(15) $r = \frac{(a^4 y^2 + b^4 x^2)^{\frac{3}{2}}}{a^4 b^4}$, für $x = 0$, $y = \pm b$, $r = \frac{a^2}{b}$,

$x_1 = 0$, $y_1 = \pm \frac{b^2 - a^2}{b}$; für $y = 0$, $x = \pm a$,

$r = \frac{b^2}{a}$. $x_1 = \pm \frac{a^2 - b^2}{a}$, $y_1 = 0$.

(16) $r = 4a \sin \frac{\Theta}{2}$

Übungen XXII (S. 247)

(1) $s = 9{,}487$ (2) $s = (1+a^2)^{\frac{3}{2}}$ (3) $s = 1{,}22$.

(4) $s = \int\limits_0^2 \sqrt{1+4x^2}\,dx$

$= \left[\dfrac{x}{2}\sqrt{1+4x^2} + \dfrac{1}{4}\ln(2x+\sqrt{1+4x^2})\right]_0^2 = 4{,}64$.

(5) $s = \dfrac{0{,}57}{m}$. (6) $s = a(\Theta_2 - \Theta_1)$. (7) $s = \sqrt{r^2 - a^2}$.

(8) $s = \int\limits_0^a \sqrt{1+\dfrac{a}{x}}\,dx$ und $s = a\sqrt{2} + a\ln(1+\sqrt{2}) = 2{,}30a$.

(9) $s = \dfrac{x-1}{2}\sqrt{(x-1)^2+1}$

$+ \dfrac{1}{2}\ln\left\{(x-1)+\sqrt{(x-1)^2+1}\right\}$ und $s = 6{,}80$.

(10) $s = \int\limits_1^e \dfrac{dy}{y\sqrt{1+y^2}} = \int \dfrac{y\,dy}{\sqrt{1+y^2}}$. Setze $y = \dfrac{1}{z}$ in dem

ersten und $\sqrt{1+y^2} = v^2$ in dem zweiten Integral; dann wird $s = \sqrt{1+y^2} + \ln\dfrac{y}{1+\sqrt{1+v^2}}$ und $s = 2{,}00$.

(11) $s = 2a\int\limits_0^{2\pi} \sin\dfrac{\Theta}{2}\,d\Theta$ und $s = 8a$.

(12) $s = \int\limits_0^{\frac{\pi}{4}} \sec x\,dx$.

Setze $u = \sin x$, daraus folgt
$$s = \ln(1+\sqrt{2}) = 0{,}8812.$$

(13) $s = \dfrac{8a}{27}\left\{\left(1+\dfrac{9x}{4a}\right)^{\frac{3}{2}} - 1\right\}.$

(14) $s = \int\limits_{1}^{2} \sqrt{1+18x}\, dx.$ Setze $1+18x = z$, drücke s durch z aus und integriere zwischen den Werten von z, die $x = 1$ und $x = 2$ entsprechen. $s = 5{,}27.$

(15) $s = \dfrac{3a}{2}.$ \qquad\qquad (16) $4a.$

Jedem ernsthaften Studenten sei empfohlen, selber weitere Beispiele zu erfinden, um seine Kenntnisse zu erproben. Dabei kann er durch nachfolgende Differentiation prüfen, ob er richtig gerechnet hat.

Formeltabelle

Potenzen, Wurzeln und Logarithmen

$$(a+b)(a-b) = a^2 - b^2$$
$$(a+b)^2 = a^2 + 2ab + b^2$$
$$(a-b)^2 = a^2 - 2ab + b^2$$

$$(a+b)^n = a^n + \frac{n}{1} \cdot a^{n-1} \cdot b + \frac{n(n-1)}{1 \cdot 2} a^{n-2} \cdot b^2 + \cdots$$
$$\cdots + \frac{n}{1} \cdot ab^{n-1} + b^n$$

$$a^m \cdot a^n = a^{m+n}$$
$$a^m : a^n = a^{m-n}$$
$$(a^m)^n = a^{mn}$$

$$\sqrt[n]{a} \sqrt[n]{b} = \sqrt[n]{ab}$$

$$\sqrt[n]{a} : \sqrt[n]{b} = \sqrt[n]{\frac{a}{b}}$$

$$\sqrt[n]{\sqrt[m]{a}} = \sqrt[nm]{a}$$

$$\left(\sqrt[n]{a}\right)^m = \sqrt[n]{a^m}$$

$$a^{\frac{1}{n}} = \sqrt[n]{a}$$

$$e^{\ln a} = a$$

$$\log(ab) = \log a + \log b$$

$$\log \frac{a}{b} = \log a - \log b$$

$$\log a^n = n \log a$$

$$\log \sqrt[n]{a} = \frac{1}{n} \log a$$

Trigonometrische Ausdrücke

$$\sin\left(\frac{\pi}{2} - x\right) = \cos x \qquad \cos\left(\frac{\pi}{2} - x\right) = \sin x$$

$$\operatorname{tg}\left(\frac{\pi}{2} - x\right) = \operatorname{ctg} x \qquad \operatorname{ctg}\left(\frac{\pi}{2} - x\right) = \operatorname{tg} x$$

$$\sin\left(\frac{\pi}{2} + x\right) = \cos x \qquad \cos\left(\frac{\pi}{2} + x\right) = -\sin x$$

$$\operatorname{tg}\left(\frac{\pi}{2} + x\right) = -\operatorname{ctg} x \qquad \operatorname{ctg}\left(\frac{\pi}{2} + x\right) = -\operatorname{tg} x$$

$$\sin(\pi - x) = \sin x \qquad \cos(\pi - x) = -\cos x$$

$$\operatorname{tg}(\pi - x) = -\operatorname{tg} x \qquad \operatorname{ctg}(\pi - x) = -\operatorname{ctg} x$$

$$\sin(-x) = -\sin x \qquad \cos(-x) = \cos x$$

$$\operatorname{tg}(-x) = -\operatorname{tg} x \qquad \operatorname{ctg}(-x) = -\operatorname{ctg} x$$

$$\operatorname{tg} x = \frac{\sin x}{\cos x}; \quad \operatorname{ctg} x = \frac{\cos x}{\sin x}; \quad \sec x = \frac{1}{\cos x}; \quad \operatorname{cosec} x = \frac{1}{\sin x}$$

$$\sin^2 x + \cos^2 x = 1$$

$$\sin(x+y) = \sin x \cos y + \cos x \sin y$$

$$\sin(x-y) = \sin x \cos y - \cos x \sin y$$

$$\cos(x+y) = \cos x \cos y - \sin x \sin y$$

$$\cos(x-y) = \cos x \cos y + \sin x \sin y$$

$$\sin 2x = 2 \sin x \cos x$$

$$\cos 2x = \cos^2 x - \sin^2 x = 2\cos^2 x - 1 = 1 - 2\sin^2 x$$

$$\sin x = 2 \sin\frac{x}{2} \cos\frac{x}{2}$$

$$\sin x + \sin y = 2 \sin\frac{x+y}{2} \cos\frac{x-y}{2}$$

$$\sin x - \sin y = 2 \cos\frac{x+y}{2} \sin\frac{x-y}{2}$$

$$\cos x + \cos y = 2 \cos\frac{x+y}{2} \cos\frac{x-y}{2}$$

$$\cos x - \cos y = -2 \sin\frac{x+y}{2} \sin\frac{x-y}{2}$$

$\dfrac{dy}{dx}$	← — y — →	$\int y\,dx$

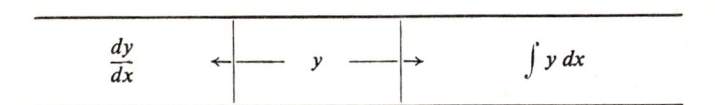

Allgemeine Formeln

$\dfrac{du}{dx} \pm \dfrac{dv}{dx} \pm \dfrac{dw}{dx}$	$u \pm v \pm w$	$\int u\,dx \pm \int v\,dx \pm \int w\,dx$
$u\dfrac{dv}{dx} + v\dfrac{du}{dx}$	uv	—
$\dfrac{v\dfrac{du}{dx} - u\dfrac{dv}{dx}}{v^2}$	$\dfrac{u}{v}$	—
$u\dfrac{dv}{dx}$	uv	$uv - \int v\dfrac{du}{dx}dx + C$

Algebraische Funktionen

1	x	$\dfrac{1}{2}x^2 + C$
0	a	$ax + C$
1	$x \pm a$	$\dfrac{1}{2}x^2 \pm ax + C$
a	ax	$\dfrac{1}{2}ax^2 + C$
$2x$	x^2	$\dfrac{1}{3}x^3 + C$
nx^{n-1}	x^n	$\dfrac{1}{n+1}x^{n+1} + C$
$-x^{-2}$	x^{-1}	$\ln x + C$

Exponential- und logarithmische Funktionen

e^x	e^x	$e^x + C$
x^{-1}	$\ln x$	$x(\ln x - 1) + C$
$0{,}4343 \cdot x^{-1}$	$\log x$	$0{,}4343\,x(\ln x - 1) + C$
$a^x \ln a$	a^x	$\dfrac{a^x}{\ln a} + C$

$\dfrac{dy}{dx}$	y	$\int y\,dx$

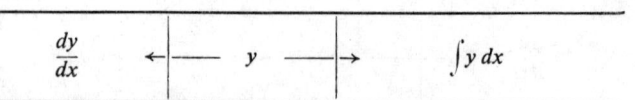

Die trigonometrischen, Kreis- und hyperbolischen Funktionen

$\dfrac{dy}{dx}$	y	$\int y\,dx$
$\cos x$	$\sin x$	$-\cos x + C$
$-\sin x$	$\cos x$	$\sin x + C$
$\dfrac{1}{\cos^2 x}$	$\operatorname{tg} x$	$-\ln \cos x + C$
$\dfrac{1}{\sqrt{1-x^2}}$	$\arcsin x$	$x \cdot \arcsin x + \sqrt{1-x^2} + C$
$-\dfrac{1}{\sqrt{1-x^2}}$	$\arccos x$	$x \cdot \arccos x - \sqrt{1-x^2} + C$
$\dfrac{1}{1+x^2}$	$\operatorname{arc\,tg} x$	$\begin{cases} x \cdot \operatorname{arc\,tg} x \\ \quad -\dfrac{1}{2}\ln(1+x^2)+C \end{cases}$
$\cosh x$	$\sinh x$	$\cosh x + C$
$\sinh x$	$\cosh x$	$\sinh x + C$
$\dfrac{1}{\cosh^2 x}$	$\operatorname{tgh} x$	$\ln(\cosh x) + C$

Verschiedene Funktionen

$\dfrac{dy}{dx}$	y	$\int y\,dx$
$-\dfrac{1}{(x+a)^2}$	$\dfrac{1}{x+a}$	$\ln(x+a) + C$
$-\dfrac{x}{(a^2+x^2)^{\frac{3}{2}}}$	$\dfrac{1}{\sqrt{a^2+x^2}}$	$\ln(x+\sqrt{a^2+x^2}) + C$
$\mp\dfrac{b}{(a\pm bx)^2}$	$\dfrac{1}{a\pm bx}$	$\pm\dfrac{1}{b}\ln(a\pm bx) + C$
$\dfrac{-3a^2 x}{(a^2+x^2)^{\frac{5}{2}}}$	$\dfrac{a^2}{(a^2+x^2)^{\frac{3}{2}}}$	$\dfrac{x}{\sqrt{a^2+x^2}} + C$
$a \cdot \cos ax$	$\sin ax$	$-\dfrac{1}{a}\cos ax + C$
$-a \cdot \sin ax$	$\cos ax$	$\dfrac{1}{a}\sin ax + C$

$\dfrac{dy}{dx}$	←——— y ———→	$\int y\, dx$

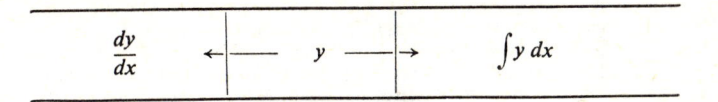

Verschiedene Funktionen

$\dfrac{dy}{dx}$	y	$\int y\, dx$
$a \cdot \sec^2 ax$	$\operatorname{tg} ax$	$-\dfrac{1}{a}\ln\cos ax + C$
$\sin 2x$	$\sin^2 x$	$\dfrac{x}{2} - \dfrac{\sin 2x}{4} + C$
$-\sin 2x$	$\cos^2 x$	$\dfrac{x}{2} + \dfrac{\sin 2x}{4} + C$
$n\sin^{n-1}x \cdot \cos x$	$\sin^n x$	$-\dfrac{\cos x}{n}\sin^{n-1}x + $ $+\dfrac{n-1}{n}\int \sin^{n-2} x\, dx + C$
$-\dfrac{\cos x}{\sin^2 x}$	$\dfrac{1}{\sin x}$	$\ln\operatorname{tg}\dfrac{x}{2} + C$
$-\dfrac{\sin 2x}{\sin^4 x}$	$\dfrac{1}{\sin^2 x}$	$-\operatorname{ctg} x + C$
$\dfrac{\sin^2 x - \cos^2 x}{\sin^2 x \cdot \cos^2 x}$	$\dfrac{1}{\sin x \cdot \cos x}$	$\ln\operatorname{tg} x + C$
$\left.\begin{array}{l} n \cdot \sin mx\ \cos nx \\ +\, m\cdot\sin nx\cdot\cos mx \end{array}\right\}$	$\sin mx \cdot \sin nx$	$\left\{\begin{array}{l} \dfrac{1}{2(m-n)}\sin(m-n)x \\ -\dfrac{1}{2(m+n)}\sin(m+n)x \end{array}\right.$
$2a\cdot\sin 2ax$	$\sin^2 ax$	$\dfrac{x}{2} - \dfrac{\sin 2ax}{4a} + C$
$-2a\cdot\sin 2ax$	$\cos^2 ax$	$\dfrac{x}{2} + \dfrac{\sin 2ax}{4a} + C$

DEUTSCH-TASCHENBÜCHER

Nr. 1 Silvanus P. THOMPSON: **Höhere Mathematik — und doch verständlich**
Eine leichtverständliche Einführung in die Differential- und Integralrechnung. Übersetzt aus dem Englischen. 1972. 10. Auflage. 271 Seiten. 69 Abbildungen. Kartoniert DM 9.80. ISBN 3 87144 017 5

Nr. 2 G. P. MAKEJEWA und M. S. ZEDRIK: **Verwunderliches aus der Physik**
Übersetzt aus dem Russischen. 1972. 2. Auflage. Etwa 72 Seiten. Etwa 47 Abbildungen. Kartoniert DM 3.80. ISBN 3 87144 018 3

Nr. 3 Wolfgang NAUNDORF: **Abbildungstreue**
1964. 54 Seiten. 27 Abbildungen. Kartoniert DM 3.80. ISBN 3 87144 019 1

Nr. 4 Maximilian MILLER: **Rechenvorteile**
1964. 81 Seiten. Kartoniert DM 3.80. ISBN 3 87144 020 5

Nr. 5 A. S. BARSOW: **Was ist lineare Programmierung?**
Übersetzt aus dem Russischen. 1972. 2. Auflage. Etwa 108 Seiten. Etwa 22 Abbildungen. Kartoniert etwa DM 6.80. ISBN 3 87144 021 3

Nr. 6 J. S. WENTZEL: **Elemente der Spieltheorie**
Übersetzt aus dem Russischen. 1972. 2. Auflage. Etwa 66 Seiten. Etwa 25 Abbildungen. Kartoniert etwa DM 3.80. ISBN 3 87144 022 1

Nr. 7 A. S. KOMPANEJEZ: **Was ist Quantenmechanik?**
Übersetzt aus dem Russischen. 1967. 146 Seiten. 33 Abbildungen. Kartoniert DM 6.80. ISBN 3 87144 023 X

Nr. 8 I. D. ARTAMONOW: **Optische Täuschungen**
Übersetzt aus dem Russischen. 1967. 109 Seiten. 144 Abbildungen. Kartoniert DM 9.80. ISBN 3 87144 024 8

Nr. 9 Maria HASSE: **Grundbegriffe der Mengenlehre und Logik**
1970. 86 Seiten. Kartoniert DM 6.80. ISBN 3 87144 025 6

Nr. 10 Jiří SEDLÁČEK: **Einführung in die Graphentheorie**
Übersetzt aus dem Tschechischen. 1971. 2. Auflage. 171 Seiten. Kartoniert DM 9.80. ISBN 3 87144 026 4

Nr. 11 MEDICUS und POETHKE: **Kurze Anleitung zur Maßanalyse**
Mit besonderer Berücksichtigung der Vorschriften des DAB. 1970. Nachdruck der 17., durchgesehenen Auflage 1962. 400 Seiten. 20 Abbildungen. Kartoniert DM 12.80. ISBN 3 87144 027 2

Nr. 12 Helmar LEHMANN: **Der Rechenstab und seine Verwendung**
1970. 3. Auflage. 240 Seiten. 157 Abbildungen. 3 Tafeln. 287 durchgerechnete Beispiele. 125 Übungen mit Lösungen. Tafelanhang. Kartoniert DM 6.80. ISBN 3 87144 084 1

Nr. 13 Ernst HAMEISTER:
Geometrische Konstruktionen und Beweise in der Ebene
1970. 134 Seiten. 142 Abbildungen. Kartoniert DM 6.80.
ISBN 3 87144 086 8

Nr. 14 Mihály KOVÁCS: **Rechenautomaten und logische Spiele**
Übersetzt aus dem Ungarischen. 1971. 212 Seiten. 114 Abbildungen. Kartoniert DM 9.80. ISBN 3 87144 092 2

Nr. 15 P. W. MAKOWEZKI:
Schau den Dingen auf den Grund! (Verwunderliches aus der Physik II)
Übersetzt aus dem Russischen. 1972. 241 Seiten. 100 Abbildungen. Kartoniert DM 9.80. ISBN 3 87144 093 0

Nr. 16 I. M. GELFAND, J. GLAGOLEWA und E. E. SCHNOL:
Funktionen und ihre graphische Darstellung
Übersetzt aus dem Russischen. 1972. 128 Seiten. 132 Abbildungen. Kartoniert DM 9.80. ISBN 3 87144 111 2

VERLAG HARRI DEUTSCH — ZÜRICH UND FRANKFURT/MAIN